高等职业学校"十四五"规划土建类工学结合系列教材

U0756187

建 筑 材 料

主　编　周小华　连　丽
副主编　尹露露　罗朝宝　王荣涛　李红远　胡天翔

华中科技大学出版社
中国·武汉

内 容 简 介

　　本教材以某图书馆框架结构工程的建造为学习情境,以建造过程中所需的结构材料、墙体材料、功能材料、装饰材料等建筑材料的选用和检测为任务,设置了任务提出、任务分析、任务实施等环节,对应章节知识添加"知识树""学中做""做中学""思政小故事",实施教、学、做、评一体化教学改革,融入工匠精神、创新精神、质量意识、职业素养,是与课程思政深度融合的教材,是建筑专业学生和从事建筑工作的工程师不可或缺的学习资料。

图书在版编目(CIP)数据

建筑材料/周小华,连丽主编.—武汉:华中科技大学出版社,2024.5
高等职业学校"十四五"规划土建类工学结合系列教材
ISBN 978-7-5772-0923-4

Ⅰ.①建…　Ⅱ.①周…　②连…　Ⅲ.①建筑材料-高等职业教育-教材　Ⅳ.①TU5

中国国家版本馆 CIP 数据核字(2024)第 103645 号

建筑材料　　　　　　　　　　　　　　　　　　　　　　　周小华　连　丽　主编
Jianzhu Cailiao

策划编辑:金　紫
责任编辑:段亚萍
封面设计:原色设计
责任校对:李　琴
责任监印:朱　玢
出版发行:华中科技大学出版社(中国·武汉)　　　电话:(027)81321913
　　　　　武汉市东湖新技术开发区华工科技园　　　邮编:430223
录　　排:华中科技大学惠友文印中心
印　　刷:武汉市洪林印务有限公司
开　　本:787mm×1092mm　1/16
印　　张:16
字　　数:420 千字
版　　次:2024 年 5 月第 1 版第 1 次印刷
定　　价:59.80 元

前　　言

近年来,各种新材料、新工艺、新技术迅猛发展,有关材料的技术标准和技术规程也在不断修订并颁布实施,本书力求吸收国内外建筑工程材料的先进技术,面向高职高专教育层次,以高职院校人才培养目标和课程改革思路为依据,改变了传统的章节划分、理论较强的教材模式。本书在内容选取上以学生就业岗位群的知识技能要求为依据,改变了传统的简单按材料种类划分章节的教材模式;以能力为本位、够用为原则、工作任务为导向,使学生的理论知识和实践能力得到有机的结合。本书针对高职土建专业学生高本衔接学历提升、建筑产业工人和乡村建筑工匠非学历提升培训需要,可面向不同人群开展"分类教学",面向不同需求进行"分层培养"。

本书以工作任务划分学习情境,在学习情境中以任务提出为推动、以任务分析为所需理论知识的载体、以任务实施为目的,通过"教、学、做"一体化完成对能力的培养和对知识的掌握,适应不同人群对建筑材料"能选会用、能存会管、能检会判"的技能需求。

本书以实际框架结构工程的建设为依托,分为建筑材料认知、建筑结构材料、建筑墙体材料、建筑功能材料、建筑装饰材料五个学习情境,主要培养学生认识各种建筑材料、掌握材料性能与特点,根据工程特点合理选用材料,对材料的常用性能进行检测,掌握材料储存与运输的注意事项等能力。书中配有相应的图片、案例、习题,可增加学生的学习兴趣,提高学生分析问题的能力,加强对知识的巩固。本书还通过知识拓展来介绍工程中所用的新材料、新工艺、新技术。

本书由广州城建职业学院周小华、连丽担任主编,由广州城建职业学院尹露露、罗朝宝、王荣涛、李红远、胡天翔担任副主编。广州市东浦混凝土有限公司袁俏对本书的编写提出了很多宝贵意见。本书为2022年广东省继续教育质量提升工程——建筑材料优质继续教育网络课程(JXJYGC2022GX176)的配套项目。

限于编者水平,书中不妥之处在所难免,如读者在使用本书的过程中有任何意见或建议,恳请向编者(181170@163.com)提出。

编　者

目　　录

学习总情境

　　广州某图书馆建设工程,占地面积约为 29 308 m²,分为 A、B 两栋,其结构为框架结构,共 6 层,梁、板、柱等主要结构使用的材料均为钢筋混凝土。假设你作为建筑工程技术人员,项目经理要求你选取该框架结构建筑所需的建筑材料,并对所选取的材料进行基本性能检测,以确定其质量及使用的安全性。那么完成一幢建筑需要哪些建筑材料呢? 如何选择建筑材料呢? 需要注意哪些事项? 在建筑材料选取方面,结合本工程应完成以下工作。

　　工作一:选取结构材料并检测其性质。

　　以图书馆的框架柱(图 0-1)为例,完成以下任务。

　　任务一:选取金属材料并检测其性质。

　　任务二:合理选取水泥的品种与强度等级,并检测所选取水泥的各项性能是否合格。

　　任务三:合理选取砂、石骨料,并检测所选骨料的相关性能是否符合要求。

　　任务四:检测混凝土的强度及和易性,为确定实验室配合比做准备。

　　任务五:选取合适的外加剂。

　　任务六:根据工程要求,完成混凝土配合比的设计。

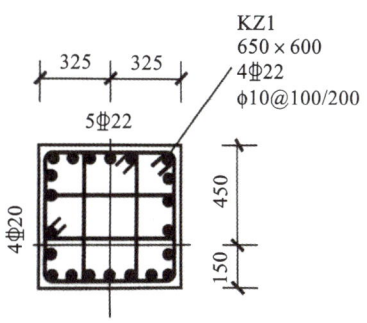

图 0-1　框架柱的结构配筋图

　　工作二:选取墙体材料并检测其性质。

　　任务一:选取砌筑材料并检测其性能是否合格。

　　任务二:选取砌筑砂浆品种与强度等级,并检测其各项性能是否合格。

　　工作三:选取功能材料并检测其性质。

　　任务一:选取防水材料并检测其性质。

　　任务二:合理选取保温材料。

　　工作四:选取装饰材料。

　　注:本教材在总情境中不一一规定各项参数,请根据自己的实际情况进行设定。

学习情境 1　建筑材料认知

学习单元 1　建筑材料分类与标准

 知识目标

了解建筑材料分类、相应标准。

能力目标

能够区分结构材料、功能材料、装饰材料在建筑工程中的应用部位。

思政目标

具备良好的职业道德和职业素质；

具备建筑材料职业技能的专业理论知识和技术应用能力；

具备解决工作岗位涉及的建筑材料问题的能力；

具备团队合作能力及吃苦耐劳的精神。

建筑材料是建筑工程的物质基础，对建筑艺术的表达形式、建筑产品的质量及建筑工程的造价都有重要影响。因此，作为一名设计人员，掌握现有建筑材料和新型建筑材料的性质，才能把建筑艺术与材料的选用有机融合到一起；作为一名结构工程师，只有熟练地掌握材料的性能，才能创造出新型、稳定的结构形式；作为一名造价工程师，为了节约成本，就必须考虑合理地选用建筑材料，因为在一般的建筑工程总造价中，与材料直接相关的费用占 50％以上；作为一名刚毕业走向建筑工作岗位的学生或者从事建筑工程的工作人员，掌握建筑材料与检测相关知识更为重要，例如，施工员应该掌握材料在运输、储存、送检、施工过程中所要注意的一些事项和一些材料的检测方法。

建筑材料是随着人类社会生产力的发展和科学技术水平的提高而逐步发展起来的。原始社会人们开始使用简单的工具，利用土、草、苇、泥、竹、木、石材等天然建筑材料，建成最简单的房屋，抵抗大自然和野兽的侵袭。随着生产力的发展，出现了砖、瓦、石灰、玻璃等建筑材料，材料由天然材料阶段进入人工材料阶段。近代建筑材料主要采用的是钢铁、水泥、混凝土、钢筋混凝土、平板玻璃、黏结剂、人造板材等，近代建筑材料的出现使建筑技术发生了前所未有的变化。20 世纪材料科学的形成和发展，推动了建筑材料的性能和质量的提高，新型建材、绿色建材不断问世，如塑料、铝合金、不锈钢、高性能混凝土、保温隔热材料、防水材料、节能材料等。新型建筑材料正被广泛地应用于建筑结构中，为各种不同需求的建筑物提供了材料保证。

任务提出

请结合图 1-1 民用建筑物构造组成，根据建筑材料在建筑物中的部位、使用功能、化学成分对建筑材料进行分类,并说明所用建筑材料的检测和技术标准。

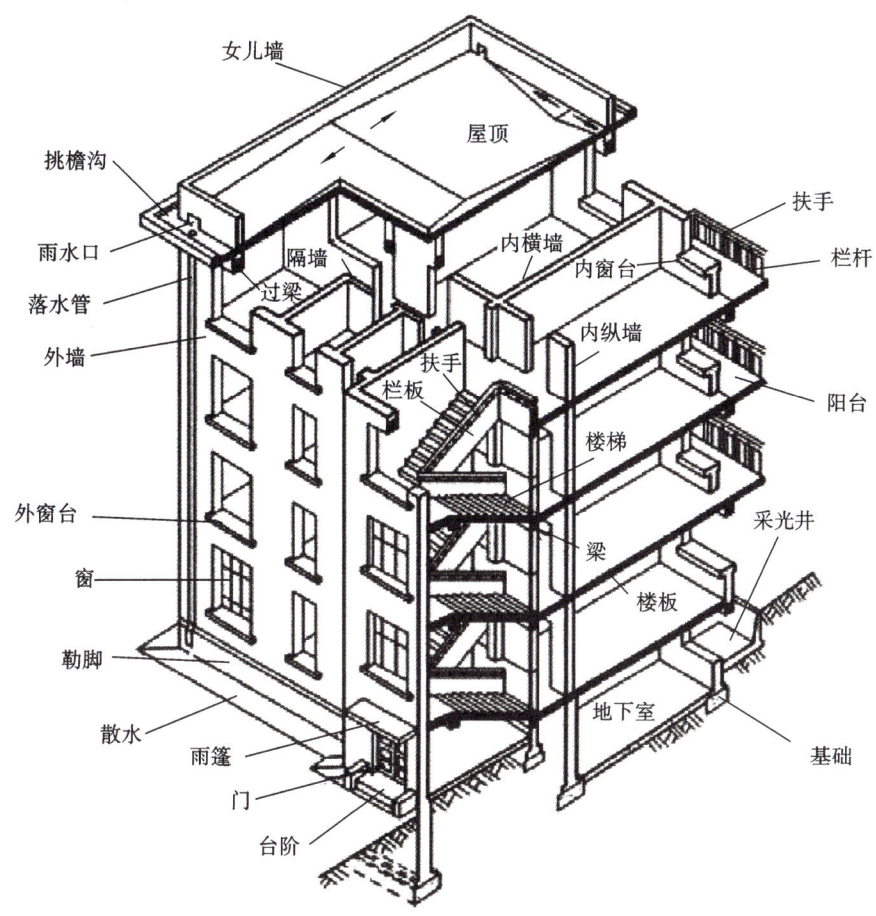

图 1-1　民用建筑的构造组成

任务分析

根据图 1-1 分析,建筑材料按使用功能分主要有:起承重作用的结构材料,如梁、楼板、柱、基础等;起围护和分隔作用的墙体材料,如内墙、隔墙、外墙等;起防水、保温隔热、吸声隔声等作用的功能材料,如屋顶防水卷材、防水涂料、屋顶保温隔热材料、外墙保温材料等;起装饰美观作用的装饰材料,如室外装饰和室内装饰装修材料。建筑材料根据其化学成分可以分为有机材料、无机材料和复合材料。

任务实施

一、建筑材料分类

建筑材料按照使用功能可分为结构材料、墙体材料、功能材料和装饰材料。

1. 结构材料

结构材料主要指建筑物中受力构件和结构所用的材料,如建筑结构中的各种梁、楼板,框架结构中的柱、基础和其他受力构件所用的材料。结构材料主要起到承重的作用,受到破坏后无法修复或者修复困难,严重影响建筑物的安全和稳定性,所以对结构材料的主要技术要求是强度和耐久性。目前常用的承重结构材料有钢材、混凝土、钢筋混凝土、砖、石材等。图 1-2 为钢筋混凝土结构、钢结构建筑物。

(a) 钢筋混凝土结构柱　　　　　　　　　　(b) 钢结构——鸟巢

图 1-2　钢筋混凝土结构、钢结构建筑物

2. 墙体材料

墙体材料是指建筑物外墙、内墙及隔墙所用的材料,如图 1-3 所示。墙体主要起承重、围护和分隔的作用。墙体材料主要可以分为承重和非承重两大类。墙体在建筑物中占有较大的比重,因此合理选择墙体材料对建筑物的成本、安全稳定也是至关重要的。目前,我国常用的墙体材料有砖、砌块、板材三大类。

(a) 灰砖墙　　　　　　　　　　(b) 砌块墙

图 1-3　部分墙体材料使用

3. 功能材料

功能材料主要是指保证建筑物某些功能所用的材料,如防水材料、防火材料、保温材料、吸声(隔声)材料、采光材料、防腐材料等。随着科技的发展和人们对建筑物舒适度要求的不断提高,在建筑市场中功能材料品种越来越多。功能材料在选用时要注意绿色环保、对人体健康无危害等。

4. 装饰材料

装饰材料是指用于建筑物内外墙面、地面、顶棚和室内空间装饰装修的材料。装饰材料能更好地表达建筑物的艺术效果,给人以美和舒适的享受。目前,常用的装饰材料主要有木材、塑料、石膏、铝合金、涂料、玻璃、陶瓷等。

建筑材料按照化学成分来分,可以分为有机材料、无机材料和复合材料,见表1-1。

表1-1　建筑材料按化学成分分类

分类		举例
无机材料	金属材料	黑色金属:生铁、碳素钢、合金钢等。 有色金属:铝、铜及其合金等
	非金属材料	天然石材:石材及其制品等。 烧土制品:烧结砖、陶瓷及制品等。 胶凝材料:水泥、石灰、石膏、镁质胶凝材料、水玻璃等。 硅酸盐制品:混凝土、砂浆等
有机材料	植物材料	木材、竹材、植物纤维及制品等
	沥青材料	石油沥青、煤沥青、改性沥青及制品等
	合成高分子材料	塑料、有机涂料、胶黏剂、合成橡胶等
复合材料	有机—无机非金属复合材料	沥青混凝土、玻璃纤维增强塑料等
	金属—无机非金属复合材料	钢筋混凝土、钢纤维混凝土等
	金属—有机复合材料	PVC钢板、轻质金属夹芯板等

🔆 学中做

材料依(　　)可分为无机材料、有机材料及复合材料。

A.用途　　　　B.化学成分　　　C.力学性能　　　D.工艺性能

答案:B

二、建筑材料技术标准

随着建筑市场的逐步规范,人们对建筑产品质量的要求不断提高,建筑材料在生产和使用的过程中必须符合相应的质量规定。建筑材料技术标准是确定建筑材料在生产和使用的过程中质量是否合格的技术文件。建筑材料技术标准主要内容包括产品的规格、分类、技术要求、检测方法、验收规定、产品的外部包装及标志、产品在运输和储存过程中应注意的事项等。绝大多数常用的建筑材料,均由专门的机构制定并颁布了相应的"技术标准",对其质量、规格和验收方法等做了详尽而明确的规定。

目前,在我国常用的标准主要有国家级——国家标准、行业(或部)级——行业标准、地方级——地方标准、企业级——企业标准四级。

1.国家标准

国家标准(代号:GB;GB/T)是指由国家标准化主管机构批准发布,对全国经济、技术发展有重大意义,且在全国范围内统一的标准。其他各级标准均应符合国家标准。国家标准的编号由国家标准的代号、国家标准发布的顺序号和国家标准发布的年号构成。如:2023年制定的国家强制性175号通用硅酸盐水泥标准为《通用硅酸盐水泥》(GB 175—2023)。

2.行业标准

由我国各主管部、委(局)批准发布,在该部门范围内统一使用的标准,称为行业标准。例如：机械、电子、建筑、化工、冶金、轻工、纺织、交通、能源、农业、林业、水利等，都制定有行业标准。行业标准一般以行业简写为代号，如 JC——建材标准、JT——交通标准、SD——水电标准等。行业标准是国家标准的补充，是专业性、技术性较强的标准，行业标准的制定不得与国家标准相抵触。

3. 地方标准

地方标准（代号：DB）又称区域标准：对没有国家标准和行业标准而又需要在省、自治区、直辖市范围内统一的工业产品的安全、卫生要求，可以制定地方标准。地方标准由省、自治区、直辖市标准化行政主管部门制定，并报国务院标准化行政主管部门和国务院有关行政主管部门备案，在公布国家标准或者行业标准之后，该地方标准即应废止。

4. 企业标准

企业标准（代号：QB）是对企业范围内需要协调统一的技术要求、管理要求和工作要求所制定的标准，仅限于企业内部使用。企业标准由企业制定，由企业法人代表或法人代表授权的主管领导批准、发布。企业标准一般以"Q"作为编号的开头。

技术标准可分为强制性标准和推荐性标准。在全国范围内的所有该类产品的技术指标都不得低于强制性标准中的规定；推荐性标准，不具有强制性，任何单位均有权决定是否采用，违反这类标准，不构成经济或法律方面的责任。应当指出的是，推荐性标准一经接受并采用，或各方商定同意纳入经济合同中，就成为各方必须共同遵守的技术依据，具有法律上的约束性。

单元习题

1. 建筑材料的类型有哪些？
2. 建筑材料的标准有哪些？
3. 建筑材料在建筑工程中的地位如何？
4. 请给周边的实际建筑物所用材料进行分类。

参考答案

学习单元 2   建筑材料基本性质分析

知识目标

掌握材料的物理性质、与水有关的性质、力学性质、耐久性；
熟悉主要技术性质的物理意义、指标、影响因素及其与其他性质的相互关系。

能力目标

能够根据不同材料的性质合理选择材料用于建筑之中。

思政目标

树立独立思考、吃苦耐劳、勤奋工作的意识；
培养团结协作、诚实守信的优秀品质。

 **知识树**

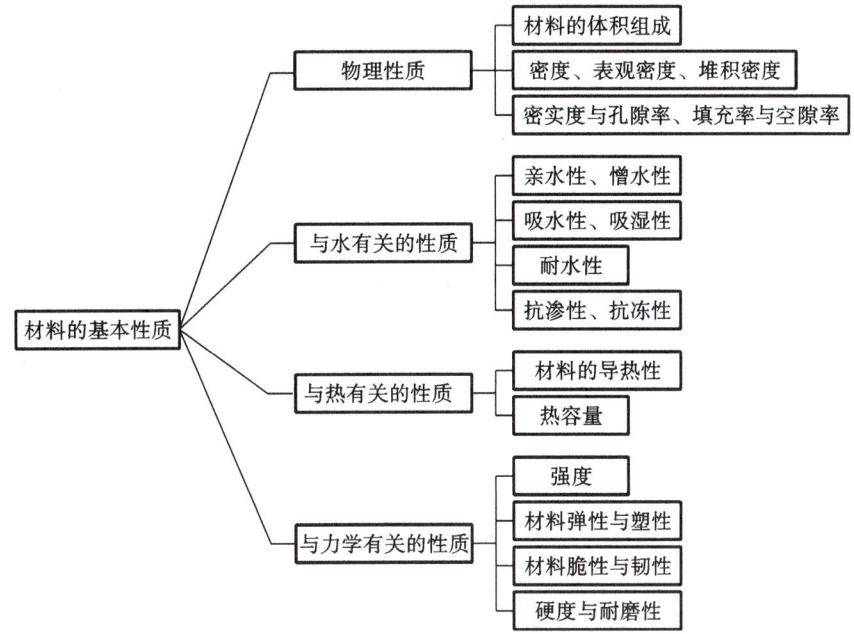

建筑制品直接与大气环境相接触,受到不同环境因素的影响,建筑材料的质量会有所下降。为了保证建筑物的使用功能,提高建筑材料的耐久性,要求在工程设计、施工的过程中必须合理地选用建筑材料。所以,必须对材料的基本性质有所掌握,才能在选用建筑材料的过程中保证耐久性的要求。

 **任务提出**

掌握建筑材料的基本物理性质、与水有关的性质、与热有关的性质、与力学有关的性质,能够理解相关专业术语。

 **任务分析**

掌握建筑材料的基本性质及与环境因素的相互关系,能够对材料的基本物理性质、与水有关的性质、与热有关的性质、与力学有关的性质进行简要分析,从而提出提高材料抗渗、抗冻、保温隔热、强度等性能的方法和措施;能够根据材料基本性质在工程中合理选用材料。

 **任务实施**

一、建筑材料的基本物理性质分析

1. 材料体积组成分析

自然界中块状材料在自然状态下的体积(V_0)由材料固体物质所占体积(V)和材料内部孔隙所占体积(V_p)组成。材料内部孔隙按照开孔特征可分为开口孔隙和闭口孔隙,闭口孔隙为自身封闭的孔隙,开口孔隙为与外界连通的孔隙。散粒材料由具有一定粒径的材料堆积而成,如工程中常用的砂、碎石、卵石等。其体积不仅包含了材料实体体积、孔隙体积,还包含了堆积

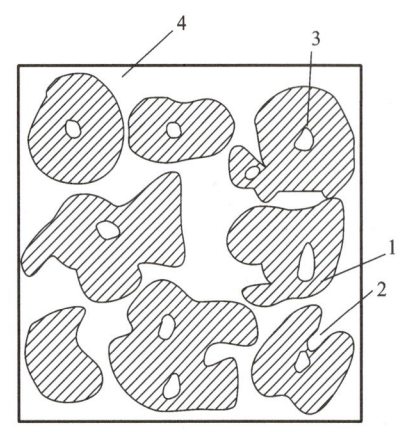

图 1-4　散粒材料的堆积状态示意图

1—颗粒中固体物质；2—颗粒的开口孔隙；
3—颗粒的闭口孔隙；4—颗粒间的空隙

状态下颗粒与颗粒间的空隙所占的体积（V_s），如图 1-4 所示。

材料的体积组成中，孔隙构造对建筑材料的许多性质（如强度、吸水性、抗渗性、抗冻性、导热性及隔声吸声性等）都有很大影响。孔隙的构造特征主要指孔的形状（连通孔与封闭孔）、孔径的大小及分布是否均匀等。连通孔不仅彼此贯通且与外界相通，而封闭孔则彼此不连通且与外界相隔绝。孔隙按孔径大小分为细孔和粗孔。一般来说，孔隙越大，孔隙越多，其危害越大，反之，材料的各项性能都明显提高。

2. 密度

密度是指材料在绝对密实状态下单位体积的质量。材料的密度可按式（1-1）计算。

$$\rho = \frac{m}{V} \tag{1-1}$$

式中：ρ——密度，g/cm³；

$\quad m$——材料在干燥状态下的质量，g；

$\quad V$——干燥材料在绝对密实状态下的体积，或称绝对体积，cm³。

材料在绝对密实状态下的体积是指不包含材料孔隙的体积。在建筑材料中，除了钢材（图 1-5）、玻璃等极少数材料可忽略孔隙体积，绝大多数材料，如墙体材料、混凝土（图 1-6）等材料内部都含有一些孔隙。

图 1-5　钢材

图 1-6　混凝土

测定材料的绝对密度，通常将材料磨成细粉，以便排除其内部孔隙，一般要求磨细至粒径小于 0.2 mm，干燥后用排液（李氏瓶）法测定其实际体积。材料磨得越细，细粉体积越接近实际体积，所测得的值越精确。

3. 表观密度

材料在自然状态下（包含孔隙）单位体积所具有的质量，称为材料的表观密度。材料表观密度可按式(1-2)计算。

$$\rho_0 = \frac{m}{V_0}$$ (1-2)

式中：ρ_0——表观密度，kg/m³ 或 g/cm³；

　　　m——材料的质量，kg 或 g；

　　　V_0——材料在自然状态下的体积，m³ 或 cm³。

材料在自然状态下的体积是指材料固体物质所占的体积与孔隙(包含开口孔隙和闭口孔隙)体积之和。对于形状规则的材料，体积可以直接量测计算得出；对于形状不规则的材料，可将其表面用蜡封住后，用排液法测定其体积。当材料孔隙内含有水分时，其质量和体积均有所变化，因此测定材料表观密度时，须注明其含水情况。未注明含水情况的表观密度，均指干表观密度。

4. 堆积密度

堆积密度是指散粒材料或粉状材料，在自然堆积状态下单位体积的质量。材料的堆积密度可按式(1-3)计算。

$$\rho_0' = \frac{m}{V_0'}$$ (1-3)

式中：ρ_0'——堆积密度，kg/m³；

　　　m——材料质量，kg；

　　　V_0'——材料的堆积体积，m³。

测定散粒材料的堆积密度时，材料的质量是指填充在一定容积的容器内的材料质量，其堆积体积是指所用容器的容积。材料在自然状态下的堆积密度称为松散堆积密度，在振动、压实等密实状态下的堆积密度称为紧密堆积密度。

在建筑工程中，计算结构构件自重、拌合站确定材料的堆放空间等，经常会用到材料的密度、表观密度、堆积密度。基本概念对比理解见表1-2；常见建筑材料的密度、表观密度、堆积密度见表1-3。

表 1-2　密度、表观密度、堆积密度对比

名称	定义	计算公式	应用
密度	材料在绝对密实状态下，单位体积的质量	$\rho = \dfrac{m}{V}$	判断材料性质
表观密度	材料在自然状态下，单位体积的质量	$\rho_0 = \dfrac{m}{V_0}$	材料用量计算、构件自重计算、确定堆放空间
堆积密度	材料在堆积状态下，单位体积的质量	$\rho_0' = \dfrac{m}{V_0'}$	

表 1-3　常见建筑材料的密度、表观密度、堆积密度

材料名称	密度 ρ/(g·cm⁻³)	表观密度 ρ_0/(kg·m⁻³)	堆积密度 ρ_0'/(kg·m⁻³)
木材	1.51	400~800	—
钢材	7.85	7 850	—
泡沫塑料	1.0~2.6	20~50	—
玻璃	2.55	2 550	—

续表

材料名称	密度 ρ /(g·cm^{-3})	表观密度 ρ_0 /(kg·m^{-3})	堆积密度 ρ_0' /(kg·m^{-3})
花岗石	2.6~2.9	2 500~2 850	—
石灰石	2.4~2.6	2 500~2 600	—
普通砂	2.6~2.8	—	1 450~1 700
碎石或卵石	2.6~2.9	—	1 400~1 700
普通混凝土	2.6~2.8	—	2 300~2 500
烧结普通砖	2.5~2.7	1 500~1 800	—

5. 孔隙率与密实度

孔隙率是指材料中孔隙体积占总体积的百分比。材料的孔隙率(P)按式(1-4)计算。

$$P = \frac{V_0 - V}{V_0} \times 100\% = \left(1 - \frac{\rho_0}{\rho}\right) \times 100\% \tag{1-4}$$

密实度是指材料中固体物质的体积占总体积的百分比。材料的密实度(D)按式(1-5)计算。

$$D = \frac{V}{V_0} \times 100\% = \frac{\rho_0}{\rho} \times 100\% \tag{1-5}$$

由式(1-4)和式(1-5)可知,孔隙率和密实度的关系为:

$$P + D = 1$$

一般用材料的孔隙率来表示材料的致密程度,材料的孔隙率越小,材料的密实度越大。一般而言,孔隙率越小且连通孔隙较少的材料抗冻性、抗渗性较好。反之,孔隙率越大,对材料的危害越大。在材料的生产过程中应通过提高材料的密实度、改变材料内部孔的结构来改善材料的性能。

6. 填充率与空隙率

填充率是指散粒材料在其堆积体积中,颗粒体积占总体积的比例。填充率按式(1-6)计算。

$$D' = \frac{V}{V_0'} \times 100\% = \frac{\rho_0'}{\rho} \times 100\% \tag{1-6}$$

空隙率是指散粒材料在其堆积体积中,颗粒之间的空隙体积占总体积的比例。空隙率按式(1-7)计算。

$$P' = \frac{V_0' - V}{V_0'} \times 100\% = \left(1 - \frac{\rho_0'}{\rho}\right) \times 100\% \tag{1-7}$$

由式(1-6)和式(1-7)可知,填充率和空隙率的关系为:

$$P' + D' = 1$$

空隙率的大小,反映了散粒材料的颗粒之间互相填充的致密程度。空隙率可以作为控制混凝土骨料级配与计算砂率的依据。

例题分析:某块材料在全干状态下称量,质量为 150 g,在自然状态下的体积为 50 cm^3,绝对密实状态下的体积为 40 cm^3,求其密度、表观密度、密实度和孔隙率。

密度:
$$\rho = \frac{m}{V} = \frac{150}{40} \text{ g/cm}^3 = 3.75 \text{ g/cm}^3$$

表观密度：　　　　　　$\rho_0 = \dfrac{m}{V_0} = \dfrac{150}{50}$ g/cm³ = 3.0 g/cm³

密实度：　　　　　　　$D = \dfrac{V}{V_0} \times 100\% = \dfrac{40}{50} \times 100\% = 80\%$

孔隙率：　　　　　　　$P = 1 - D = 1 - 80\% = 20\%$

学中做

同一种材料的密度、表观密度和堆积密度三者之间的大小关系，下列正确的是（　　　）。

A. 密度＞表观密度＞堆积密度　　　　B. 密度＜表观密度＜堆积密度

C. 密度＞堆积密度＞表观密度　　　　D. 密度＜堆积密度＜表观密度

答案：A

二、材料与水有关的性质分析

1. 亲水性与憎水性

固体材料在空气中与水接触时，按其是否易被水润湿分为亲水性材料和憎水性材料两类。润湿是水在材料表面逐渐被吸附的过程，材料被水润湿的程度用润湿角 θ 表示。润湿角是在材料、水、空气三相交接处，沿水滴表面作切线，切线与水和材料接触面所成的角，如图 1-7 所示。润湿角 $\theta \leqslant 90°$ 时，材料表现为亲水，为亲水材料；润湿角 $\theta > 90°$ 时，材料表现为憎水，为憎水材料。

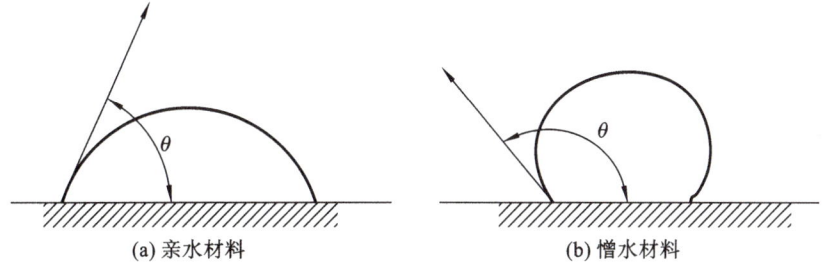

(a) 亲水材料　　　　　　　　　　　(b) 憎水材料

图 1-7　材料的润湿角

材料表现为亲水或憎水的原因在于材料的分子结构：亲水性材料与水分子之间的亲合力，大于水分子间的内聚力；憎水性材料与水分子之间的亲合力，小于水分子间的内聚力。

大多数建筑材料属于亲水性材料，如混凝土、砖、石材、木材等；大部分有机材料属于憎水性材料，如沥青、塑料、石蜡等。憎水性材料能阻止水分渗入材料内部孔隙，所以能降低材料的吸水性。憎水性材料具有较好的防水性、防潮性、抗渗性，常用作防潮防水材料，也可用于亲水性材料的表面处理。

2. 吸水性与吸湿性

材料吸水性是指材料在水中吸收水分的性质。吸水性的大小可以用质量吸水率和体积吸水率两种方法表示。

材料的吸湿性是指材料在潮湿空气中吸收水分的性质。吸湿性的大小用含水率表示。

质量吸水率是指材料在吸水饱和状态下，所吸收水分的质量占材料干燥质量的百分比。质量吸水率按式(1-8)计算。

$$W_质 = \dfrac{m_饱 - m_干}{m_干} \times 100\%$$
　　　　　　　　　　　　　　　　　　　　　　　　　　(1-8)

式中:$W_质$——材料的质量吸水率,%;

　　　$m_饱$——材料在吸水饱和状态下的质量,g;

　　　$m_干$——材料在干燥状态下的质量,g。

体积吸水率是指材料在吸水饱和状态下,所吸收水分的体积占干燥材料自然体积的百分比。

体积吸水率按式(1-9)计算。

$$W_体 = \frac{m_饱 - m_干}{V_0} \cdot \frac{1}{\rho_w} \times 100\% \tag{1-9}$$

式中:$W_体$——材料的体积吸水率,%;

　　　V_0——材料在自然状态下的体积,cm^3;

　　　ρ_w——水的密度,g/cm^3。

含水率是指材料中所含水的质量占材料干燥质量的百分比。含水率按式(1-10)计算。

$$W_含 = \frac{m_含 - m_干}{m_干} \times 100\% \tag{1-10}$$

式中:$W_含$——材料的含水率,%;

　　　$m_含$——材料在吸湿状态下的质量,g;

　　　$m_干$——材料在干燥状态下的质量,g。

材料含水率的大小不仅与材料孔隙率大小和孔的结构特征有关,还与周围空气的温度、湿度有关,当空气湿度大且温度较低时,材料的含水率就大。材料中的水分与周围空气的湿度达到平衡,这时的材料处于气干状态。材料在气干状态下的含水率,称为平衡含水率。平衡含水率不是固定不变的,它随着环境温度与湿度的改变而改变。

材料的吸水性,不仅取决于材料本身的亲水性,还与其孔隙率的大小及孔隙特征有关。一般孔隙率越大,吸水性越强。封闭的孔隙,水分不能进入;粗大开口的孔隙,不易吸满水分;具有很多微小开口孔隙的材料,其吸水能力特别强。各种材料的吸水率相差很大,例如:密实花岗岩的质量吸水率为 0.1%～0.7%;普通混凝土为 2%～3%;普通黏土砖为 8%～20%;而木材及其他轻质材料的质量吸水率常大于 100%。水对材料有许多不良的影响,它使材料的表观密度和导热性增大,强度降低,体积膨胀,易受冰冻破坏,因此材料吸水率大是不利的。在建筑工程中经常涂抹一些憎水性材料来降低建筑部位基层材料的吸水性,从而达到防水防潮的目的,如图 1-8 所示。

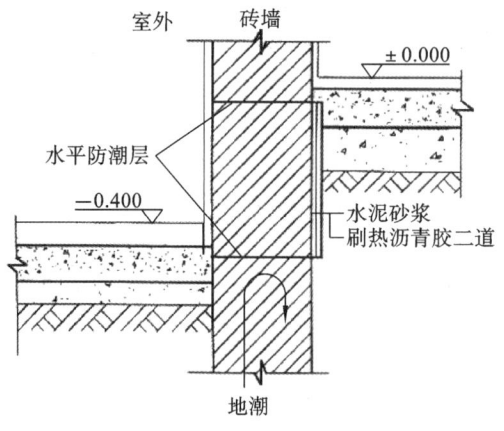

图 1-8　某建筑墙身防潮构造图

3. 耐水性

材料受水的作用后不损坏,其强度也不显著降低的性质称为耐水性。材料的耐水性以软化系数 $K_{软}$ 表示,按式(1-11)计算。

$$K_{软} = \frac{f_{饱}}{f_{干}} \tag{1-11}$$

式中:$K_{软}$——软化系数;

$f_{饱}$——材料在吸水饱和状态下的强度,MPa;

$f_{干}$——材料在干燥状态下的强度,MPa。

一般材料在含水时,强度均有所降低,这是材料微粒间的结合力被渗入的水分子削弱所致。如果材料中含有某些易被水溶解或软化的物质(如黏土、石膏等),则强度降低更为严重。

软化系数越大,材料的耐水性越好,耐水性是选择材料的重要依据。经常位于水中或受潮严重的重要结构,其材料的软化系数不宜小于 0.85,如水中的桥梁结构中的桥墩、承台等;受潮较轻或次要结构,材料软化系数也不宜小于 0.70。

4. 抗渗性

材料抵抗压力水渗透的性能,称为抗渗性。材料的抗渗性与其孔隙率及孔隙特征有关。

绝对密实的材料,具有封闭孔隙或极细孔隙的材料,实际上是不透水的。材料毛细管壁的亲水或憎水也对抗渗性有一定影响。材料抗渗性常用渗透系数 K_s 来表示,按式(1-12)计算。

$$K_s = \frac{Qd}{AtH} \tag{1-12}$$

式中:K_s——渗透系数,cm/s;

Q——渗水量,cm^3;

d——材料厚度,cm;

A——渗水面积,cm^2;

t——渗水时间,s;

H——静水压力水头,cm。

根据达西定律,在一定时间内,透过材料的水量与材料过水断面积及水头差成正比,与材料的厚度成反比。K_s 越小,表明材料的抗渗性越强。

对于混凝土和砂浆材料,抗渗性常用抗渗等级 Pn 表示,如 P4、P6、P8 分别表示材料所能承受液体压力分别为 0.4 MPa、0.6 MPa、0.8 MPa 而不发生渗透。

水工建筑物和某些地下建筑物,因常受到压力水的作用,所用材料应具有一定的抗渗性。作为防水材料,一般也要求有较高的不透水性。

5. 抗冻性

材料的抗冻性是指材料在水饱和状态下,能经受多次冻融循环作用而不破坏,强度也不显著降低的性质。

材料抗冻等级是指标准尺寸的材料试件,在水饱和状态下,经受标准的冻融作用后,其强度不严重降低、质量不显著损失、性能不明显下降时,所经受的冻融循环次数。材料的抗冻性用抗冻等级 Fn 来表示,如 F100 表示材料在规定条件下,最多能承受 100 次的冻融循环而不破坏。

材料经受多次冻融循环作用后,表面将出现裂纹、剥落等现象,造成材料的质量损失和强度降低。材料抵抗冻融破坏作用的能力,与其孔隙率及孔隙特征和孔隙内的充水状况有关,并受到材料变形能力、抗拉强度及耐水性的影响。材料的孔隙特征及孔隙内的充水状况,直接影响材料受冰冻破坏作用的程度。绝对密实或孔隙率极小的材料,一般是耐冻的;材料内含有大量封闭、球形、间隙小且未充满水的孔隙时,冰冻破坏作用也较小,抗冻性较好。材料的强度越高、韧性越好、变形能力越大,对冰冻破坏作用的抵抗能力越强,抗冻性越好。此外,抗冻性良好的材料,抵抗干湿变化及温度变化等风化作用的性能也较强,所以抗冻性可作为矿物质材料抵抗环境物理作用的耐久性综合指标。因此,处于温暖地区的结构物,为了抵抗风化作用,对材料也应提出一定的抗冻性要求。

学中做

1. 下列建筑材料不是亲水性材料的是(　　)。

A. 木材　　　　　　B. 石材　　　　　　C. 陶器　　　　　　D. 沥青

答案:D

2. 建筑材料的吸湿性用(　　)来表示。

A. 吸水率　　　　　B. 含水率　　　　　C. 软化系数　　　　D. 渗透系数

答案:B

三、材料与热有关的性质分析

1. 导热性

材料传导热量的性质称为导热性。材料导热性的大小用导热系数 λ 表示,导热系数按式(1-13)计算。

$$\lambda = \frac{Qd}{AZ\Delta t} \tag{1-13}$$

式中:λ ——导热系数,W/(m·K);

Q ——通过材料的热量,J;

d ——材料厚度或传导的距离,m;

A ——材料传热面积,m²;

Z ——导热时间,s;

Δt ——材料两侧的温度差,K。

材料的导热系数越小,绝热性能越好。影响材料导热性的因素很多,其中最主要的有材料的孔隙率、孔隙特征及含水率等。材料内部闭口孔隙越多,材料的导热系数越小。这是因为材料的导热系数主要取决于材料固体物质的导热系数和孔隙中空气的导热系数,而空气的导热系数相对比较低[0.023 W/(m·K)],所以材料的孔隙率愈大,导热性愈低。空气在粗大和连通的孔隙中较易对流,使导热性增大,故具有细微或封闭孔隙的材料,比具有粗大或连通孔隙的材料导热性低。水的导热系数[0.58 W/(m·K)]大大超过空气,所以当材料的含水率增大时,其导热性也相应提高。若水结冰,冰的导热系数[2.20 W/(m·K)]进一步增大。材料的导热性对建筑物的隔热和保温具有重要意义,特别是保温、隔热材料在运输、储存、施工等过程中应注意防潮、防冻。

学中做

我国北方某住宅工程,因冬季气温比较低,外墙及顶层需做保温层,图1-9为两种材料的剖面,请问选择何种材料?

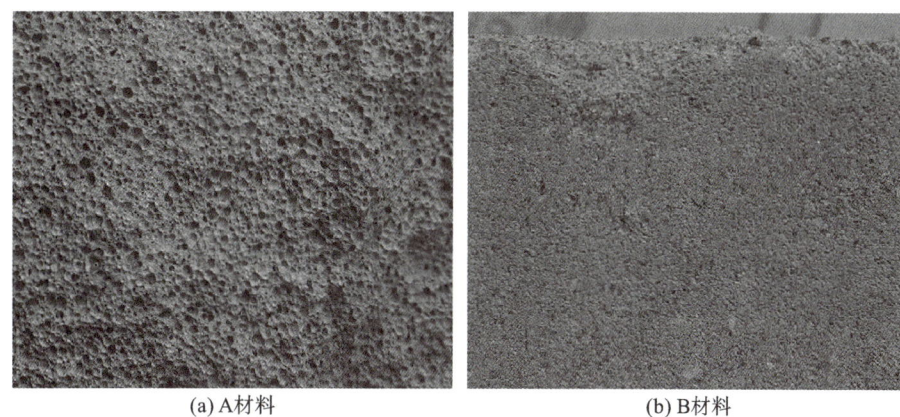

(a) A材料   (b) B材料

图 1-9 材料剖面图

分析：保温层的作用是减少外界温度变化对住户的影响,材料保温性能的主要描述指标为导热系数和热容量,其中导热系数越小越好。观察两种材料的剖面,可见 A 材料为多孔结构,B 材料为密实结构,多孔材料的导热系数较小,适宜作保温层材料。

2. 热容量及比热

材料具有受热时吸收热量、冷却时放出热量的性质,称为材料的热容量(Q)。比热(C)表示 1 kg 材料温度升高(或降低)1 K 时,所吸收(或放出)的热量。热容量及比热按式(1-14)和式(1-15)计算。

$$Q = CG(t_2 - t_1) \tag{1-14}$$

$$C = \frac{Q}{G(t_2 - t_1)} \tag{1-15}$$

式中：Q ——材料的热容量,J;

C ——材料的比热,J/(kg·K);

G ——材料的质量,kg;

$t_2 - t_1$ ——材料受热(或冷却)前后的温度差,K。

比热反映材料吸热和放热能力的大小。比热越大,材料吸热或放热的能力就越大。材料的热容量,对保持室内的温度稳定有很大意义。热容量高的材料能对室内温度起调节作用,使温度变化不致过快。冬季或夏季施工对材料进行加热或冷却处理时,均需考虑材料的热容量。表 1-4 列出了几种材料的比热。

表 1-4 几种常见材料的比热和导热系数

材料名称	钢材	普通混凝土	冰	烧结空心砖	花岗石	密闭空气	水
比热 /[J/(kg·K)]	0.48	0.84	2.05	0.92	0.92	1.00	4.18
导热系数 /[W/(m·K)]	58	1.51	2.20	0.64	3.49	0.023	0.58

墙体材料的热学性能对建筑节能具有重要意义。建筑物外墙的墙体材料,既要导热性低,具有隔热、保温功能以及防水性能,又要具有较大的热容量,以提高建筑物内部温度稳定性,节约冬季取暖及夏季降温过程中的能耗。为同时满足导热性和热容量两方面的要求,常采用在热容量大的墙体材料外表面覆盖一层导热性低并具有防水功能的新型复合材料。

3. 温度变形性

材料的温度变形性是指材料随温度变化,体积发生变化的程度。一般材料都符合热胀冷缩属性。材料的温度变形性,常用表现在长度方向上的尺寸变化来表示,即膨胀系数(线膨胀和线收缩),按式(1-16)计算。

$$\alpha = \frac{\Delta L}{L(t_2 - t_1)} \tag{1-16}$$

式中:α ——线膨胀系数,1/K;

  L ——材料原来的长度,mm;

  ΔL ——材料的线变形量,mm;

  $t_2 - t_1$ ——材料受热(或冷却)前后的温度差,K。

在建筑工程中,材料的温度变形对建筑材料和建筑结构的稳定会产生一定的破坏作用,因此在材料的使用上要求温度变形不要太大,或采用温度伸缩缝来减轻材料变形对建筑物的危害。

四、材料与力学有关的性质分析

材料的力学性质就是指材料在外力(荷载)作用下,产生变形和抵抗破坏方面的性质。

1. 强度与比强度

材料的强度是指材料在外力(荷载)作用下,抵抗破坏的能力。根据外力作用的形式不同,材料强度有抗压、抗拉、抗(折)弯、抗剪强度等,各强度计算式见表1-5。

表 1-5　强度计算公式

强度名称	受力简图	计算公式	说明
抗压强度	抗压	$f_c = \dfrac{P}{A}$	
抗拉强度	抗拉	$f_t = \dfrac{P}{A}$	P——破坏荷载; A——受力面积; L——跨度; b——断面宽度; h——断面高度
抗弯强度	抗弯	$f_m = \dfrac{3PL}{2bh^2}$	
抗剪强度	抗剪	$f_v = \dfrac{P}{A}$	

为了合理选用材料,在建筑工程中根据受力形式的不同,将材料根据其极限强度的大小分为不同的强度等级。塑性材料按抗拉强度划分强度等级,脆性材料按抗压强度划分强度等级,如混凝土按其抗压强度可分为 C7.5、C10、C20 等 16 个强度等级。将建筑材料划分若干个强度等级,对工程的选材、设计、施工、工程质量控制是非常重要的。

比强度的值等于材料的强度与体积密度之比。比强度是衡量材料轻质高强的重要指标,其值越大,材料轻质高强的性能越好。轻质高强材料可用于高层、大跨度结构等建筑物,是未来材料的发展方向。

2. 弹性与塑性

材料在外力作用下产生变形,当外力取消后,材料变形即可消失并能完全恢复原来形状的性质称为弹性。这种可恢复的变形称为弹性变形,如图 1-10 弹簧在其弹性范围内的变形。材料在外力作用下产生变形,当外力取消后,材料仍保持变形后的形状和尺寸,并且材料不发生破坏的性质称为塑性。这种外力取消后不可恢复的变形称为塑性变形,如图 1-11 所示。

图 1-10　弹簧变形

图 1-11　钢筋弯曲

材料在弹性范围内,应力与应变成正比例关系变化,如图 1-12 所示,其比值称为弹性模量(E),按式(1-17)计算。

$$E = \frac{\sigma}{\varepsilon}$$

(1-17)

弹性模量反映材料抵抗弹性变形的能力,弹性模量越大,材料在荷载作用下抵抗变形的能力就越强。

有些材料在受力不大时发生弹性变形,当荷载继续增加超过一定限度后发生塑性变形,如建筑钢材、沥青等。有的材料在外力作用下,弹性变形和塑性变形同时发生,如果外力取消,弹性变形可以恢复,塑性变形不能恢复,这种材料称为弹塑性材料,如混凝土、砂浆等。

3. 脆性与韧性

材料在外力作用下(如拉伸、冲击等)仅产生很小的变形即断裂破坏的性质,称为材料的脆性。脆性材料在破坏前无明显预兆,如石材、陶瓷、玻璃、素混凝土等。通常脆性材料的抗压强度比抗拉强度高很多,所以脆性材料不宜用于承受振动荷载和冲击荷载的部位。

材料在冲击荷载或振动荷载作用下,能吸收较大的能量,同时也能产生一定的变形而不破坏的性质称为材料的韧性。具有韧性的材料在破坏前有明显的变形预兆,如钢筋混凝土、低碳钢、低合金钢等。韧性材料具有一定的抗拉强度,所以对于要求承受冲击荷载和振动荷载的结构宜选用韧性材料。如图 1-13 所示,材料在脆性破坏前无明显变形,无论是受力较小的初期还是受力加大的后期;而韧性材料随着受力的加大,在破坏前发生了明显的变形。

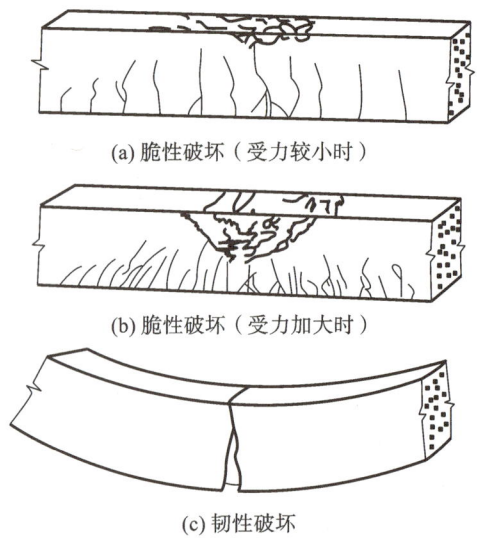

(a) 脆性破坏（受力较小时）

(b) 脆性破坏（受力加大时）

(c) 韧性破坏

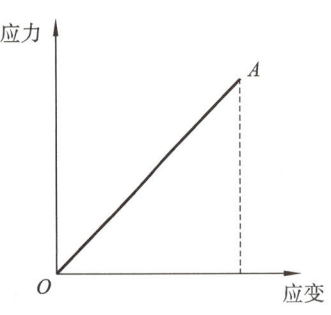

图 1-12　弹性模量示意

图 1-13　脆性破坏和韧性破坏

4. 硬度与耐磨性

硬度指材料表面的坚硬程度，是抵抗其他物体刻划、压入其表面的能力。硬度大的材料耐磨性较高，但不易加工。在工程中，常利用材料的硬度与强度间关系，间接测定材料强度。

材料受外界物质的摩擦作用而造成质量和体积损失的现象称为磨损。材料同时受到摩擦和冲击两种作用而造成的质量和体积损耗现象称为磨耗。建筑中用于地面、踏步、台阶、路面等处的材料，应适当考虑耐磨性；道路工程所用路面材料，必须考虑抵抗磨损及磨耗的性能；水利工程中，如滚水坝的溢流面、闸墩和闸底板等部位，经常受到挟带砂子或石子的水流的冲击作用而遭受破坏，这些部位都需要考虑材料抵抗磨损及磨耗的性能。材料的硬度较大、韧性较高、构造较密实时，其抗磨损及磨耗的能力较强。

五、材料的耐久性

材料的耐久性是指材料在使用过程中在各种内外因素的作用下能长久保持原有性质的能力。耐久性包含材料的抗冻性、抗风（老）化性能（图 1-14）、抗腐蚀性能（图 1-15）等。

图 1-14　沥青路面老化

图 1-15　石材腐蚀

材料在使用过程中，会受到自然环境中各种因素的作用，使其性能逐渐降低，甚至破坏，这些破坏作用可分为物理作用、化学作用及生物作用等。物理作用包括干湿变化、温度变化及冻融作用等。干湿及温度变化使材料发生膨胀与收缩,多次反复会导致材料裂缝和破坏。在寒冷地区,冰冻及冻融对材料的破坏更为严重。化学作用包括酸、碱、盐等物质的水溶液或气体对材料的侵蚀破坏。生物作用是指材料被昆虫、菌类等蛀蚀及腐化。一般矿物材料,如石料、砖、混凝土等,暴露于大气中或处于水位变化区时,主要是受到物理破坏作用;当处于水中时,除了物理作用外,还可能受到化学侵蚀作用。金属材料,引起破坏的原因主要是化学腐蚀及电化学腐蚀作用。木材及植物纤维组成的有机材料,常由于生物作用而破坏。

在建筑工程中,为提高材料的耐久性,根据材料本身的特性和受腐蚀的原因可采取以下措施:

在材料的生产过程中:

①降低材料内部的孔隙率,特别是开口孔隙率;

②减小材料内部裂纹的数量和长度;

③使材料的内部结构均质化;

④对多相复合材料应增强相界面间的黏结力,如对混凝土材料,应增强砂、石与水泥间的黏结力。

在材料的使用过程中:

①在材料表面加做保护层,如涂刷油漆、涂料及抹灰等;

②减轻外部环境的腐蚀作用,如排除侵蚀性物质、降低温度等;

③提高材料本身的密实度,如混凝土要注意搅拌机的选用和振捣方法。

▌ 思政小故事

"超级工程"港珠澳大桥背后的材料元素

港珠澳大桥是连接香港、珠海和澳门的超大型跨海通道,是粤港澳3地首次合作共建的超大型跨海交通工程,主体工程由海上桥梁、海底隧道及连接两者的人工岛3部分组成。港珠澳大桥的建设创造了多项世界纪录:世界上最长的跨海大桥、世界上最长的海底沉管隧道、世界上最大断面的公路隧道、世界上最大的沉管预制工厂、世界上最大的八向震锤、世界上最大的起重船、世界上最大的橡胶隔震支座。这些世界之最的成就,离不开中国智造,离不开新材料。

一、金属材料

港珠澳大桥作为世界上最大的钢结构桥梁,仅主梁钢板用量就达到42万吨,相当于10座鸟巢,或者60座埃菲尔铁塔的质量。

1.多钢种荟萃

在港珠澳大桥的建设中,我国众多钢企都贡献了自己的力量。据相关资料统计,韶关钢铁集团有限公司(简称"韶钢")从2012年年底至2016年年底,为港珠澳大桥项目供应建筑钢材17.86万吨,所提供的螺纹钢、盘螺、高线占港珠澳大桥需求量的70%,另外,钢箱梁、桥墩所用的环氧涂层螺纹钢母材也全部由韶钢供应,部分低合金高强度结构钢板、桥梁钢结构用板由韶钢提供。

2.耐候钢首次在国内跨海桥工程中使用

港珠澳大桥处于高温高湿的海洋气候环境中,必然要求金属材料具备苛刻的防腐蚀性能,而耐候钢可以用稳定的锈层来防止腐蚀,满足港珠澳大桥120年设计寿命的要求,保证了关键构件120年不腐蚀的卓越性能。这也是耐候钢首次在国内跨海桥工程中得到使用。

3.特种铝材

港珠澳大桥所使用的铝材,并非普通的建筑铝材。广东凤铝铝业有限公司(以下简称"凤铝")研究院铝合金新产品研发部万里博士表示:"港珠澳大桥横跨伶仃洋,台风频繁且强度大,海洋环境盐分重,海风吹过,建筑物容易腐蚀,普通的建筑型材寿命会大受影响。比如幕墙产品,如果使用普通铝材,时间长了有可能会褪色。"对此,凤铝研发团队开展了专门的加速模拟腐蚀试验和抗风压测试,产品使用的氟碳涂料,具备特殊的耐热、耐低温和耐腐蚀性,甚至具有荷叶一样的"自洁"功能,产品检验标准严于国标 GB/T 5237.5 及美国标准 AAMA 2605 等。

二、复合材料

1.超高分子量聚乙烯纤维

吊起港珠澳大桥的高性能绳索,是由中石化南京化工研究院有限公司和中国纺织科学研究院有限公司,耗时十多年研发成功的超高分子量聚乙烯纤维制成的。2006 年,这项技术转让给仪征化纤进行工业化装置建设。

这种超高分子量聚乙烯纤维,粗细仅有头发的 1/10,但做成缆绳后,比钢索强度还高,承重力能达到 35 kg。超高分子量聚乙烯纤维,商品名为"力纶",与碳纤维、芳纶并称为 3 大高性能纤维,是目前世界上强质比最高的纤维,在国防军工和民用工业上都有广泛的应用,是强国强军的战略物资。港珠澳大桥所用的吊带,一条就由十几万根这样的丝线组成。

2.新型高分子塑料模板

在建造人工岛环岛跃浪沟时,由广州路亿公路工程有限公司研发的新型高分子塑料模板就发挥了相当大的作用。该塑料模板采用热塑长纤维增强的高分子复合材料制成,1 m³ 塑模重量约 10 kg,仅为钢模的 1/7,同时还具有耐磨损、防腐蚀、强度高等特点。

塑料模板采用统一的组合构件,可以灵活快速模板化组装,施工人员只需简单培训即可快速掌握操作,同时施工时不存在模板出现残钉、尖刺等问题,可大幅度减少施工安全隐患。

三、材料构件与材料技术

港珠澳大桥经过了伶仃洋海域中最繁忙的主航道,如果建造桥梁会影响香港机场飞机的起飞,因此只能建造隧道。港珠澳大桥海底隧道长达 5.664 km,由 33 节巨型的沉管组成,标准管节长度 180 m,重约 8 万吨,差不多相当于一艘航母。这个沉管是目前世界上体积最大、质量最高的海底隧道建筑单元。

知识拓展——
海砂危害

沉管隧道分为刚性和柔性 2 种结构,然而,这 2 种结构都无法适应海底隧道的建造需求。为了攻克这个难题,国内最前沿的企业和专家进行了长时间的研究,最终研发出第 3 种结构体系的沉管——半刚性沉管,一种介于刚性和柔性之间的结构。这座长达 5 000 多米的海底隧道,完全做到了滴水不漏,新材料功不可没。

⚙ 单元习题

一、填空题

1.脆性材料抵抗 _____ 荷载能力较强,而不宜用于承受 _____ 荷载和 _____ 荷载的工程部位。

2.在选用长期处于潮湿环境中比较重要的结构材料时,要考虑材料的_____ 性。

3.在选用保温材料时,宜选用导热系数 _____、比热 _____ 的材料。

4.如果材料的 ρ_0 越接近 ρ,则固体物质越多,能承受的荷载 _____,材料的强度 _____,内部空气 _____,保温隔热性 _____。

5.材料受力破坏时,无显著的变形而突然断裂的性质称为_____。

二、单项选择题

1.孔隙率增大,材料的(   )降低。

A.密度   B.表观密度   C.憎水性   D.抗冻性

2.材料在空气中吸收水分的性质称为(   )。

A.吸水性   B.吸湿性   C.耐水性   D.渗透性

3.材料的抗渗等级 P6 表示材料能承受(   )的液体压力而不被渗透。

A.0.6 MPa   B.6.0 MPa   C.0.3 MPa   D.1.2 MPa

4.含水率为 10% 的湿砂 220 g,其中水的质量为(   )。

A.19.8 g   B.22 g   C.20 g   D.20.2 g

5.有一块烧结砖,在潮湿状态下质量为 3 260 g,经测定其含水率为 6%,若将该砖浸水饱和后质量为 3 420 g,其质量吸水率为(   )。

A.4.9%   B.6.0%   C.11.2%   D.4.6%

6.评价材料抵抗水的破坏能力的指标是(   )。

A.抗渗等级   B.渗透系数   C.软化系数   D.抗冻等级

三、案例分析

某地发生历史罕见的洪水,洪水退后,许多砖房倒塌,其砌筑用的砖多为未烧透的多孔的红砖,其断面情况见图 1-16,请分析原因。

图 1-16 倒塌房屋所用红砖的断面图

四、简答题

1.孔隙对材料性能的影响表现在哪些方面?

2.请总结提高材料耐久性的措施。

3.材料的抗冻性与什么因素有关?

五、计算题

1.质量为 3.4 kg、容积为 10 L 的容量筒装满绝干石子后的总质量为 18.4 kg。若向筒内注入水,待石子吸水饱和后,为注满此筒共注入水 4.27 kg。将上述吸水饱和的石子擦干表面后称得总质量为 18.6 kg(含筒重)。求该石子的吸水率、表观密度、堆积密度及开口孔隙率。

参考答案

2.烧结普通砖的尺寸为 240 mm×115 mm×53 mm,已知其孔隙率为 37%,干燥质量为 2 487 g,浸水饱和后质量为 2 984 g。试求该砖的表观密度、密度、吸水率。

3.施工现场搅拌混凝土,每罐需加入干砂 250 kg,现场砂的含水率为 2%。试计算需要加入多少湿砂。

学习情境 2 建筑结构材料

学习单元 1 建筑钢材

知识目标

熟悉钢材的定义和制作流程；
掌握关于建筑钢材各项性能指标的国家及行业标准；
掌握常用钢材的分类、命名规则以及技术要求；
熟悉钢材一些化学成分对钢材性能的影响。

能力目标

能够根据工程需求正确选择建筑钢材类型、规格和质量等级；
能够规范检测钢材性能，正确解读检测结果；
能够对钢材进行管理和合理保存。

思政目标

树立质量第一的理念，强调质量对于建筑安全和社会责任的重要性；
遵守安全操作规程，增强安全意识，预防安全事故的发生；
在建筑设计和施工中注重环保要求，推动绿色建筑的发展；
培养精益求精、注重细节的工匠精神，提高职业素养和技能水平；
培养建筑钢材领域的科技创新精神。

知识树

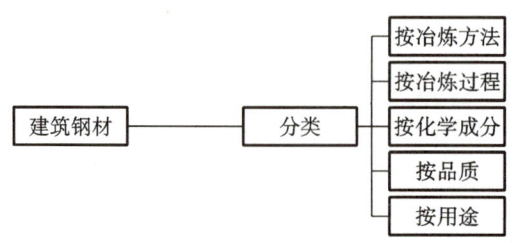

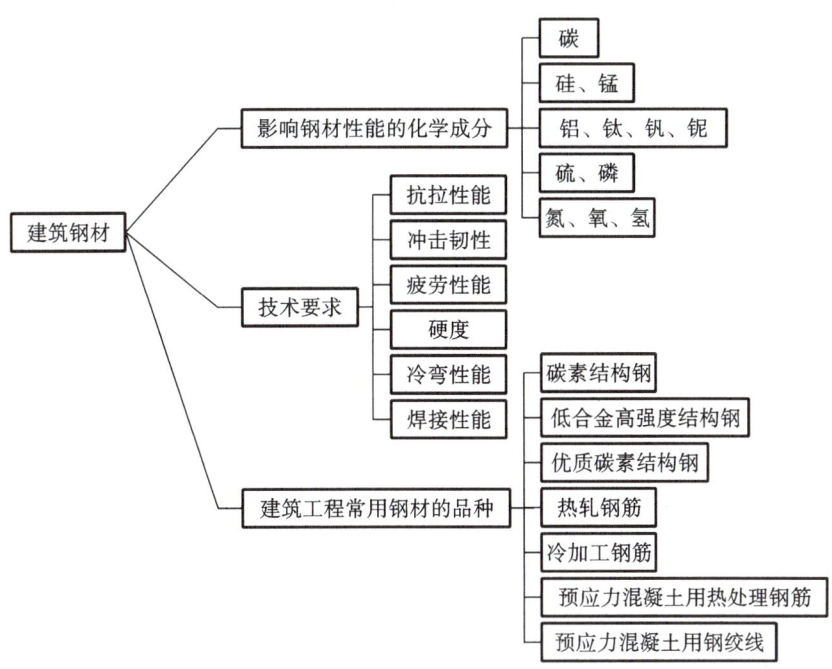

任务提出

本单元的任务是完成总情境中工作一任务一：选取金属材料并检测其性质。以某建筑的框架结构柱（图 2-1）为例，根据设计图纸要求选取正确等级的钢筋，并检测钢筋的拉伸性能和弯曲性能是否合格。

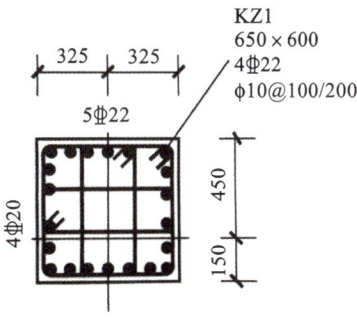

图 2-1　框架结构柱

任务分析

建筑钢筋是建筑钢材中的一种，要想正确、经济、合理地选择和使用钢筋，必须了解和掌握钢材的分类、化学成分、力学性能及工艺性能等。

为完成这一学习任务，首先，需要掌握建筑钢材的基本概念和分类，了解其在建筑中的重要性。其次，要深入学习建筑钢材的性能评估方法，包括其力学性能、工艺性能和尺寸、外形及重量等的检测与评估，理解其与建筑安全和使用寿命的关联。再次，还需学习建筑钢材在实际工程中的应用技术，如选材、加工、连接和防腐等。最后，通过案例分析、实践操作等方式，培养学生的实际操作能力和解决问题的能力,确保能够在实际工作中合理运用所学知识。这一任务不仅要求学生具备扎实的理论基础,还要求他们具备实践能力和创新思维。

建筑钢材作为建筑结构中的关键材料,其性能直接关系到建筑的安全性和稳定性。了解钢材的抗拉强度等基本特性,对于确保建筑质量至关重要。在建筑行业中,钢材因其高强度、良好的塑性和韧性而广泛应用于各种结构体系。无论是高层建筑的框架,还是桥梁的承重结构,钢材都发挥着不可或缺的作用。因此,在建筑钢材的学习中,我们不仅要掌握其基本的力学性质,还要了解不同种类钢材的特点和适用场景,以便在实际工程中能够合理选择和使用钢材,确保建筑的安全和稳定。

一、钢的分类

钢是以铁为主要元素,含碳量为 $0.02\%\sim2.06\%$,并含有其他元素的铁碳合金。钢是由生铁冶炼而成的。炼钢的原理就是将熔融的生铁进行氧化,使碳的含量降低到一定的程度,同时把其他杂质的含量也降低到允许范围内。根据炼钢设备所用炉种的不同,炼钢方法主要可分为氧气转炉炼钢(能有效去除有害杂质,冶炼时间短,生产效率高,质量好,成本低,应用广)、平炉炼钢(化学成分可精确控制,成品质量高,主要用于炼制优质钢;缺点是能耗大,成本高,冶炼周期长)和电炉炼钢(质量最好,主要用于冶炼优质碳素钢及特殊合金钢,成本较高)三种。

由于炼钢过程中必须供给足够的氧以保证碳、硅、锰的氧化及其他杂质的去除,因此,钢液中尚有一定数量的氧化铁。为了消除氧化铁对钢质量的影响,常在精炼的最后阶段,向钢液中加入硅铁、锰铁等脱氧剂以去除钢液中的氧,这种操作工艺称为脱氧。按照脱氧程度,钢可以分为沸腾钢(脱氧不完全的钢,钢水浇注后,产生大量的一氧化碳气体,引起钢水沸腾,故称沸腾钢。沸腾钢组织不够致密,气泡含量较多,化学偏析较大,成分不均匀,质量较差,但成本较低)、镇静钢(脱氧充分,铸锭时钢水不致产生气泡,在锭模内平静地凝固,故称镇静钢。镇静钢组织致密,化学成分均匀,机械性能好,是质量较好的钢种,但成本较高)和半镇静钢(脱氧程度及钢的质量介于沸腾钢和镇静钢之间)。

钢的分类如下:

$$
\begin{cases}
按冶炼方法分 \begin{cases} 转炉钢 \\ 平炉钢 \\ 电炉钢 \end{cases} \\[2em]
按脱氧程度分 \begin{cases} 沸腾钢(F) \\ 半镇静钢(b) \\ 镇静钢(Z) \end{cases} \\[2em]
按化学成分分 \begin{cases} 碳素钢 \begin{cases} 低碳钢(含碳量<0.25\%) \\ 中碳钢(含碳量为 0.25\%\sim0.60\%) \\ 高碳钢(含碳量>0.60\%) \end{cases} \\ 合金钢 \begin{cases} 低合金钢(合金元素总量<5\%) \\ 中合金钢(合金元素总量为 5\%\sim10\%) \\ 高合金钢(合金元素总量>10\%) \end{cases} \end{cases} \\[3em]
按品质分 \begin{cases} 普通碳素钢(含硫量为 0.055\%\sim0.065\%,含磷量为 0.045\%\sim0.085\%) \\ 优质碳素钢(含硫量为 0.030\%\sim0.045\%,含磷量为 0.035\%\sim0.040\%) \\ 高级优质钢(含硫量为 0.020\%\sim0.030\%,含磷量为 0.027\%\sim0.035\%) \end{cases}
\end{cases}
$$

$$\text{按用途分}\begin{cases}\text{结构钢}\begin{cases}\text{建筑工程用结构钢}\\\text{机械制造用结构钢}\end{cases}\\\text{工具钢:用于制作刀具、量具、模具等}\\\text{特殊钢:不锈钢、耐酸钢、耐热钢、耐磨钢、磁钢等}\end{cases}$$

⊙ **学中做**

钢材按脱氧程度分为（　　）。

A. 碳素钢、合金钢 　　　　　　B. 沸腾钢、镇静钢、半镇静钢

C. 普通钢、优质钢、高级优质钢 　　D. 结构钢、工具钢、特殊钢

答案:B

二、化学成分对钢材性能的影响

钢中除铁、碳两种基本元素外,还含有其他的一些元素,它们对钢的性能和品质有一定的影响。

1. 碳

碳是决定钢材性能的主要元素。随着含碳量的增加,钢的强度、硬度提高,塑性、韧性降低。但当含碳量大于 1.0% 时,由于钢材变脆,抗拉性能反而下降。钢中含碳量增加,还会使钢的焊接性能变差(含碳量大于 0.3% 的钢,可焊性显著降低),冷脆性和时效敏感性增大,并使钢耐大气锈蚀能力下降。

2. 硅、锰

硅和锰是钢材的有益元素。硅和锰是在炼钢时为了脱氧加入硅铁和锰铁而留在钢中的合金元素。硅的含量在 1.0% 以内时,可提高钢材的强度,对塑性和韧性没有明显影响。但含硅量超过 1.0% 时,钢材冷脆性增加,可焊性变差。锰的含量为 0.8%～1.0% 时,可显著提高钢的强度和硬度,几乎不降低塑性及韧性。当其含量大于 1.0% 时,在提高强度的同时,塑性及韧性有所下降,可焊性变差。

3. 铝、钛、钒、铌

铝、钛、钒、铌等元素是钢材中的有益元素,它们均是炼钢时的强脱氧剂,也是合金钢中常用的合金元素。适量地加入这些元素,可以改善钢材的组织,细化晶粒,显著提高钢材的强度和改善钢材的韧性。

4. 硫、磷

硫、磷是钢中的有害元素,主要来源于炼钢用的原料。硫在钢的热加工时易引起钢的脆裂,称为热脆性。热脆性严重降低了钢的热加工性。硫的存在还使钢的冲击韧性、疲劳强度、可焊性及耐蚀性降低。磷可显著降低钢材的塑性和韧性,特别是低温环境下的冲击韧性下降更为明显,使钢材容易脆裂,这种现象称为冷脆性。磷还能使钢的冷弯性能降低,可焊性变坏。但磷与铜等合金元素配合使用时可使钢的强度、耐磨性、耐蚀性明显提高,还可有效改善钢的切削加工性能。

5. 氮、氧、氢

这三种气体元素是钢中的有害元素,它们在固态钢中溶解度极小,偏析严重,使钢的塑性、韧性显著降低,甚至会造成微裂纹事故。钢的强度越高,其危害性越大。

◆ 学中做

钢材随含碳量的增加,强度和硬度相应(　　),塑性和韧性相应(　　)。

A. 提高　提高　　　B. 提高　降低　　　C. 降低　降低　　　D. 降低　提高

答案:B

三、钢材的力学性能

1. 钢材的抗拉性能

钢材的抗拉性能,可通过低碳钢受拉时的应力-应变图阐明(图 2-2)。

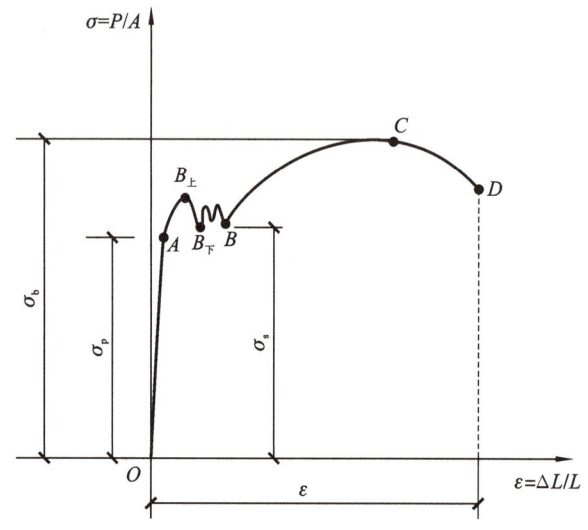

图 2-2　低碳钢受拉的应力-应变图

图 2-2 为低碳钢在常温和静载条件下的抗拉应力-应变曲线。从图中可见,就变形性质而言,曲线可划分为四个阶段,即弹性阶段($O{\rightarrow}A$)、屈服阶段($A{\rightarrow}B$)、强化阶段($B{\rightarrow}C$)、颈缩阶段($C{\rightarrow}D$)。

1)弹性阶段

在图 2-2 中弹性阶段 OA 范围内,应力较低,应力与应变成比例关系,此时,如卸去拉力,试件能完全恢复原状,无残余形变。弹性阶段的最高点 A 点所对应的应力称为弹性极限,用 σ_p 表示。在此阶段,应力与应变的比值为常数,称为弹性模量,用 E 表示,即 $E=\sigma/\varepsilon$。弹性模量反映钢材的刚度,它是钢材在受力时计算结构变形的重要指标。

2)屈服阶段

在曲线的 AB 范围内,应力和应变不再成正比关系,应力在 $B_{上}$(上屈服点)至 $B_{下}$(下屈服点)的范围内波动,变形迅速增加,产生明显的塑性变形,似乎钢材不能承受外力而屈服,AB 阶段称为屈服阶段。国家标准规定,以下屈服点($B_{下}$ 点)所对应的应力值作为钢材的屈服强度,也称为屈服点,用 σ_s 表示。对于在外力作用下屈服现象不明显的钢材,规定以产生残余变形为原标距长度 0.2% 时的应力作为屈服强度,用 $\sigma_{0.2}$ 表示,称为条件屈服强度。

屈服强度对钢材的使用有着重要的意义。钢材受力达到屈服强度后,变形迅速增加,尽管尚未断裂,已不能满足使用要求,故结构设计中以屈服强度作为许用应力取值的依据。常用碳素结构钢 Q235 的屈服强度在 235 MPa 以上。

3)强化阶段

当应力超过屈服强度后,钢材内部晶格扭曲、晶粒破碎,阻止了晶格进一步滑移,钢材抵抗拉力的能力重新提高,图 2-2 中 BC 段为一段上升曲线,这一过程称为强化阶段。对应于最高点 C 点的应力称为抗拉强度(σ_b),它是钢材所能承受的最大拉应力。抗拉强度在设计中虽然不能利用,但是屈服强度与抗拉强度之比(屈强比)σ_s/σ_b 却是评价钢材使用可靠性的一个参数。屈强比越小,钢材受力超过屈服点工作时的可靠性越大,安全性越高。但是,屈强比太小,钢材强度的利用率偏低,浪费材料。建筑结构用钢合理的屈强比一般为 0.60~0.75。

4)颈缩阶段

当钢材抗拉应力-应变曲线达到最高点 C 点后,试件薄弱处的断面将显著减小,塑性变形急剧增加,产生"颈缩现象"(图 2-3),拉力下降,直到发生断裂,此阶段为颈缩阶段。

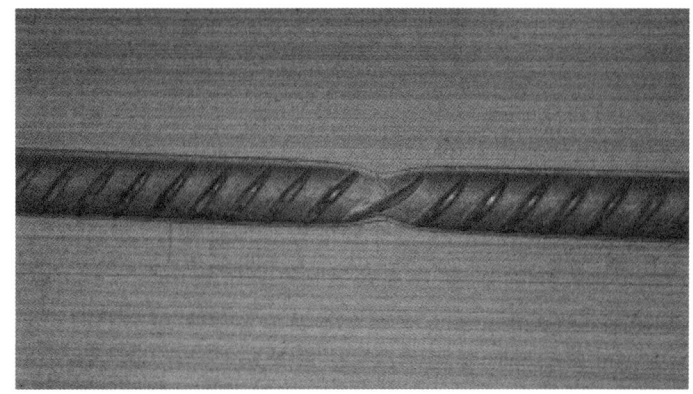

图 2-3 钢筋颈缩现象

将拉断后的试件于断裂处对接在一起(图 2-4),测其断后标距 L_1(单位为 mm)。标距的伸长值占原始标距 L_0(单位为 mm)的百分率,称为断后伸长率,以 δ 表示。

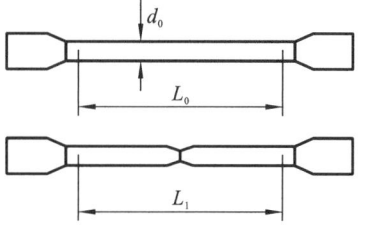

$$\delta = \frac{L_1 - L_0}{L_0} \times 100\% \qquad (2\text{-}1)$$

式中:L_0——试件的原始标距长度,mm;

图 2-4 拉断前后的试件

L_1——试件拉断后的标距长度,mm。

由于试件断裂前的颈缩现象,塑性变形在试件标距内的分布是不均匀的,当原标距与直径之比越大,则颈缩处的伸长值在整个伸长值中的比重越小,因而计算的伸长率偏小。通常取标距长度 L_0 等于 5 倍或 10 倍的试件直径 d_0,其伸长率以 δ_5 或 δ_{10} 表示。对于同一钢材,δ_5 大于 δ_{10}。

伸长率表明了钢材的塑性变形能力,是钢材的重要技术指标。尽管大多数的结构通常是在弹性范围内工作,但其应力集中处可能超过 σ_s 而产生一定的塑性变形,使应力重分布,从而避免结构破坏。

📍 **学中做**

在下列建筑钢材描述中,正确的是(　　)。

A. 以屈服强度作为许用应力取值的依据

B. 冷拉使钢材的技术性能大大提高

C. 所有的钢材都可以焊接

D. 钢材的耐火性能好

答案:A

2. 冲击韧性

冲击韧性是指材料抵抗冲击荷载作用的能力。建筑钢材的冲击韧性通过夏比(V 型缺口)冲击试验来测定。如图 2-5 所示,用带有 V 型缺口的标准试样,在摆锤式试验机上,进行冲击弯曲试验,测定在冲击负荷作用下试样折断时所吸收的功,作为钢材的冲击韧性指标。同一种钢材的冲击韧性常随温度降低而下降,开始时下降缓和,当达到一定温度范围时,突然下降很多而呈脆性,这种性质称为钢材的冷脆性。这时的温度称为钢材的临界温度。这个温度越低,说明钢材的低温冲击韧性越好。故对一切承受动荷载并可能在负温下工作的建筑钢材,都必须进行冲击韧性试验。

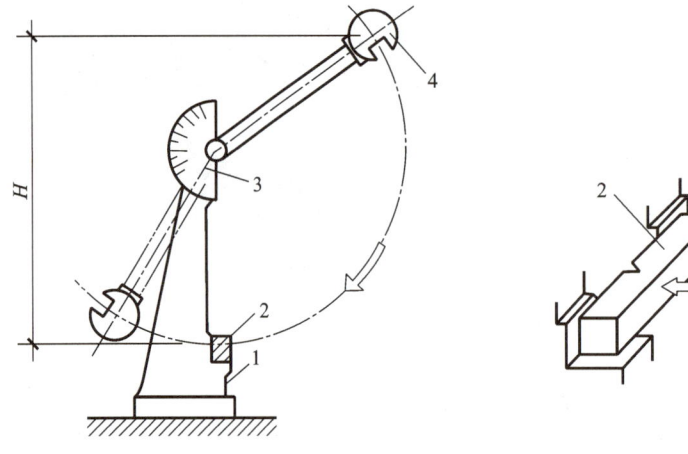

图 2-5　冲击韧性试验原理图

1—机座;2—试样;3—支架;4—摆锤;H—摆锤下落高度

3. 疲劳性能

钢材在交变荷载反复作用下,在应力远低于抗拉强度的情况下突然发生破坏的现象称为疲劳破坏。疲劳破坏是拉应力引起的,首先在局部形成细小裂纹,然后在裂纹端部产生应力集中,使裂纹逐渐扩展直至发生突然的脆性断裂。

钢材的疲劳破坏指标用疲劳强度(或疲劳极限)来表示,它是指试件在交变应力的作用下,不发生疲劳破坏的最大应力值。一般将承受交变荷载达 10^7 周次时不破坏的最大应力规定为钢材的疲劳强度。在设计承受反复荷载且须进行疲劳验算的结构时,应当了解所用钢材的疲劳强度。

4. 硬度

钢材的硬度是指其表面抵抗硬物压入而不产生塑性变形的能力,亦即材料表面抵抗塑性变形的能力。

测定钢材硬度的方法有布氏法、洛氏法等,相应的硬度试验指标称布氏硬度(HB)和洛氏硬度(HR)。较常用的方法是布氏法,其硬度指标是布氏硬度值。各类钢材的 HB 值与抗拉强度之间有较好的相关关系。材料的强度越高,塑性变形抵抗力越强,硬度值也就越大。

布氏法的测定原理是:用直径为 $D(mm)$ 的淬火钢球以 $P(N)$ 的荷载将其压入试件表面,经规定的持续时间后卸荷,即得直径为 $d(mm)$ 的压痕,以压痕表面积 $F(mm^2)$ 除荷载 P,所得的应力值即为试件的布氏硬度值 HB,以数字表示,不带单位。图 2-6 为布氏硬度测定示意图。

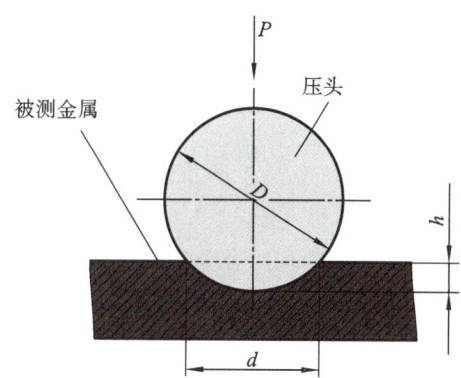

图 2-6　布氏硬度试验原理图
P—施加于钢球上的荷载;d—压痕直径;D—钢球直径;h—压痕深度

四、钢材的工艺性能

1. 冷弯性能

冷弯性能是指钢材在常温下承受弯曲变形的能力,是建筑钢材的重要工艺性能。如图 2-7 冷弯试验示意图所示,钢材的冷弯性能指标用试件在常温下所能承受的弯曲程度表示。弯曲程度则通过试件被弯曲的角度和弯心直径对试件厚度(或直径)的比值来区分。试验时采用的弯曲角度愈大,弯心直径对试件厚度(或直径)的比值愈小,表示对冷弯性能的要求愈高。按规定的弯曲角和弯心直径进行试验时,试件的弯曲处不发生裂缝、断裂或起层,即认为冷弯性能合格。

钢材含碳(C)、磷(P)较高或曾经过不正常冷热处理,则其冷弯性能往往不合格。冷弯性能表示钢材处于不利变形条件下的塑性,钢材局部发生非均匀变形,有助于暴露钢材的某些内在缺陷。相对于伸长率而言,冷弯是对钢材塑性更严格的检验,它能揭示钢材内部是否存在组织不均匀、内应力和夹杂物等缺陷。

2. 焊接性能

焊接是各种型钢、钢板、钢筋的重要连接方式。建筑工程的钢结构有 90% 以上是焊接结构。焊接的质量取决于焊接工艺、焊接材料及钢的焊接性能。

焊接性能又称可焊性,可焊性好的钢材易于用一般焊接方法和焊接工艺施焊,焊接后不易

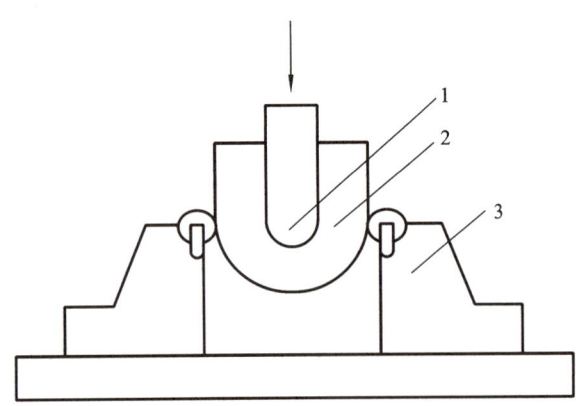

图 2-7　冷弯试验示意图($d=a$, $180°$)
1—弯心；2—试件；3—支座

形成裂纹、气孔、夹渣等缺陷，焊接接头牢固可靠，硬脆倾向小，焊缝及其附近热影响区仍能保持与原有钢材相近的力学性能。

钢的化学成分及含量、冶炼质量和冷加工等都影响钢材的焊接性能。一般含碳量小于 0.25% 的碳素钢具有良好的可焊性；含碳量超过 0.3% 的碳素钢，可焊性变差。硫、磷及气体杂质含量的增多会使可焊性降低，加入过多的合金元素也会降低可焊性。

焊接过程的特点是在很短的时间内达到很高的温度，金属熔化的体积很小，由于金属传热快，故冷却的速度很快。因此，在焊件中常产生复杂的、不均匀的反应和变化，存在剧烈的膨胀和收缩，所以易产生变形、内应力，甚至导致裂缝。

钢筋焊接应注意的问题：冷拉钢筋的焊接应在冷拉之前进行；钢筋焊接之前，焊接部位应清除铁锈、熔渣、油污等；应尽量避免不同国家的进口钢筋之间或进口钢筋与国产钢筋之间的焊接。

五、建筑工程常用钢材的品种与应用

1. 建筑常用钢种

建筑工程中需要消耗大量的钢材，应用最广泛的钢种主要是碳素结构钢和低合金高强度结构钢，另外钢丝中也部分使用了优质碳素结构钢。这里讲述前两种。

1）碳素结构钢

碳素结构钢是普通碳素结构钢的简称。在各类钢中，碳素结构钢产量最大，用途最广泛，多轧制成钢板、钢带、型钢等。现行国家标准《碳素结构钢》(GB/T 700—2006)具体规定了它的牌号表示方法、技术要求、试验方法、检验规则等。

(1) 牌号表示方法。

碳素结构钢的牌号由代表屈服强度的字母、屈服强度数值、质量等级符号、脱氧方法符号等4个部分按顺序组成。其中，以字母"Q"代表屈服强度，屈服强度数值共分 Q195、Q215、Q235 和 Q275 四个牌号；质量等级以硫、磷等杂质含量由多到少分为四个等级，分别由符号 A、B、C、D 表示；脱氧方法以 F 表示沸腾钢、Z 表示镇静钢、TZ 表示特殊镇静钢，Z 和 TZ 在钢的牌号中可以省略。例如：Q235BF 表示屈服点为 235 MPa 的 B 级沸腾碳素钢；Q235C 表示屈服点为 235 MPa 的 C 级镇静碳素钢。

（2）技术要求。

碳素结构钢的化学成分、力学性质、冷弯性能应分别符合表 2-1、表 2-2、表 2-3 的要求。

表 2-1　碳素结构钢化学成分

牌号	统一数字代号[①]	等级	厚度（或直径）/mm	脱氧方法	化学成分（质量分数）/(%)，不大于				
					C	Si	Mn	P	S
Q195	U11952	—	—	F，Z	0.12	0.30	0.50	0.035	0.040
Q215	U12152	A		F，Z	0.15	0.35	1.20	0.045	0.050
	U12155	B							0.045
Q235	U12352	A	—	F，Z	0.22	0.35	1.40	0.045	0.050
	U12355	B			0.20[②]				0.045
	U12358	C		Z	0.17			0.040	0.040
	U12359	D		TZ				0.035	0.035
Q275	U12752	A		F，Z	0.24	0.35	1.50	0.045	0.050
	U12755	B	≤40	Z	0.21			0.045	0.045
			>40		0.22				
	U12758	C	—	Z	0.20			0.040	0.040
	U12759	D		TZ				0.035	0.035

注：① 表中为镇静钢、特殊镇静钢牌号的统一数字，沸腾钢牌号的统一数字代号如下：Q195F——U11950；Q215AF——U12150，Q215BF——U12153；Q235AF——U12350，Q235BF——U12353；Q275AF——U12750。

② 经需方同意，Q235 的碳含量可不大于 0.22%。

表 2-2　碳素结构钢的力学性能

牌号	等级	屈服强度[①]/MPa，不小于						抗拉强度[②] R_m/MPa	断后伸长率 A/(%)，不小于					冲击试验（V 型缺口）	
		厚度（或直径）/mm							厚度（或直径）/mm					温度/℃	冲击吸收功（纵向）/J，不小于
		≤16	16～40	40～60	60～100	100～150	150～200		≤40	40～60	60～100	100～150	150～200		
Q195	—	195	185	—	—	—	—	315～430	33	—	—	—	—	—	—
Q215	A	215	205	195	185	175	165	335～450	31	30	29	27	26	—	—
	B													+20	27
Q235	A	235	225	215	215	195	185	370～500	26	25	24	22	21	—	—
	B													+20	27[③]
	C													0	
	D													−20	

续表

牌号	等级	屈服强度① /MPa,不小于						抗拉强度② R_m/MPa	断后伸长率 A/(%),不小于					冲击试验(V 型缺口)	
		厚度(或直径)/mm							厚度(或直径)/mm					温度/℃	冲击吸收功(纵向)/J,不小于
		≤16	16~40	40~60	60~100	100~150	150~200		≤40	40~60	60~100	100~150	150~200		
Q275	A	275	265	255	245	225	215	410~540	22	21	20	18	17	—	—
	B													+20	27
	C													0	
	D													−20	

注:①Q195 的屈服强度值仅供参考,不作交货条件。

②厚度大于 100 mm 的钢材,抗拉强度下限允许降低 20 MPa。宽带钢(包括剪切钢板)抗拉强度上限不作交货条件。

③厚度小于 25 mm 的 Q235B 级钢材,如供方能保证冲击吸收功值合格,经需方同意,可不作检验。

表 2-3　碳素结构钢的冷弯试验指标

牌号	试样方向	冷弯试验180°,$B=2a$①	
		钢材厚度(或直径)②/mm	
		≤60	60~100
		弯心直径 d	
Q195	纵	0	—
	横	0.5a	
Q215	纵	0.5a	1.5a
	横	a	2a
Q235	纵	a	2a
	横	1.5a	2.5a
Q275	纵	1.5a	2.5a
	横	2a	3a

注:①B 为试样宽度,a 为试样厚度(或直径)。

②钢材厚度(或直径)大于 100 mm 时,弯曲试验由双方协商确定。

(3)碳素结构钢的性能和应用。

碳素结构钢随牌号的增大,含碳量增加,强度和硬度提高,塑性和冲击韧性降低,冷弯性能变差。

Q195 和 Q215 号钢强度低,塑性和韧性较好,易于冷加工,常用于轧制薄板和盘条,制造钢钉、铆钉、螺栓及铁丝等。Q215 号钢经冷加工后可代替 Q235 号钢使用。

建筑工程中应用最广泛的是 Q235 号钢,属低碳钢,具有较高的强度,良好的塑性、韧性及可焊性,综合性能好,能满足一般钢结构和钢筋混凝土用钢要求,且成本较低,被大量用于轧制各种型钢、钢板及钢筋。其中 Q235A 级钢,一般仅适用于承受静荷载作用的结构,Q235C 和

Q235D 级钢可用于重要的焊接结构,Q235D 级钢含有足够的形成细晶粒的元素,同时对硫、磷有害元素控制严格,故其冲击韧性很好,具有较强的抗冲击、振动荷载的能力,尤其适宜在较低温度下使用。

Q275 号钢强度较高,但塑性、韧性较差,可焊性也差,不易焊接和冷弯加工,可用于轧制钢筋、作螺栓配件等,但更多用于机械零件和工具等。

受动荷载作用结构、焊接结构及低温下工作的结构,不能选用 A、B 质量等级钢及沸腾钢。

💡 学中做

Q235AF 表示(　　)。

A.抗拉强度为 235 MPa 的 A 级镇静钢

B.屈服点为 235 MPa 的 A 级镇静钢

C.抗拉强度为 235 MPa 的 A 级沸腾钢

D.屈服点为 235 MPa 的 A 级沸腾钢

答案:D

2)低合金高强度结构钢

低合金高强度结构钢是在碳素结构钢的基础上,添加少量的一种或几种合金元素(总含量小于 5％)的一种结构钢。所加元素主要有锰(Mn)、硅(Si)、钒(V)、钛(Ti)、铌(Nb)、铬(Cr)、镍(Ni)及稀土元素。低合金高强度结构钢综合性能较为理想,尤其在大跨度、承受动荷载和冲击荷载的结构中更适用,而且与使用碳素钢相比,可节约钢材 20％～30％,但成本并不很高。

(1)牌号表示方法。

根据国家标准《低合金高强度结构钢》(GB/T 1591—2018)的规定,低合金高强度结构钢共有八个牌号。钢的牌号由代表屈服强度"屈"字的汉语拼音首字母 Q、规定的最小上屈服强度数值、交货状态代号、质量等级符号(B、C、D、E、F)四个部分组成。屈服点数值分 355 MPa、390 MPa、420 MPa、460 MPa、500 MPa、550 MPa、620 MPa、690 MPa 共八种。交货状态分为热轧、正火或正火轧制和热机械轧制三种。例如钢的牌号表示为 Q355ND,其中:Q 表示钢的屈服强度,355 表示规定的最小上屈服强度数值为 355 MPa,N 表示交货状态为正火或正火轧制,D 表示质量等级为 D 级。

(2)技术要求。

低合金高强度结构钢按交货状态热轧、正火或正火轧制和热机械轧制的不同,其化学成分、碳当量、拉伸性能和断后伸长率等有不同的要求,夏比(V 型缺口)冲击试验的温度和冲击吸收能量依据钢材牌号的不同有所差异,弯曲试验弯曲压头直径依据试样公称厚度或直径的不同分为两种。热轧钢的牌号及化学成分应符合表 2-4 的要求,热轧状态交货钢材的碳当量(基于熔炼分析)应符合表 2-5 的要求,热轧钢材的拉伸性能应符合表 2-6 的要求,热轧钢材的伸长率应符合表 2-7 的要求,低合金高强度结构钢夏比(V 型)冲击试验的试验温度和冲击吸收能量应符合表 2-8 的要求,弯曲试验应符合表 2-9 的要求。

(3)性能和应用。

低合金高强度结构钢具有较高的强度,良好的塑性、韧性,良好的焊接性、耐蚀性和冷成形性,低的韧脆转变温度,适于冷弯和焊接。它广泛用于桥梁、车辆、船舶、锅炉、高压容器和输油管等。

表 2-4 热轧钢的牌号及化学成分

牌号		化学成分(质量分数)/(%)														
		C①		Si	Mn	P③	S③	Nb④	V⑤	Ti⑤	Cr	Ni	Cu	Mo	N⑥	B
钢级	质量等级	以下公称厚度或直径/mm		不大于												
		≤40②	>40													
		不大于														
Q355	B	0.24		0.55	1.60	0.035	0.035	—	—	—	0.30	0.30	0.40	—	0.012	
	C	0.20	0.22			0.030	0.030									
	D	0.20	0.22			0.025	0.025								—	
Q390	B	0.20		0.55	1.70	0.035	0.035	0.05	0.13	0.05	0.30	0.50	0.40	0.10	0.015	—
	C					0.030	0.030									
	D					0.025	0.025									
Q420⑦	B	0.20		0.55	1.70	0.035	0.035	0.05	0.13	0.05	0.30	0.80	0.40	0.20	0.015	—
	C					0.030	0.030									
Q460⑦	C	0.20		0.55	1.80	0.030	0.030	0.05	0.13	0.05	0.30	0.80	0.40	0.20	0.015	0.004

注:①公称厚度大于 100 mm 的型钢,碳含量可由供需双方协商确定。

②公称厚度大于 30 mm 的钢材,碳含量不大于 0.22%。

③对于型钢和棒材,其磷和硫含量上限值可提高 0.005%。

④Q390、Q420 最高可到 0.07%,Q460 最高可到 0.11%。

⑤最高可到 0.20%。

⑥如果钢中酸溶铝 Als 含量不小于 0.015%或全铝 Alt 含量不小于 0.020%,或添加了其他固氮合金元素,氮元素含量不作限制,固氮元素应在质量证明书中注明。

⑦仅适用于型钢和棒材。

表 2-5 热轧状态交货钢材的碳当量(基于熔炼分析)

牌号		碳当量 CEV(质量分数)/(%) 不大于				
钢级	质量等级	公称厚度或直径/mm				
		≤30	30~63	63~150	150~250	250~400
Q355①	B	0.45	0.47	0.47	0.49②	—
	C					—
	D					0.49③
Q390	B	0.45	0.47	0.48	—	
	C					
	D					

续表

牌号		碳当量 CEV(质量分数)/(%)				
		不大于				
钢级	质量等级	公称厚度或直径/mm				
		≤30	30～63	63～150	150～250	250～400
Q420④	B	0.45	0.47	0.48	0.49②	—
	C					
Q460④	C	0.47	0.49	0.49	—	—

注:①当需对硅含量控制时(例如热浸镀锌涂层),为达到抗拉强度要求而增加其他元素如碳和锰的含量,表中最大碳当量值的增加应符合下列规定:

对于 Si≤0.030%,碳当量可提高 0.02%;

对于 Si≤0.25%,碳当量可提高 0.01%。

②对于型钢和棒材,其最大碳当量可到 0.54%。

③只适用于质量等级为 D 的钢板。

④只适用于型钢和棒材。

表 2-6　热轧钢材的拉伸性能

牌号		上屈服强度 R_{eH}①/MPa									抗拉强度 R_m/MPa			
		不小于												
钢级	质量等级	公称厚度或直径/mm												
		≤16	16～40	40～63	63～80	80～100	100～150	150～200	200～250	250～400	≤100	100～150	150～250	250～400
Q355	B、C	355	345	335	325	315	295	285	275	—	470～630	450～600	450～600	—
	D									265②				450～600②
Q390	B、C、D	390	380	360	340	340	320	—	—	—	490～650	470～620		
Q420③	B、C	420	410	390	370	370	350	—	—	—	520～680	500～650		
Q460③	C	460	450	430	410	410	390	—	—	—	550～720	530～700		

注:①当屈服不明显时,可用规定塑性延伸强度 $R_{p0.2}$代替上屈服强度。

②只适用于质量等级为 D 的钢板。

③只适用于型钢和棒材。

表 2-7 热轧钢材的伸长率

牌号		试样方向	断后伸长率 A/(%) 不小于					
			公称厚度或直径/mm					
钢级	质量等级		≤40	40~63	63~100	100~150	150~250	250~400
Q355	B、C、D	纵向	22	21	20	18	17	17①
		横向	20	19	18	18	17	17①
Q390	B、C、D	纵向	21	20	20	19	—	—
		横向	20	19	19	18	—	—
Q420②	B、C	纵向	20	19	19	19	—	—
Q460②	C	纵向	18	17	17	17	—	—

注:①只适用于质量等级为 D 的钢板。

②只适用于型钢和棒材。

表 2-8 夏比(V 型)冲击试验的试验温度和冲击吸收能量

牌号		以下试验温度的冲击吸收能量最小值 KV_2/J									
钢级	质量等级	20 ℃		0 ℃		−20 ℃		−40 ℃		−60 ℃	
		纵向	横向	纵向	横向	纵向	横向	纵向	横向	纵向	横向
Q355、Q390、Q420	B	34	27	—	—	—	—	—	—	—	—
Q355、Q390、Q420、Q460	C	—	—	34	27	—	—	—	—	—	—
Q355、Q390	D	—	—	—	—	34①	27①	—	—	—	—
Q355N、Q390N、Q420N	B	34	27	—	—	—	—	—	—	—	—
Q355N、Q390N、Q420N、Q460N	C	—	—	34	27	—	—	—	—	—	—
	D	55	31	47	27	40②	20	—	—	—	—
	E	63	40	55	34	47	27	31③	20③	—	—
Q355N	F	63	40	55	34	47	27	31	20	27	16
Q355M、Q390M、Q420M	B	34	27	—	—	—	—	—	—	—	—
Q355M、Q390M、Q420M、Q460M	C	—	—	34	27	—	—	—	—	—	—
	D	55	31	47	27	40②	20	—	—	—	—
	E	63	40	55	34	47	27	31③	20③	—	—

续表

牌号		以下试验温度的冲击吸收能量最小值 KV_2/J									
		20 ℃		0 ℃		−20 ℃		−40 ℃		−60 ℃	
钢级	质量等级	纵向	横向	纵向	横向	纵向	横向	纵向	横向	纵向	横向
Q355M	F	63	40	55	34	47	27	31	20	27	16
Q500M、Q550M、Q620M、Q690M	C	—	—	55	34	—	—	—	—	—	—
	D	—	—	—	—	47[2]	27	—	—	—	—
	E	—	—	—	—	—	—	31[3]	20[3]	—	—

注：当需方未指定试验温度时，正火、正火轧制和热机械轧制的 C、D、E、F 级钢材分别做 0 ℃、−20 ℃、−40 ℃、−60 ℃冲击。

冲击试验取纵向试样。经供需双方协商，也可取横向试样。

①仅适用于厚度大于 250 mm 的 Q355D 钢板。

②当需方指定时，D 级钢可做 −30 ℃ 冲击试验时，冲击吸收能量纵向不小于 27 J。

③当需方指定时，E 级钢可做 −50 ℃ 冲击试验时，冲击吸收能量纵向不小于 27 J、横向不小于 16 J。

表 2-9　弯曲试验

试样方向	180°弯曲试验 D——弯曲压头直径，a——试样厚度或直径	
	公称厚度或直径/mm	
	≤16	16～100
对于公称宽度不小于 600 mm 的钢板及钢带，拉伸试验取横向试样；其他钢材的拉伸试验取纵向试样	$D=2a$	$D=3a$

2. 钢筋混凝土结构用钢筋

钢筋混凝土结构用钢筋主要有热轧钢筋、冷轧带肋钢筋、冷拉热轧钢筋（简称冷拉钢筋）、预应力混凝土用热处理钢筋等。钢丝主要有不同规格的预应力混凝土钢丝及钢绞线。

1）热轧钢筋

钢筋混凝土用热轧钢筋有热轧光圆钢筋、热轧带肋钢筋及余热处理钢筋。经热轧成型并自然冷却的成品光圆钢筋，称为热轧光圆钢筋；其成品为带肋钢筋，称为热轧带肋钢筋；经热轧成型后立即穿水，进行表面控制冷却，然后利用芯部余热完成回火处理所得的成品钢筋，称为余热处理钢筋。

热轧光圆钢筋的横截面通常为圆形，且表面光滑（图 2-8）。热轧带肋钢筋的横截面通常为圆形，通常带有纵肋（图 2-9），也可不带纵肋。带有纵肋的月牙肋钢筋，其外形如图 2-10 所示。与光圆钢筋相比，带肋钢筋与混凝土之间的黏结力大，共同工作的性能更好。

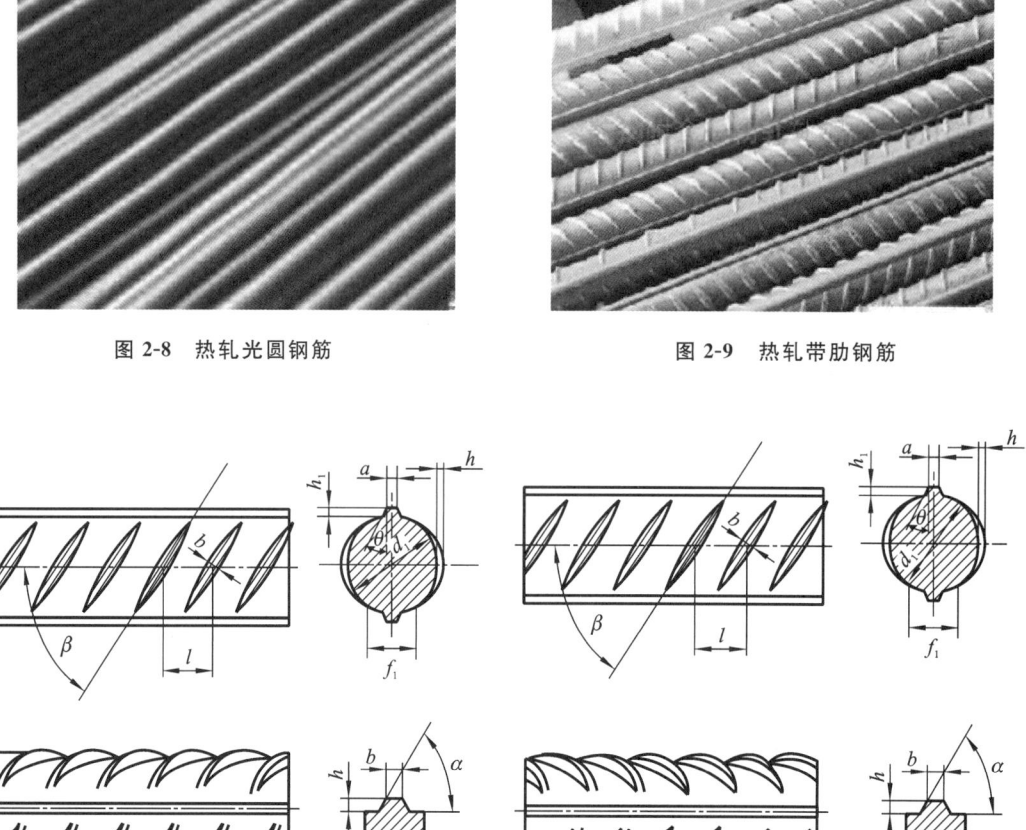

图 2-8　热轧光圆钢筋　　　　　　　图 2-9　热轧带肋钢筋

图 2-10　月牙肋钢筋(带纵肋)表面及截面形状

d_1—钢筋内径;a—横肋斜角;h—横肋高度;β—横肋与轴线夹角;h_1—纵肋高度;
θ—纵肋斜角;a—纵肋顶宽;l—横肋间距;b—横肋顶宽;f_1—横肋末端间隙

　　热轧光圆钢筋可以是直条或盘卷,其公称直径范围为 6～22 mm,推荐的钢筋公称直径为 6 mm、8 mm、10 mm、12 mm、14 mm、16 mm、18 mm、20 mm、22 mm;热轧带肋钢筋通常是直条,直径不大于 10 mm 的钢筋也可以按盘卷交货,每盘应是一条钢筋,公称直径(与钢筋的公称横截面积相等的圆直径)范围为 6～50 mm,常用的有 6 mm、8 mm、10 mm、12 mm、14 mm、16 mm、18 mm、20 mm、22 mm、25 mm、28 mm、32 mm、36 mm、40 mm、50 mm。

　　(1)热轧钢筋的牌号和化学成分。

　　《钢筋混凝土用钢 第 1 部分:热轧光圆钢筋》(GB/T 1499.1—2017)规定:热轧光圆钢筋的牌号由 HPB(hot rolled plain bars)加屈服强度特征值构成。《钢筋混凝土用钢 第 2 部分:热轧带肋钢筋》(GB/T 1499.2—2018)规定:普通热轧带肋钢筋的牌号由 HRB(hot rolled ribbed bars)加屈服强度特征值和 HRB 加屈服强度特征值加 E(earthquake)构成,细晶粒热轧钢筋的牌号由 HRBF(hot rolled ribbed bars fine)加屈服强度特征值和 HRBF 加屈服强度特征值加 E 构成。热轧钢筋的牌号及化学成分应符合表 2-10 的要求。

表 2-10 热轧钢筋的化学成分

牌号	化学成分(质量分数)/(%),不大于					碳当量 Ceq/(%),不大于
	C	Si	Mn	P	S	
HPB300	0.25	0.55	1.50	0.045	0.045	—
HRB400	0.25	0.80	1.60	0.045	0.045	0.54
HRBF400						
HRB400E						
HRBF400E						
HRB500						0.55
HRBF500						
HRB500E						
HRBF500E						
HRB600	0.28					0.58

（2）热轧钢筋的力学性能和弯曲性能。

热轧钢筋的力学性能特征值应符合表 2-11 的规定。钢筋应进行弯曲试验,按表 2-12 规定的弯曲压头直径弯曲 180°后,钢筋受弯曲部位表面不得产生裂纹。对牌号带 E 的钢筋应进行反向弯曲试验,钢筋受弯曲部位表面不得产生裂纹。反向弯曲试验的弯曲压头直径比弯曲试验相应增加一个钢筋公称直径。

表 2-11 热轧钢筋力学性能特征值

牌号	下屈服强度 R_{eL}/MPa	抗拉强度 R_m/MPa	断后伸长率 A/(%)	最大力总延伸率 A_{gt}/(%)	R_m^o/R_{eL}^o	R_{eL}^o/R_{eL}
	不小于					不大于
HPB300	300	420	25	10.0	—	—
HRB400	400	540	16	7.5	—	—
HRBF400						
HRB400E			—	9.0	1.25	1.30
HRBF400E						
HRB500	500	630	15	7.5	—	—
HRBF500						
HRB500E			—	9.0	1.25	1.30
HRBF500E						
HRB600	600	730	14	7.5	—	—

注: R_m^o 为钢筋实测抗拉强度; R_{eL}^o 为钢筋实测下屈服强度。

表 2-12　热轧钢筋弯曲压头直径

牌号	公称直径/mm	弯曲压头直径
HPB300	6～22	d
HRB400 HRBF400 HRB400E HRBF400E	6～25	$4d$
	28～40	$5d$
	40～50	$6d$
HRB500 HRBF500 HRB500E HRBF500E	6～25	$6d$
	28～40	$7d$
	40～50	$8d$
HRB600	6～25	$6d$
	28～40	$7d$
	40～50	$8d$

注:d 为钢筋公称直径。

　　热轧光圆钢筋的强度较低,但塑性及焊接性能很好,便于各种冷加工,因而广泛用作普通钢筋混凝土构件的受力筋及各种钢筋混凝土结构的构造筋。HRB400 钢筋强度较高,塑性和焊接性能也较好,故广泛用作大、中型钢筋混凝土结构的受力钢筋(图 2-11)。HRB500 钢筋强度高,但塑性和焊接性能较差,可用作预应力钢筋。

图 2-11　钢筋混凝土柱中钢筋

◈ 学中做

HPB300 是（　　　）的牌号。

A. 热轧光圆钢筋　　B. 低合金结构钢　　C. 热轧带肋钢筋　　D. 碳素结构钢

答案：A

2）冷加工钢筋

（1）冷轧带肋钢筋。

冷轧带肋钢筋是用低碳钢或低合金高强度钢热轧圆盘条，经冷轧后，在其表面形成二面或三面横肋的钢筋。

国家标准《冷轧带肋钢筋》（GB/T 13788—2017）规定，冷轧带肋钢筋按延性高低可分为冷轧带肋钢筋和高延性冷轧带肋钢筋。

冷轧带肋钢筋的牌号由 CRB 和钢筋的抗拉强度特征值构成，高延性冷轧带肋钢筋的牌号由 CRB＋钢筋的抗拉强度特征值＋H 构成。其中 C、R、B、H 分别为冷轧（cold rolled）、带肋（ribbed）、钢筋（bar）、高延性（high elongation）四个词的英文首位字母。冷轧带肋钢筋可分为 CRB550、CRB650、CRB800、CRB600H、CRB680H、CRB800H 六个牌号。CRB550、CRB600H 为普通钢筋混凝土用钢筋，CRB650、CRB800、CRB800H 为预应力混凝土用钢筋，CRB680H 既可作为普通钢筋混凝土用钢筋，也可作为预应力混凝土用钢筋。

CRB550、CRB600H、CRB680H 钢筋的公称直径范围为 4～12 mm。CRB650、CRB800、CRB800H 钢筋的公称直径为 4 mm、5 mm、6 mm。

冷轧钢筋的力学性能和工艺性能应符合表 2-13 的规定。当进行弯曲试验时，受弯曲部位表面不得产生裂纹。反复弯曲试验的弯曲半径应符合表 2-14 的规定。

表 2-13　冷轧钢筋的力学性能和工艺性能

分类	牌号	规定塑性延伸强度 $R_{p0.2}$/MPa 不小于	抗拉强度 R_{m}/MPa 不小于	$R_{m}/R_{p0.2}$ 不小于	断后伸长率/（%）不小于		最大力总延伸率/（%）不小于	弯曲试验[①] 180°	反复弯曲次数	应力松弛初始应力应相当于公称抗拉强度的 70%
					A	$A_{100\ mm}$	A_{gt}			1 000 h,% 不大于
普通钢筋混凝土用	CRB550	500	550	1.05	11.0	—	2.5	$D=3d$	—	—
	CRB600H	540	600	1.05	14.0	—	5.0	$D=3d$	—	—
	CRB680H[②]	600	680	1.05	14.0	—	5.0	$D=3d$	4	5
预应力混凝土用	CRB650	585	650	1.05	—	4.0	2.5	—	3	8
	CRB800	720	800	1.05	—	4.0	2.5	—	3	8
	CRB800H	720	800	1.05	—	7.0	4.0	—	4	5

注：①D 为弯心直径，d 为钢筋公称直径。

②当该牌号钢筋作为普通钢筋混凝土用钢筋使用时，对反复弯曲和应力松弛不做要求；当该牌号钢筋作为预应力混凝土用钢筋使用时应进行反复弯曲试验，代替 180°弯曲试验，并检测松弛率。

表 2-14　反复弯曲试验的弯曲半径

钢筋公称直径/mm	4	5	6
弯曲半径/mm	10	15	15

冷轧带肋钢筋具有强度高、塑性好、与混凝土黏结牢固、节约钢材、质量稳定等优点。CRB550 宜用于普通钢筋混凝土结构；其他牌号宜用在预应力混凝土结构中。

（2）冷轧扭钢筋。

冷轧扭钢筋（图 2-12）是由低碳钢热轧圆盘条经专用钢筋冷轧扭机调直、冷轧并冷扭（或冷滚）一次成型具有规定截面形式和相应节距的连续螺旋状钢筋。

冷轧扭钢筋按其截面形状不同可分为三种类型，即近似矩形截面为Ⅰ型、近似正方形截面为Ⅱ型、近似圆形截面为Ⅲ型。冷轧扭钢筋按其强度级别不同分为 550 级和 650 级。

冷轧扭钢筋的标记由产品名称代号（CTB 冷轧扭）、强度级别代号（550、650）、标志代号（ϕ^T）、主参数代号（标志直径）以及类型代号（Ⅰ、Ⅱ、Ⅲ）组成。如冷轧扭钢筋 650 级Ⅲ型，标志直径 8 mm，标记为：CTB650ϕ^T8-Ⅲ。

冷轧扭钢筋在力学性能、工艺性能、使用性能等方面具有下列优势特点，从而使其在建筑行业中大显其能：

①具有良好的塑性（$\delta_{10} \geqslant 4.5\%$）和较高的抗拉强度（$\sigma_b \geqslant 580$ MPa）。

②螺旋状外形大大提高了与混凝土的握裹力，改善了构件受力性能，使砼构件具有承载力高、刚度好、破坏前有明显预兆等特点。

③冷轧扭钢筋可按工程需要定尺供料，使用中不需再做弯钩；钢筋的刚性好，绑扎后不易变形和移位，对保证工程质量极为有利，特别适用于现浇板类工程（图 2-13）。

④冷轧扭钢筋的生产与加工合二为一，产品商品化、系列化，与用 HPB300 级钢筋相比，可节约钢材 30%～40%，节省工程资金 15%～20%，经济效益十分显著。

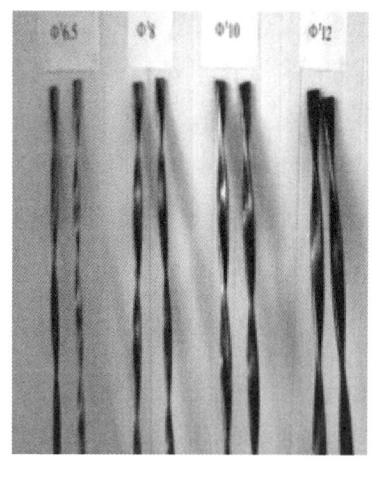

图 2-12　冷轧扭钢筋

图 2-13　冷轧扭钢筋在楼板中的应用

3）预应力混凝土用热处理钢筋

根据国家标准《预应力混凝土用热处理钢筋》（GB 4463—1984）的规定，这类钢筋的代号为 RB150，分为有纵肋与无纵肋两种。目前该标准已经被《预应力混凝土用钢棒》（GB/T 5223.3—2017）所代替。

热处理钢筋的强度高,与混凝土黏结性好,应力松弛率低,主要用作各种预应力钢筋。这种钢筋不适宜焊接和点焊等加工工艺。

4)预应力混凝土用钢丝及钢绞线

(1)预应力混凝土用钢丝。

预应力混凝土用钢丝是用优质碳素结构钢热轧盘条,经淬火、回火等调质处理后,再冷拉加工制得的钢丝,简称为预应力钢丝。根据国家标准《预应力混凝土用钢丝》(GB/T 5223—2014)规定,钢丝分为消除应力光圆钢丝(代号 P)、消除应力刻痕钢丝(代号 I)、消除应力螺旋肋钢丝(代号 H)和冷拉钢丝(代号 WCD)四种。抗拉强度高达 1 470～1 770 MPa。

预应力钢丝强度高、柔性好、无接头、质量稳定、施工简便、安全可靠,主要用于大型预应力混凝土结构、压力管道、轨枕及电杆等。

(2)预应力混凝土用钢绞线。

预应力混凝土用钢绞线是用冷拉光圆钢丝或冷拉刻痕钢丝捻制而成的钢绞线。国家标准《预应力混凝土用钢绞线》(GB/T 5224—2014)规定,钢绞线按结构分为以下八类:两根光圆钢丝捻制的钢绞线,代号 1×2;三根光圆钢丝捻制的钢绞线,代号 1×3;三根刻痕钢丝捻制的钢绞线,代号 1×3I;七根光圆钢丝捻制的标准型钢绞线,代号 1×7;六根刻痕钢丝和一根光圆中心钢丝捻制的钢绞线,代号 1×7I;七根光圆钢丝捻制又经模拔的钢绞线,代号(1×7)C;十九根光圆钢丝捻制的1+9+9西鲁式钢绞线,代号 1×19S;十九根光圆钢丝捻制的1+6+6/6瓦林吞式钢绞线,代号 1×19W。

预应力钢绞线的产品标记应包含下列内容:预应力钢绞线、结构代号、公称直径、强度级别、标准号。如公称直径为 15.20 mm,强度级别为 1 860 MPa 的七根钢丝捻制的标准型钢绞线,其标记为:预应力钢绞线 1×7-15.20-1860-GB/T 5224—2014。钢绞线具有强度高,与混凝土黏结好,断面面积大,使用根数少,在结构中排列布置方便,易于锚固等优点,主要用于大跨度、大荷载的预应力屋架、薄腹梁等构件,还可用于山体、岩洞等岩体锚固工程等。

任务实施

一、钢筋选用

根据图 2-1 可以看出框架柱结构配筋图为平面整体表示方法,其中φ代表 HPB300 级钢筋,Φ代表 HRB400 级钢筋。HPB300 级钢筋为下屈服强度 300 MPa 的热轧光圆钢筋,HRB400 级钢筋为下屈服强度 400 MPa 的热轧带肋钢筋。因此,应选取直径为 10 mm 的 HPB300 热轧光圆钢筋若干,直径为 20 mm、22 mm 的 HRB400 热轧带肋钢筋各 8 根和 14 根。

二、钢筋性能检测

钢筋交货检验适用于钢筋验收批的检验。一般规定如下:

(1)钢筋的包装方式、标志标识以及质量证明书的出具均应遵循 GB/T 2101 的相关规定。在交付每批钢筋时,应附带一份由供方出具的质量证明书,该证明书应明确证明该批钢筋完全满足标准要求和订购合同的各项规定。这份质量证明书需经供方的质量监督部门正式盖章确认。证明书的内容应包括:供方的名称或商标,需方的名称,证明书的签发日期或发货日期,产品所遵循的标准号,钢筋的牌号,炉号或批号,交货时的状态,钢筋的重量、根数或件数,产品的品种名称、具体尺寸(型号或规格)以及级别。此外,证明书还应详细列出产品标准和合同中规定的各项检验结果,并附带供方质量监督部门的印记,以确保证明书的真实性和权威性。

(2)钢筋的验收与检查需要按批次进行,每个批次应包含同一牌号、同一炉罐号以及同一尺寸的钢筋。通常情况下,每批钢筋的重量不应超过 60 吨。若某批钢筋的重量超过 60 吨,那么每增加 40 吨(或不足 40 吨的余数部分),则需额外增加一个拉伸试验试样和一个弯曲试验试样。此外,允许将同一牌号、同一冶炼方法以及同一浇注方法但不同炉罐号的钢筋组成混合批。但需要注意的是,组成混合批的各炉罐号之间的含碳量差异不得超过 0.02%,含锰量差异不得超过 0.15%。混合批的总重量同样应控制在 60 吨以内。

(3)当使用过程中发现钢筋脆断、焊接性能不良或力学性能显著不正常等现象时,应停止使用该批钢筋,并对该批钢筋进行化学成分检验或其他专项检验。

钢筋的金相组织应以铁素体和珠光体为主要成分,基圆部分不应观察到回火马氏体组织的存在。钢筋的宏观金相、截面维氏硬度以及微观组织均应严格遵循 GB/T 1499.2—2018 附录 B 中的相关规定。如供方能保证,可不做检验。

(4)每批钢筋的检验项目、取样方法和试验方法应符合表 2-15 的规定。

取样方法和结果评定规定,自每批钢筋中任意抽取两根,于每根距端部 50 mm 处各取一套试样(两根试件),在每套试样中取一根做拉力试验,另一根做冷弯试验。在拉力试验的两根试件中,如其中一根试件的屈服点、抗拉强度和伸长率三个指标中有一个指标达不到标准中规定的数值,应再抽取双倍(4 根)钢筋,制取双倍(4 根)试件重做试验,如仍有一根试件的一个指标达不到标准要求,则不论这个指标在第一次试件中是否达到标准要求,拉力试验项目也作为不合格。

在冷弯试验中,如有一根试件不符合标准要求,应同样抽取双倍钢筋,制成双倍试件重做试验,如仍有一根试件不符合标准要求,冷弯试验项目即为不合格。

表 2-15 每批钢筋的检验项目、取样方法和试验方法

类型	检验项目	取样数量/个	取样方法	试验方法
热轧光圆钢筋、热轧带肋钢筋	化学成分(熔炼分析)	1	GB/T 20066	GB/T 223 相关部分、GB/T 4336,GB/T 20123、GB/T 20124、GB/T 20125
	拉伸	2	不同根(盘)钢筋切取	GB/T 28900 和 GB/T 1499.1—2017、GB/T 1499.2—2018 中 8.2
	弯曲	2	不同根(盘)钢筋切取	GB/T 28900 和 GB/T 1499.1—2017、GB/T 1499.2—2018 中 8.2
	尺寸	逐支(盘)	—	GB/T 1499.1—2017、GB/T 1499.2—2018 中 8.3
	表面	逐支(盘)	—	目测
	重量偏差	GB/T 1499.1—2017、GB/T 1499.2—2018 中 8.4		
热轧带肋钢筋	反向弯曲	1	任一根(盘)钢筋切取	GB/T 28900 和 GB/T 1499.2—2018 中 8.2
	金相组织	2	不同根(盘)钢筋切取	GB/T 13298 和 GB/T 1499.2—2018 附录 B

疲劳性能、晶粒度、连接性能只进行型式试验,即仅在原料、生产工艺、设备有重大变化及新产品生产时进行检验。

1. 钢筋的尺寸、表面和重量偏差检测

1)检测目的

能够掌握 GB/T 1499.1—2017《钢筋混凝土用钢 第 1 部分:热轧光圆钢筋》和 GB/T 1499.2—2018《钢筋混凝土用钢 第 2 部分:热轧带肋钢筋》热轧钢筋的尺寸、表面和重量偏差检测和评定方法。

2)检测内容

热轧光圆钢筋应进行截面形状尺寸检测,热轧带肋钢筋应进行内径、肋高、肋宽和肋间距等尺寸检测,尺寸及允许偏差应满足规定要求。对于热轧光圆钢筋,当公称直径为 6～12 mm 时,直径允许偏差应控制在 ±0.3% 以内;当公称直径为 14～22 mm 时,直径偏差应控制在 ±0.4% 以内;不圆度应小于等于 0.4 mm。对于热轧带肋钢筋,其外形尺寸及允许偏差也应满足相关要求。钢筋直径的测量应精确到 0.1 mm。钢筋按定尺交货时的长度允许偏差为 ±50 mm。

直条钢筋的弯曲度应不影响正常使用,每米弯曲度不大于 4 mm,总弯曲度不大于钢筋总长度的 0.4%。钢筋端部应剪切正直,局部变形应不影响使用。

测量钢筋重量偏差时,试样应从不同根钢筋上截取,数量不少于 5 支,每支试样长度不小于 500 mm。长度应逐支测量,精确到 1 mm。测量试样总重量时,应精确到不大于总重量的 1%。

钢筋实际重量与理论重量的偏差按式(2-2)计算:

$$重量偏差=\frac{试样实际总重量-(试样总长度×理论重量)}{试样总长度×理论重量}×100\% \tag{2-2}$$

钢筋的实际重量与理论重量的偏差应满足以下标准:对于热轧光圆钢筋,当公称直径为 6～12 mm 时,偏差应控制在 ±6% 以内;而当公称直径为 14～22 mm 时,偏差应控制在 ±5% 以内。对于热轧带肋钢筋,公称直径为 6～12 mm 时,偏差同样为 ±6% 以内;公称直径为 14～20 mm 时,偏差为 ±5% 以内;而当公称直径达到 22～50 mm 时,偏差应严格控制在 ±4% 以内。这些规定确保了钢筋的质量稳定,符合国家标准。

钢筋的复验与判定应符合 GB/T 17505 的规定。钢筋的重量偏差项目不允许复验。

2. 钢筋的拉伸性能检测

1)检测目的

(1)能够掌握 GB/T 228.1—2021《金属材料 拉伸试验　第 1 部分:室温试验方法》和钢筋强度等级的评定方法;

(2)能够求得钢筋的下屈服强度、抗拉强度和断后伸长率(或最大力总延伸率)三个指标,并评定钢筋的拉伸性能是否符合要求。

2)检测设备

(1)试验机:应具备调速指示装置、记录或显示装置,以满足测定力学性能的要求。其误差应符合《拉力、压力和万能试验机检定规程》(JJG 139—2014)的一级试验机要求。

(2)钢板尺、游标卡尺、千分尺、两脚爪规等。

3)检测原理

屈服强度是利用屈服阶段外力大致在恒定的位置上波动,可计算出此时单位截面积上的应力值(即为屈服强度 σ_s);抗拉强度是利用钢材被拉断时对应一个最大应力值,可计算出此时单位截面积上的应力值(即为抗拉强度 σ_b);伸长率 δ 是指钢材被拉断前后伸长的长度占原来长度的百分比。

4)检测步骤

(1)试件制备。

热轧钢筋拉伸、弯曲、反向弯曲试验试样不允许进行车削加工。用钢筋标点机对钢筋进行标点,如图 2-14 所示。

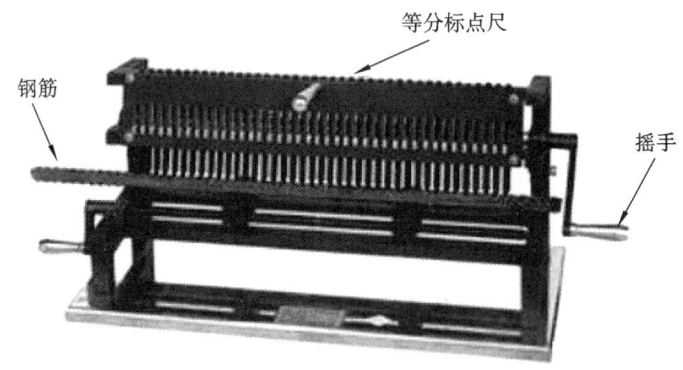

图 2-14　标点机标点图

(2)试件原始尺寸的测定。

①测量标距长度 L_0,精确到 0.1 mm。

②宜在试样平行长度区域以足够的点数测量试样的相关尺寸。建议测量试样横截面积时,在试样平行长度区域最少三个不同位置进行测量。原始横截面积(A_0)是根据测量的实际尺寸计算横截面积的平均值。圆形试件横断面直径应在标距的两端及中间处两个相互垂直的方向上各测一次,取其算术平均值,求得三处横截面积,选用三处测得的横截面积的平均值作为试样的横截面积。横截面积按式(2-3)计算。

$$A_i = \frac{1}{4}\pi d_i^2 (i = 1 \sim 3) \tag{2-3}$$

式中:A_i——试样的第 i 截面处的横截面积,mm^2;

　　　d_i——圆形试样第 i 截面处的横断面直径,mm。

$$A_0 = \frac{A_1 + A_2 + A_3}{3} \tag{2-4}$$

式中:A_0——试样原始横截面积,mm^2。

(3)屈服强度和抗拉强度的测定。

①调整试验机测力度盘的指针,使其对准零点,并拨动副指针,使其与主指针重叠。

②将试样固定在试验机夹头内,开动试验机进行拉伸。拉伸速度为:屈服前,应力增加速度每秒钟为 10 MPa;屈服后,试验机活动夹头在荷载下的移动速度不大于每分钟 $0.5L_c$(不经车削试件 $L_c = L_0 + 2h_1$)。

③拉伸中,测力度盘的指针停止转动时的恒定荷载,或不计初始瞬时效应时的最小荷载,即为屈服点荷载 P_s。

④向试件连续施荷直至拉断,由测力度盘读出最大荷载 P_b。

(4)伸长率的测定。

①将已拉断试样的两端在断裂处对齐,尽量使其轴线位于一条直线上。如拉断处由于各种原因形成缝隙,则此缝隙应计入试件拉断后的标距部分长度内。

②如拉断处到邻近标距端点的距离大于 $L_0/3$,可用卡尺直接量出已被拉长的标距长度 L_1 (mm)。

③如拉断处到邻近标距端点的距离小于或等于 $L_0/3$,可按下述移位法确定 L_1。在长度上,从拉断处 O 取基本等于短段格数,得 B 点,接着取等于长段所余格数(偶数,见图 2-15(a))之半,得 C 点;或者取所余格数(奇数,见图 2-15(b))减 1 与加 1 之半,得 C 与 C_1 点。移位后的 L_1 分别为 $AO+OB+2BC$ 或者 $AO+OB+BC+BC_1$。如用直接测量所求得的伸长率能达到技术条件的规定值,则可不采用移位法。

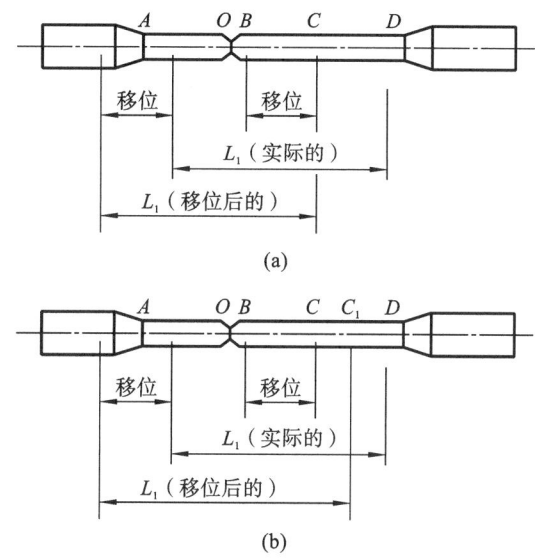

图 2-15 用移位法计算标距

④如试样在标距端点上或标距处断裂,则试验结果无效,应重新试验。

(5)注意事项。

①试验应在 (20 ± 10) ℃的温度下进行,如试验温度超出这一范围,应在试验记录和报告中注明。

②冲点作原始标距标记时,不能影响试件断裂。对于脆性试样和小尺寸试件,建议用快干墨水或带色涂料进行标记。

③预先估计好试样的抗拉强度,以便正确选择试验机的量程。

④对试样进行拉伸试验时,要严格按规定的加荷速度进行。

⑤试件拉断后,应按整条放好,便于伸长率的测定。

(6)检测结果处理。

①屈服强度按式(2-5)计算:

$$\sigma_s = \frac{P_s}{A_0} \tag{2-5}$$

式中: σ_s ——屈服强度,MPa;

P_s ——屈服时的荷载,N;

A_0——试样原始横截面积，mm^2。

σ_s——应计算至 1 MPa，小数点数字按四舍六入五单双法处理。

②抗拉强度按式(2-6)计算：

$$\sigma_b = \frac{P_b}{A_0}$$ (2-6)

式中：σ_b——抗拉强度，MPa；

P_b——最大荷载，N；

A_0——试样原始横截面积，mm^2。

σ_b——应计算至 1 MPa，小数点数字按四舍六入五单双法处理。

③伸长率按式(2-7)计算(精确至 1%)。

$$\delta_5(\delta_{10}) = \frac{L_1 - L_0}{L_0} \times 100\%$$ (2-7)

式中：$\delta_5(\delta_{10})$——分别表示 $L_0 = 5d_0$ 和 $L_0 = 10d_0$ 时的断后伸长率，%；

L_0——试样原始标距长度，$5d_0$ 或 $10d_0$，mm；

L_1——试样拉断后的标距部分长度，mm(测量精确至 0.1 mm)。

将检测结果与国家标准的规定相比较，如果都符合规定，则该批钢材的拉伸性能符合要求。当检测结果有一项不符合要求时，应另取双倍数量的试样重做试验，如仍有不合格项目，则该批钢材判为拉伸性能不符合要求。

3. 钢筋的弯曲(冷弯)性能试验

1)检测目的

通过检验钢筋的工艺性能评定钢筋的质量。掌握 GB/T 232—2010《金属材料 弯曲试验方法》和钢筋质量的评定方法，正确使用仪器设备。

2)主要仪器设备

压力机或万能试验机，有两支辊，支辊间距离可以调节；具有不同直径的弯心，弯心直径由有关标准规定，如图 2-16 所示。

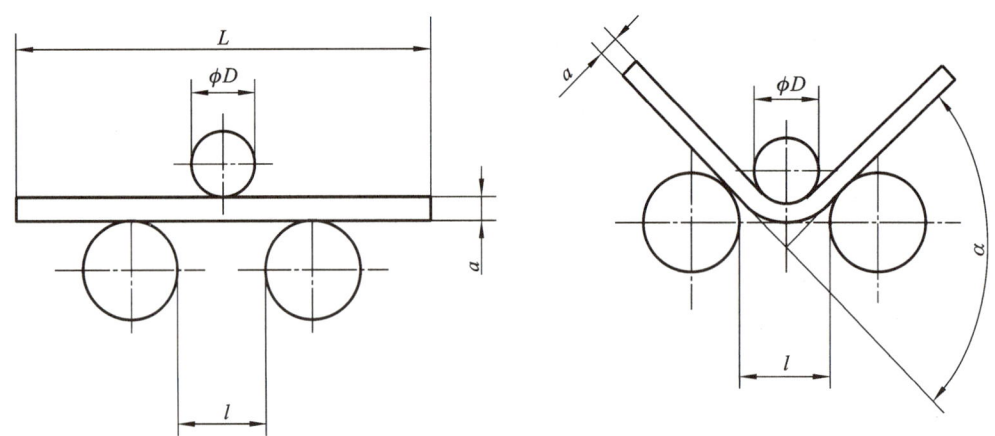

图 2-16　配有两个支辊和一个弯曲压头的支辊式弯曲装置

3)试件制备

试样长度应根据试样厚度(或直径)和所使用的试验设备确定。一般试件长度 $L = 1.55$ $(D+a)+140$，a 为试样直径(单位为 mm)，D 为弯曲压头直径(单位为 mm)。

4)检测步骤

(1)调整两支辊之间的距离 l,使 $l = (D + 3a) \pm \dfrac{a}{2}$,其中 D 为弯曲压头直径(单位为 mm),a 为试样厚度或直径(或多边形横截面内切圆直径,单位为 mm)。

(2)选择钢筋弯曲压头直径 D,热轧钢筋弯曲压头直径按表 2-9 选用。

(3)将试件装置好后,平稳地加荷,在荷载作用下,钢筋绕着弯曲压头弯曲到180°。

5)试验结果处理

应按照相关产品标准的要求评定弯曲试验结果。如未规定具体要求,弯曲试验后不使用放大仪器观察,试样弯曲外表面无可见裂纹应评定为合格。

按以下五种试验结果评定方法进行,若无可见裂纹应评定为合格。

(1)完好:试件弯曲处的外表面金属基本上无肉眼可见因弯曲变形产生的缺陷时,称为完好。

(2)微裂纹:试件弯曲外表面金属基本上出现细小裂纹,其长度不大于 2 mm,宽度不大于 0.2 mm 时,称为微裂纹。

(3)裂纹:试件弯曲外表面金属基本上出现裂纹,其长度大于 2 mm,而小于或等于 5 mm,宽度大于 0.2 mm,而小于或等于 0.5 mm 时,称为裂纹。

(4)裂缝:试件弯曲外表面金属基本上出现明显开裂,其长度大于 5 mm,宽度大于0.5 mm 时,称为裂缝。

(5)裂断:试件弯曲外表面出现沿宽度贯穿的开裂,其深度超过试件厚度的 1/3 时,称为裂断。

注:在微裂纹、裂纹、裂缝中规定的长度和宽度,只要有一项达到某规定范围,即应按该级评定。

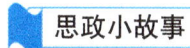 思政小故事

超　级　钢

在钢铁领域,有一种特殊的钢材,被称为超级钢,它具有高强度、高韧性、高耐磨性等优异性能,它的强度可以达到 1 000 兆帕以上,甚至高达 3 000 兆帕以上。超级钢被广泛应用于航空航天、国防军工、机械制造、交通工具、能源环保等领域,是重大装备制造和国家重点工程建设所需的关键材料。

我国超级钢技术是如何突破瓶颈的呢?

我国超级钢技术的突破,是我国钢铁行业多年来不懈努力和刻苦攻关的结果。在此过程中,我国科研人员克服了许多困难和挑战,突破了一系列关键技术。

材料科配性技术是超级钢研发的第一步,也是最基础的一步。它涉及超级钢的化学成分和微观结构的设计和优化,以实现高强度和高韧性的平衡。为此,我国科研人员通过大量的实验和模拟,探索了不同比例的合金元素对超级钢性能的影响,找出了最佳的配方和工艺参数。

合铸技术是超级钢研发的第二步,也是最关键的一步。它涉及超级钢的冶炼和铸造过程,以实现高质量和高效率的生产。为此,我国科研人员采用了先进的电渣重熔技术和连续铸造技术,有效地控制了温度、压力、气氛等条件,保证了超级钢的纯净度和均匀性。

非金属夹杂物聚集技术是超级钢研发的第三步,也是最难的一步。它涉及超级钢中非金属夹杂物(如氧化物、硫化物等)的去除或分散,以避免其对超级钢性能的负面影响。为此,我国科研人员利用精密控制冶炼技术和精细控制净化技术,有效地降低了非金属夹杂物的含量

和尺寸。

碳化物无偏析技术是超级钢研发的第四步,也是最细致的一步。它涉及超级钢中碳化物的分布和形态,以实现其对超级钢性能的正面作用。为此,我国科研人员运用了微观组织控制技术和晶粒细化技术,有效地调节了碳化物的数量和形态。

有害元素洁净化技术是超级钢研发的第五步,也是最完善的一步。它涉及超级钢中有害元素的去除或稀释,以降低其对超级钢性能的不利影响。为此,我国科研人员采用了真空冶炼技术和低碳化技术,有效地减少了有害元素的含量和活性。

通过以上五个步骤,我国科研人员成功地研制出了强度达到 3 200 兆帕的超级特钢,创造了世界纪录。

我国钢铁行业将继续坚持创新驱动发展战略,加强基础研究和应用研究,加快产、学、研、用协同创新,加大人才培养和引进,加深国际交流和合作,不断提升超级钢技术的创新能力和竞争力,为建设创新型国家和世界科技强国贡献力量。

单元习题

一、填空题

1.低碳钢受拉直至破坏,经历 _____、_____、_____ 和 _____ 四个阶段。

2.按冶炼时的脱氧程度分类,钢材可分为 _____、_____ 和 _____。

3.碳素结构钢 Q235BF 表示 _____。

4.国家标准《碳素结构钢》(GB/T 700—2006)中规定,钢的牌号由 _____、_____、_____ 和 _____ 四部分构成。

5.冲击韧性随温度的降低而下降,开始时下降 _____,当达到一定温度范围时,突然下降很多而呈 _____,这种性质称为钢材的 _____,这时的温度称为 _____。

6.冷弯试验时,按规定的弯曲角和弯心直径进行试验时试件的弯曲处不发生 _____、_____ 或 _____,即认为冷弯性能合格。

7.建筑工地或混凝土预制构件厂对钢筋常用的冷加工方法有 _____ 及 _____,钢筋冷加工后 _____ 提高,故可达到 _____ 的目的。

8.冷拉钢筋的焊接应在冷拉之 _____ 进行。

9.普通碳素结构钢,按强度不同,分为 _____ 个牌号,随着牌号的增大,其 _____ 和 _____ 提高,_____ 和 _____ 降低。

10.热轧钢筋根据表面形状分为 _____ 钢筋和 _____ 钢筋。_____ 钢筋与混凝土的黏结力大,共同工作性更好。

二、单项选择题

1.钢材抵抗冲击荷载的能力称为( )。

A. 塑性   B. 冲击韧性   C. 弹性   D. 硬度

2.钢材的含碳量为( )。

A. 0.01%~0.02%   B. 0.01%~0.05%

C. 0.02%~2.00%   D. 0.02%~2.06%

3.以下对于钢材来说属于有害元素的是( )。

A. 硅、锰　　　　　B. 硫、磷、氧、氮　　　C. 铝、钛、钒、铌　　　D. 以上都是

4. 钢材中(　　)的含量过高,将导致其热脆现象发生。

A. 碳　　　　　　　B. 磷　　　　　　　C. 硫　　　　　　　D. 硅

5. 钢材中(　　)的含量过高,将导致其冷脆现象发生。

A. 碳　　　　　　　B. 磷　　　　　　　C. 硫　　　　　　　D. 硅

6. 以下对于钢材来说是有益的元素,也是合金钢中常见合金元素的是(　　)。

A. Si、Mn　　　　　B. S、P、O、N　　　　C. Al、Ti、V、Nb　　　D. S、P、Si、Mn

7. 吊车梁和桥梁用钢,要注意选用(　　)较大,且时效敏感性(　　)的钢材。

A. 塑性　　　　B. 韧性　　　　C. 脆性　　　　D. 大　　　　E. 小

三、判断题

1. 屈强比越大,钢材受力时超过屈服点工作的可靠性越大,结构的安全性越高。(　　)

2. 碳素结构钢牌号越大,其强度越大,塑性越好。(　　)

3. 沸腾钢是用强脱氧剂,脱氧充分,液面沸腾,故质量好。(　　)

4. 钢材的强度和硬度随含碳量的提高而提高。(　　)

5. 钢材中含磷较多呈热脆性,含硫较多呈冷脆性。(　　)

6. 在钢材设计时,屈服点是确定钢材容许应力的主要依据。(　　)

7. 与沸腾钢比较,镇静钢的冲击韧性和焊接性较差,特别是低温冲击韧性的降低更为显著。(　　)

8. 同一根钢筋取样做拉伸试验时,其伸长率 $\delta_{10} < \delta_5$。(　　)

四、计算题

从新进的一批钢筋中取样,钢筋牌号为 HPB 300,截取两根进行拉伸试验。已知屈服下限荷载分别是 42.4 kN 和 41.5 kN,抗拉极限荷载分别是 62.0 kN 和 61.6 kN,钢筋直径为12 mm,原始标距为 60 mm,拉断时断后标距分别为 66.0 mm 和 67.0 mm。计算该试样的屈服强度、抗拉强度和伸长率。

参考答案

学习单元 2　无机胶凝材料

📘 知识目标

了解气硬性胶凝材料(石灰、石膏、水玻璃)的原料与生产;

理解石灰、石膏、水玻璃的水化、凝结、硬化规律;

掌握石灰、石膏、水玻璃的技术性能和用途;

熟悉水泥的概念和混合材料种类;

掌握硅酸盐水泥的熟料矿物组成及其水化特性;

掌握水泥的技术要求;

掌握各类水泥的性能特点。

🎯 能力目标

能根据不同分类方法正确判别石灰品种;

能根据不同的工程及不同的工程环境,合理地选择和使用气硬性胶凝材料;

能够对不同工程环境的气硬性胶凝材料进行管理和合理保存；

能根据相关规范对石灰、石膏进行质量检测并判断其质量等级；

能分析和处理施工中因气硬性材料使用不当导致的工程技术问题；

能根据不同的工程及不同的工程环境,合理地选择和使用水泥品种；

能够对硅酸盐水泥进行管理和合理保存；

能根据相关规范对硅酸盐水泥进行检测并判断其等级。

思政目标

培养注重细节、精益求精的工匠精神；

培养胶凝材料应用的安全和质量意识；

强化严守胶凝材料检测规范的职业操守和道德素养养成；

激发创新思维和科学精神,开展新型胶凝材料研究与探索。

任务提出

本单元的任务是完成总情境中工作一中的任务二:合理选取水泥的品种与强度等级,并检测所选取水泥的各项性能是否合格。

任务分析

凡在一定条件下,经过自身的一系列物理、化学作用后,能将散粒状或块状材料黏结成为具有一定强度的整体的材料,统称为胶凝材料。胶凝材料也叫胶结材料,在工程中具有将散粒材料(如砂、石子等)或块状材料(如砖、石材等)结合成整体(如混凝土构件、砖石砌体等)的黏结作用。胶凝材料按其化学成分可分为无机胶凝材料和有机胶凝材料两大类(图 2-17)。

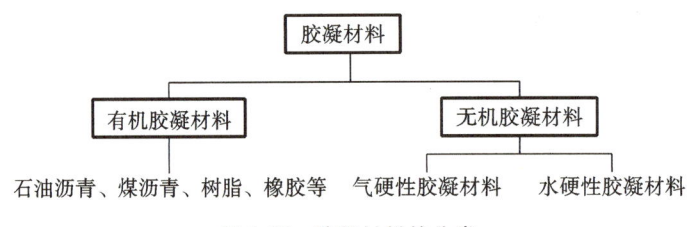

图 2-17　胶凝材料的分类

气硬性胶凝材料只能在空气中硬化,也只能在空气中保持或发展其强度;在水中不能硬化,也就不具有强度。气硬性胶凝材料只适用于地上或干燥环境,不宜用于潮湿环境,更不能用于水中。

水硬性胶凝材料不仅能在空气中硬化,而且能更好地在水中硬化,保持并继续发展其强度。水硬性胶凝材料既适用于地上,也可用于地下或水中。

学中做

下列哪个砂浆可以用于基础工程的砌筑?(　　　)

A. 混合砂浆　　　　B. 水泥砂浆　　　　C. 石灰砂浆　　　　D. 沥青混凝土

答案:B

一、气硬性胶凝材料

气硬性胶凝材料主要有石灰、石膏、水玻璃、镁质胶凝材料（菱苦土）等，这些材料是传统的性能稳定的胶凝材料，也是现代许多新胶凝材料的基础。

 知识树

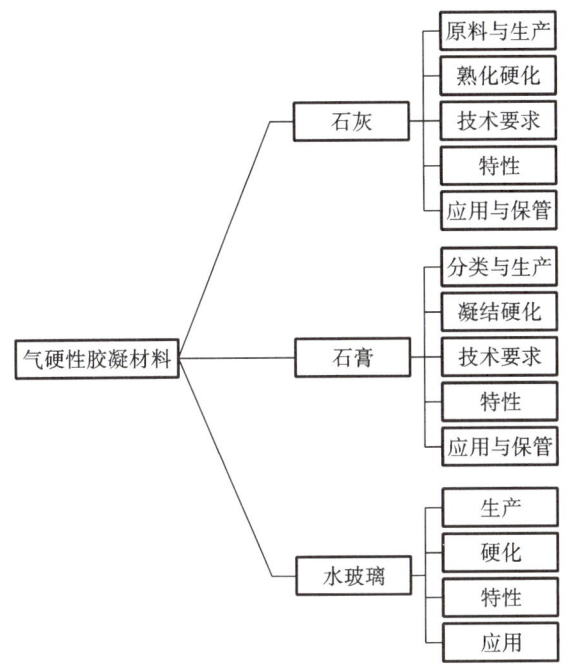

1. 石灰

石灰是不同化学组成和物理形态的生石灰 CaO、消石灰 $Ca(OH)_2$ 等的总称，是建筑上最早使用的胶凝材料之一。因其原料分布广泛，生产工艺简单，成本低廉，使用方便，故广泛应用至今。

1）石灰的原料及生产

石灰是由碳酸岩类岩石燃烧而成的。碳酸岩类岩石的主要成分是碳酸钙，并有少量碳酸镁，还含有黏土等杂质。天然碳酸岩类岩石（石灰石、白云石）经高温煅烧，其主要成分 $CaCO_3$ 分解为以 CaO 为主要成分、MgO 为次要成分的生石灰，其主要化学反应可表示如下：

$$CaCO_3 \xrightarrow{900\ ℃} CaO + CO_2$$

生石灰（堆积密度为 800～1 000 kg/m³）一般为白色或黄灰色块灰，块灰碾碎磨细即为生石灰粉。生石灰烧制过程中，往往由于石灰石原料的尺寸过大或窑中温度不均匀等原因，生石灰中残留有未烧透的内核，其成分仍为 $CaCO_3$ 或 $MgCO_3$，这种石灰称为"欠火石灰"。另一种情况是由于烧制的温度过高或时间过长，石灰表面出现裂缝或玻璃状的外壳，体积收缩明显，颜色呈灰黑色，这种石灰称为"过火石灰"。过火石灰表面常被黏土杂质熔化形成的玻璃釉状物包覆，熟化很慢。当石灰已经硬化后，过火石灰才开始熟化并产生体积膨胀，引起隆起鼓包和开裂。

2)石灰的熟化和硬化

(1)石灰的熟化和"陈伏"。

烧制成的生石灰,在使用时必须加水使之消解为消(熟)石灰——氢氧化钙,这个过程称为石灰的"熟化",又称"消化":

$$CaO + H_2O \longrightarrow Ca(OH)_2 + 64.85 \text{ kJ/mol}$$

石灰的熟化过程会放出大量的热,熟化时体积增大 1~2.5 倍。煅烧良好、氧化钙含量高的石灰熟化较快,放热量和体积增大也较多,生石灰中的欠火石灰会降低石灰的利用率。

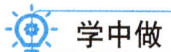 学中做

石灰吟

[明]于谦

千锤万凿出深山,

烈火焚烧若等闲。

粉骨碎身浑不怕,

要留清白在人间。

该诗文中"千锤万凿出深山,烈火焚烧若等闲。"烈火焚烧后,碳酸盐矿石分解为(   )。

A. 碳酸钙   B. 氢氧化钙   C. 氧化钙   D. 碳酸盐

答案:C

过火石灰表面常被黏土杂质熔化形成的玻璃釉状物包覆,熟化很慢。当石灰已经硬化后,其中的过火颗粒才开始熟化,并产生体积膨胀,引起爆灰和开裂。在抹灰工程中,使用了未经充分熟化的过火石灰,易出现上述爆灰和开裂现象,俗称"出天花""生石灰泡"。为了消除过火石灰的危害,生石灰熟化形成的石灰浆应在储灰坑中放置 14 d 以上,这一过程称为石灰的"陈伏"。"陈伏"期间,石灰浆表面应保有一层水分,与空气隔绝,以免碳化。

如果用于抹罩面灰时,不应少于 30 d。

⚙ 学中做

石灰陈伏是为了消除(   )的危害。

A. 正火石灰   B. 欠火石灰   C. 过火石灰   D. 石灰膏

答案:C

(2)石灰的硬化。

石灰浆体在空气中逐渐硬化,是由下面两个同时进行的过程来完成的:

①干燥结晶作用:石灰浆体在干燥过程中,游离水分蒸发,形成网状孔隙,这些滞留于孔隙中的自由水由于表面张力的作用而产生毛细管压力,使石灰粒子更紧密,且由于水分蒸发,氢氧化钙从饱和溶液中逐渐结晶析出。

②碳化作用:氢氧化钙与空气中的二氧化碳化合生成碳酸钙结晶,释出水分并被蒸发,形成不溶于水的 $CaCO_3$ 晶体。由于碳化作用主要发生在与空气接触的表层,且生成的 $CaCO_3$ 膜层较致密,阻碍了空气中 CO_2 的渗入,也阻碍了内部水分向外蒸发,因此硬化缓慢。

$$Ca(OH)_2 + CO_2 + nH_2O \xrightarrow{\text{碳化}} CaCO_3 + (n+1)H_2O$$

碳化作用实际是二氧化碳与水形成碳酸,然后与氢氧化钙反应生成碳酸钙,所以这个作用

不能在没有水分的状态下进行。

3)石灰的品种、技术要求及技术标准

(1)石灰的品种。

①生石灰粉:石灰在制备过程中,采用石灰石、白云石、贝壳等原料经燃烧后,即得到块状的生石灰,生石灰粉是由块状生石灰磨细生成的。

②消石灰粉:将生石灰用适量水经消化和干燥而成的粉末。

③石灰膏:将块状生石灰用水(生石灰体积的 3～4 倍)消化,或者将消石灰粉与水拌合,所得的一定稠度的膏状物,主要成分为 $Ca(OH)_2$ 和水。

(2)石灰的技术要求。

建筑石灰的技术指标包括有效的 $CaO+MgO$ 含量、生石灰产浆量和未消化残渣含量、CO_2 含量、消石灰游离水含量和细度等,并按技术指标分为优等品、一等品和合格品三个等级。

①有效的 $CaO+MgO$ 含量:石灰中产生黏结性的有效成分是活性氧化钙和氧化镁,它们的含量是评价石灰质量的主要指标,其含量越多,活性越高,质量也越好。

②生石灰产浆量和未消化残渣含量:产浆量是单位质量(1 kg)的生石灰经消化后,所产石灰浆体的体积(L),生石灰产浆量越高,表示其质量越好。未消化残渣含量是生石灰消化时未能消化而存留在 5 mm 圆孔筛上的残渣占试样的百分率,其值越高,石灰质量越差,须加以限制。

③CO_2 含量:CO_2 含量越高,即表示未分解完全的碳酸盐含量越高,则 $CaO+MgO$ 含量相对降低,导致石灰的胶结性能下降。

④消石灰游离水含量:游离水含量是指化学结合水以外的含水量,生石灰消化时加入的水量比理论需水量要多很多,多加的水残留于 $Ca(OH)_2$ 中,残余水分蒸发后,留下孔隙会加剧消石灰粉碳化作用,因而影响其使用质量。

⑤细度:细度与石灰的质量有密切联系,过量的筛余物影响石灰的黏结性。现行标准《建筑生石灰》(JC/T 479—2013)和《建筑消石灰》(JC/T 481—2013)以 0.9 mm 和0.125 mm 筛余百分率控制。试验方法是称取试样 50 g,倒入 0.9 mm、0.125 mm 套筛内进行筛分,分别称量筛余物,按原试样计算其筛余百分率。

(3)石灰的技术标准。

建筑石灰按现行标准《建筑生石灰》(JC/T 479—2013)和《建筑消石灰》(JC/T 481—2013)规定,按其氧化镁含量划分为钙质石灰和镁质石灰两类,见表 2-16。

表 2-16　钙质石灰和镁质石灰中 MgO 含量

石灰种类	生石灰	生石灰粉	消石灰粉
钙质石灰	≤5%	≤5%	≤5%
镁质石灰	>5%	>5%	>5%

①生石灰技术标准:生石灰按其加工情况可分为建筑生石灰和建筑生石灰粉;按生石灰的化学成分可分为钙质石灰和镁质石灰两类;根据化学成分的含量可将每类分为不同等级,见表 2-17。生石灰的识别标志由产品名称、加工情况和产品依据标准编号组成;生石灰块在代号后加 Q,生石灰粉在代号后加 QP。建筑生石灰的化学成分应符合表 2-18 的要求。

表 2-17　建筑生石灰的分类

类别	名称	代号
钙质石灰	钙质石灰 90	CL90
	钙质石灰 85	CL85
	钙质石灰 75	CL75
镁质石灰	镁质石灰 85	ML85
	镁质石灰 80	ML80

表 2-18　建筑生石灰的化学成分

名称	氧化钙＋氧化镁（CaO＋MgO）	氧化镁（MgO）	二氧化碳（CO_2）	三氧化硫（SO_3）
CL90-Q CL90-QP	≥90％	≤5％	≤4％	≤2％
CL85-Q CL85-QP	≥85％	≤5％	≤7％	≤2％
CL75-Q CL75-QP	≥75％	≤5％	≤12％	≤2％
ML85-Q ML85-QP	≥85％	＞5％	≤7％	≤2％
ML80-Q ML80-QP	≥80％	＞5％	≤7％	≤2％

②消石灰粉技术标准:消石灰粉按扣除游离水和结合水后 CaO＋MgO 的百分含量进行分类,见表 2-19。消石灰的化学成分应符合表 2-20 的要求。

表 2-19　建筑消石灰的分类

类别	名称	代号
钙质消石灰	钙质消石灰 90	HCL90
	钙质消石灰 85	HCL85
	钙质消石灰 75	HCL75
镁质消石灰	镁质消石灰 85	HML85
	镁质消石灰 80	HML80

表 2-20　建筑消石灰的化学成分

名称	氧化钙＋氧化镁（CaO＋MgO）	氧化镁（MgO）	三氧化硫（SO_3）
HCL90	≥90％	≤5％	≤2％
HCL85	≥85％		
HCL75	≥75％		
HML85	≥85％	＞5％	≤2％
HML80	≥80％		

注:表中数值以试样扣除游离水和化学结合水后的干基为基准。

4)石灰的特性

(1)可塑性好。生石灰熟化为石灰浆时,能自动形成颗粒极细的呈胶体分散状态的 $Ca(OH)_2$,表面吸附一层厚的水膜。因此,用石灰调成的石灰砂浆的突出优点是具有良好的可塑性。在水泥砂浆中掺入石灰浆,可使可塑性显著提高。

(2)硬化慢、强度低。从石灰浆体的硬化过程可以看出,由于空气中 CO_2 稀薄,碳化较为缓慢,而且表面碳化后,形成紧密外壳,不利于碳化作用的深入,也不利于内部水分蒸发,因此,石灰是硬化缓慢的材料,硬化后的强度也不高。如 1∶3 石灰砂浆 28 d 抗压强度仅为 0.2～0.5 MPa。所以,石灰不宜用于重要建筑物的基础。

(3)硬化时体积收缩大。石灰在硬化过程中,蒸发大量的游离水而引起显著的收缩,所以除调成石灰乳作薄层涂刷外,一般不宜单独使用,常在其中掺入砂、纸筋等材料以减少收缩和节约石灰用量。

(4)耐水性差。 $Ca(OH)_2$ 易溶于水,如果长期受潮或被水浸泡,会使已硬化的石灰溃散。若石灰浆体在完全硬化之前就处于潮湿的环境中,石灰中的水分不能蒸发出去,其硬化就会被阻止,所以,石灰不宜在潮湿的环境中使用。

(5)吸湿性强。生石灰极易吸收空气中的水分熟化成熟石灰粉,所以,生石灰长期存放应在密闭条件下,并应防潮、防水。

5)石灰的应用与保管

(1)砌筑工程和抹面装饰工程。将消石灰粉或熟化好的石灰膏加入过量的水稀释搅拌成为石灰乳,是一种廉价的涂料,主要用于内墙和天棚刷白,增加室内美观和亮度。

石灰砂浆是将石灰膏、砂加水拌制而成,按其用途,可分为砌筑砂浆和抹面砂浆。

(2)制作灰砂砖和硅酸盐制品。石灰与天然砂或硅铝质工业废料混合均匀,加水搅拌,经压振或压制形成硅酸盐制品。为使其获得早期强度,往往采用高温高压养护或蒸压养护,使石灰与硅铝质材料反应速度显著加快,从而使制品产生较高的早期强度,如灰砂砖(图 2-18)、硅酸盐砖、硅酸盐保温板(图 2-19)等。

图 2-18　灰砂砖

图 2-19　硅酸盐保温板

(3)加固软土地基。在软土地基中打入生石灰桩,可以利用生石灰吸水产生的膨胀对桩周土壤起挤密作用,利用生石灰和黏土矿物之间产生的胶凝反应使周围的土固结,从而达到提高地基承载力的目的。

(4)用于道路工程的垫层。石灰和黏土按一定比例拌合制成石灰土,或与黏土、砂石、矿渣制成三合土,用于道路工程的垫层。

石灰膏拌制的砂浆一般都具有较好的和易性。其原因是呈浆状的氢氧化钙分子颗粒很细,且表面有一层较厚的水膜包裹。因此,石灰广泛用于园林建筑、构筑物的抹灰工程中,可配制成石灰浆、混合浆、麻刀石灰和纸筋石灰等。

石灰应存放在地势较高、防潮、防水较好的仓库内;不得堆放在木地板上;不得和易燃、易爆及液体物品混存混运;不宜长期存放,保管期不宜超过一个月。

2. 石膏

石膏由于其具有轻质、隔热、吸声、耐火、色白且质地细腻等优点,被广泛应用至今。我国的石膏资源极其丰富,分布很广,有自然界存在的天然二水石膏($CaSO_4 \cdot 2H_2O$,又称软石膏或生石膏)、天然无水石膏($CaSO_4$,又称硬石膏)和各种工业副产品或废料——化学石膏。

1)石膏的分类及生产

根据石膏中含有结晶水的多少可分为:

(1)无水石膏($CaSO_4$):也称硬石膏,它结晶紧密,质地较硬,是生产硬石膏水泥的原料。

(2)天然石膏($CaSO_4 \cdot 2H_2O$):也称生石膏或二水石膏,大部分自然石膏矿为生石膏,是生产建筑石膏的主要原料。

(3)建筑石膏($CaSO_4 \cdot 1/2\ H_2O$):也称熟石膏或半水石膏。它是由生石膏加工而成的,根据其内部结构不同可分为α型半水石膏和β型半水石膏。

天然石膏在常压下煅烧加热到107~170 ℃,可产生β型建筑石膏。β型半水石膏为白色粉末状,杂质少,可制作模型石膏,用于建筑装饰和陶瓷制品。

$$CaSO_4 \cdot 2H_2O \xrightarrow{107\sim170\ ℃,常压} CaSO_4 \cdot \frac{1}{2}H_2O + 1\frac{1}{2}H_2O$$

（二水石膏）　　　　　　　　　　　（β型半水石膏）

天然二水石膏在0.13 MPa的蒸压锅内蒸炼(温度为124 ℃)脱水,可制得α型半水石膏。α型半水石膏硬化后的强度较高,故又称高强度石膏。

$$CaSO_4 \cdot 2H_2O \xrightarrow{124\ ℃,压蒸} CaSO_4 \cdot \frac{1}{2}H_2O + 1\frac{1}{2}H_2O$$

（二水石膏）　　　　　　　　　（α型半水石膏）

α型半水石膏与β型半水石膏相比,结晶颗粒较粗,比表面积较小,强度高,因此又称为高强石膏。

💡 **学中做**

石膏是以(　　)为主要成分的气硬性胶凝材料。

A. $CaSO_4$　　　　　　B. Na_2SO_4　　　　　　C. $MgSO_4$　　　　　　D. $Al_2(SO_4)_3$

答案:A

2)石膏的凝结硬化

(1)石膏的水化。半水石膏和水反应生成二水石膏的过程为:

$$CaSO_4 \cdot \frac{1}{2}H_2O + 1\frac{1}{2}H_2O \longrightarrow CaSO_4 \cdot 2H_2O$$

由于半水石膏的溶解度比二水石膏的大(约为四倍),所以二水石膏处于过饱和状态,不断从溶液中析晶,水解反应不断右移,直至半水石膏全部转变成二水石膏。

(2)石膏的凝结硬化。

凝结:可塑性浆体失去可塑性,开始产生强度的过程。

硬化:失去可塑性,浆体强度增加的过程。

石膏浆体的凝结硬化是一个连续进行的过程。随着二水石膏沉淀的不断增加,就会产生结晶,结晶体不断生成和长大,晶体颗粒之间便产生了摩擦力和黏结力,造成浆体的塑性开始下降,这一现象称为石膏的初凝;而后随着晶体颗粒间摩擦力和黏结力的增大,浆体的塑性很快下降,直至消失,这种现象为石膏的终凝。建筑石膏凝结硬化快,一般初凝时间不小于6 min,终凝时间不超过 30 min。

石膏终凝后,其晶体颗粒仍在不断长大和连生,形成相互交错且孔隙率逐渐减小的结构,其强度也会增大,直至水分完全蒸发,形成硬化后的石膏结构,这一过程称为石膏的硬化。石膏浆体的凝结和硬化,实际上是交叉进行的。

学中做

建筑石膏与水拌合后,凝结硬化速度(　　)。

A. 快　　　　　　B. 慢　　　　　　C. 说不定　　　　　　D. 不快不慢

答案:A

3)石膏的技术要求

石膏色白,密度为 2.60~2.75 g/cm³,堆积密度为 800~1 000 kg/m³。根据《建筑石膏》(GB/T 9776—2022)的规定,石膏按原材料种类可分为三类,见表 2-21;按 2 h 湿强度(抗折)可分为 4.0、3.0、2.0 三个等级。

表 2-21　建筑石膏分类

类别	天然建筑石膏	脱硫建筑石膏	磷建筑石膏
代号	N	S	P

建筑石膏按产品名称、代号、等级及标准编号的顺序标记,如等级为 2.0 的天然建筑石膏标记为:建筑石膏 N 2.0 GB/T 9776—2022。

建筑石膏组成中 β 半水硫酸钙(β-CaSO$_4$·1/2H$_2$O)与可溶性无水硫酸钙的含量(质量分数)之和应不小于 60.0%。建筑石膏的物理力学性能应符合表 2-22 的要求。

表 2-22　建筑石膏的物理力学性能

等级	凝结时间/min		强度/MPa			
			2 h 湿强度		干强度	
	初凝	终凝	抗折	抗压	抗折	抗压
4.0	≥3	≤30	≥4.0	≥8.0	≥7.0	≥15.0
3.0			≥3.0	≥6.0	≥5.0	≥12.0
2.0			≥2.0	≥4.0	≥4.0	≥8.0

4)石膏的特性

(1)硬化时体积微膨胀。石灰和水泥等胶凝材料硬化时往往产生收缩,而建筑石膏却略有膨胀(膨胀率为 0.05%~0.15%),这使石膏制品表面光滑饱满、棱角清晰,干燥时不开裂。

(2)硬化后孔隙率较大,表观密度和强度较低。建筑石膏在使用时,为获得良好的流动性,加入的水量往往比水化所需的水分要多。理论需水量为 18.6%,而实际加水量为 60%~

80％,石膏凝结后,多余水分蒸发,在石膏硬化体内留下大量孔隙(孔隙率高达 50％～60％),故表观密度小,强度较低。

(3)隔热、吸声性能良好。石膏硬化后孔隙率高,且均为微细的毛细孔,故导热系数小,一般为 0.121～0.205 W/(m·K),具有良好的绝热能力;石膏的大量微孔,尤其是表面微孔使声音传导或反射的能力显著下降,从而具有较强的吸声能力。

(4)防火性能良好。遇火时,石膏硬化后的主要成分二水石膏中的结晶水蒸发的同时还能吸收热量,制品表面形成蒸汽幕,能有效阻止火的蔓延。

(5)具有一定的调温和调湿作用。建筑石膏的热容量大、吸湿性强,故能对室内温度和湿度起到一定的调节作用。

(6)耐水性和抗冻性差。建筑石膏吸湿性和吸水性好,故在潮湿环境中,建筑石膏晶体粒子间黏合力会被削弱,在水中还会使二水石膏溶解而引起溃散,故耐水性差。另外,建筑石膏中的水分受冻结冰后会产生崩裂,故抗冻性差。

(7)加工性能好。石膏制品可锯、可刨、可钉、可打眼,具有良好的可加工性能。

(8)塑性变形大。石膏制品有明显的塑性变形性能,因此一般不能用于承重构件。

💡 **学中做**

建筑石膏具有许多优点,但存在的最大缺点是( )。

A.防火性差 B.易碳化 C.耐水性差 D.绝热和吸声性能差

答案:C

5)石膏的应用与保管

建筑石膏常用于室内抹灰、粉刷、油漆打底层,也可制作各种建筑装饰构件和石膏板等。石膏板具有轻质、保温、隔热、吸声、不燃,以及热容量大、吸湿性强,可调节室内温度和湿度,施工方便等性能,是一种很有发展前景的新型板材。石膏板常见的品种有纸面石膏板、纤维石膏板、装饰石膏板、空心石膏板等。另外,还有石膏蜂窝板、石膏矿棉复合板、防潮石膏板等,分别用作绝热板、吸声板、内墙隔墙板及天花板等。建筑石膏的耐水性和抗冻性都较差,不宜在室外装饰工程中使用。不宜靠近 65 ℃以上的高温,因为二水石膏在此温度下将开始脱水分解。

建筑石膏的储运应注意防潮,避免长期存放,一般存储 3 个月后,强度将降低 30％左右。所以,存储期超过 3 个月应重新进行质量检验,以确定其等级。

3.水玻璃

水玻璃俗称泡花碱,由碱金属氧化物和二氧化硅组成,属可溶性的硅酸盐类。

根据碱金属氧化物的不同,水玻璃有硅酸钠水玻璃($Na_2O · nSiO_2$)、硅酸钾水玻璃($K_2O · nSiO_2$)、硅酸锂水玻璃($Li_2O · nSiO_2$)。最常用的是硅酸钠水玻璃。

$$n = \frac{SiO_2}{R_2O}$$

n 称为水玻璃模数,根据水玻璃模数的不同,又分为"碱性"水玻璃($n<3$)和"中性"水玻璃($n \geqslant 3$)。实际上中性水玻璃和碱性水玻璃的溶液都呈明显的碱性反应。建筑工程中常用的液体水玻璃模数为 2.6～2.8,密度为 1.36～1.50 g/cm³。

1)水玻璃的生产

(1)湿法生产:将石英砂和钠溶液在蒸压锅(2～3 个大气压)内用蒸汽加热,并加以搅拌,使其直接反应而生成液体水玻璃,如图 2-20 所示。

图 2-20　液体水玻璃

图 2-21　固体水玻璃

（2）干法生产：干法生产是将石英砂和碳酸钠磨细拌匀，在熔炉内于 1 300～1 400 ℃温度下熔化，反应生成固体水玻璃（图 2-21），然后在水中加热溶解而得到液体水玻璃（碳酸盐法）。

2）水玻璃的硬化

水玻璃与空气中的 CO_2 反应，析出硅酸凝胶，并逐渐干燥而硬化。水玻璃硬化速度很慢，通常可通过加热或掺入促硬剂的方法加速硬化过程。常用的促硬剂为氟硅酸钠，氟硅酸钠不仅能加快水玻璃的硬化速度，还能提高水玻璃的强度和耐水性。氟硅酸钠适宜掺量为水玻璃质量的 12%～15%，氟硅酸钠有毒，在施工操作时应做好安全防护措施。

3）水玻璃的特性

（1）黏结力强。水玻璃硬化后的主要成分为硅酸凝胶和氧化硅固体，因而具有较高的黏结强度、抗拉强度和抗压强度。用水玻璃配制的水玻璃混凝土，抗压强度可达到 15～40 MPa；水玻璃的抗拉强度可达 2.5 MPa。

（2）耐酸性好。硬化后的水玻璃能抵抗除氢氟酸外大多数无机酸和有机酸的腐蚀，具有高度的耐酸性能。但若长期受酸性介质的腐蚀，其化学稳定性会变差，还将导致变质和破坏。水玻璃在防腐工程中，常与耐酸骨料配制耐酸砂浆和耐酸混凝土。

（3）耐热性高。水玻璃不燃烧，硬化后形成 SiO_2 空间网状骨架，在高温下不会分解，在 1 200 ℃高温下，水玻璃的强度不会降低。可以配制耐热砂浆和耐热混凝土。

（4）抗风化性好。水玻璃硬化时析出的硅酸凝胶能堵塞材料的毛细孔隙，涂刷在天然石材、硅酸盐制品及混凝土表面，可提高材料的密实度，阻止水分渗透，起到耐水和抗风化的作用。

4）水玻璃的应用

（1）配制耐酸砂浆、耐酸混凝土、耐热混凝土。

用水玻璃作为胶凝材料，以氟硅酸钠作促硬剂，选择耐酸骨料，可配制满足耐酸工程要求的耐酸砂浆、耐酸混凝土，能抵抗除氢氟酸之外的各种酸类的侵蚀，特别是对硫酸、硝酸有良好的抗腐性，并且具有较高的强度。选择不同的耐热骨料，可配制不同耐热度的水玻璃耐热混凝土，能承受一定的高温作用而强度不降低，通常用于耐热工程。

（2）配制防水剂。

以水玻璃为基料，加入两种、三种或四种矾可配制成二矾、三矾或四矾防水剂。例如：四矾防水剂是以蓝矾（硫酸铜）、明矾（钾铝矾）、红矾（重铬酸钾）和紫矾（铬矾）各 1 份，溶于 60 ℃的热水中，降温至 50 ℃，投入 400 份水玻璃溶液中，搅拌均匀而制成的。这种防水剂凝结速度快,适用于堵塞漏洞、缝隙等局部抢修工程。但由于凝结速度过快,故不宜调配水泥防水砂浆。

(3)加固土壤。

将模数为 2.5～3 的液体水玻璃和氯化钙溶液通过金属管交替向地层压入,两种溶液发生化学反应,可析出吸水膨胀的硅酸胶体,包裹土壤颗粒并填充其空隙,阻止水分渗透并提高土壤密度和强度。用这种方法加固的砂土地基,其抗压强度可达 3～6 MPa。

(4)配制水玻璃砂浆。

将水玻璃、矿渣粉、砂和氟硅酸钠按一定比例配制成砂浆,可用于修补墙体裂缝。

(5)涂刷材料。

直接将液体水玻璃涂刷在建筑物表面,或涂刷黏土砖、硅酸盐制品、水泥混凝土等多孔材料,可提高材料的抗风化性和耐久性。这是由于水玻璃硬化后可形成硅酸凝胶,同时,水玻璃与材料中的氢氧化钙作用生成硅酸钙胶体,可填充毛细孔隙,使材料致密。需要注意的是,硅酸钠水玻璃不能用来涂刷或浸渍石膏制品,因为硅酸钠与硫酸钙会发生反应生成硫酸钠,在制品孔隙中结晶膨胀,导致制品破坏。

做中学

前面学习了这么多气硬性胶凝材料,你掌握了吗?还有一个菱苦土,请查阅资料来一起了解它的性能特点吧。

气硬性胶凝材料对比如表 2-23 所示。

表 2-23　气硬性胶凝材料对比

品种	石灰	石膏	水玻璃	菱苦土
生产	将以碳酸钙为主要成分的天然岩石(如:石灰石、白垩、白云石),在低于烧结温度条件下煅烧而成,即生石灰	将原料(二水石膏)在不同压力和温度下煅烧、脱水,再经磨细而成	将石英砂粉或石英岩粉加入 Na_2CO_3 或 Na_2SO_4,在玻璃炉内以 1 300～1 400 ℃ 温度熔化,冷却后即成固态水玻璃。然后在 0.3～0.8 MPa 压力的蒸压锅内加热,将其溶解成液态水玻璃	将菱镁矿或天然白云石经适当温度煅烧后,经磨细而成
组分	石灰石 $CaCO_3$ 生石灰 CaO 熟石灰 $Ca(OH)_2$	天然石膏、生石膏(二水石膏) $CaSO_4 \cdot 2H_2O$ 建筑石膏、熟石膏(半水石膏) $CaSO_4 \cdot 1/2H_2O$ 硬石膏(无水石膏)$CaSO_4$	硅酸钠 $Na_2O \cdot nSiO_2$ 硅酸钾 $K_2O \cdot nSiO_2$	MgO

续表

品种	石灰	石膏	水玻璃	菱苦土
性能	1.可塑性和保水性好； 2.吸湿性强； 3.凝结硬化慢，强度低； 4.硬化后体积收缩大； 5.耐水性差	1.凝结硬化快； 2.硬化制品的孔隙率大，体积小，保温、吸声性能好； 3.具有一定的调温调湿性； 4.凝固时体积微膨胀； 5.防火性好； 6.耐水性、抗冻性差	1.黏结力强； 2.耐酸能力强； 3.耐热性好	1.硬化较快； 2.强度高； 3.吸湿性强； 4.耐水性差
应用	1.配制石灰砂浆和石灰乳涂料； 2.配制灰土和三合土； 3.制作碳化石灰板； 4.制作硅酸盐制品； 5.配制无熟料水泥	1.室内抹灰及粉刷； 2.制作石膏制品，目前，我国生产的石膏制品主要有纸面石膏板、纤维石膏板、石膏空心板、石膏装饰板及石膏吸音板，以及各种石膏砌块等	1.配制耐酸砂浆和混凝土； 2.配制耐热砂浆和混凝土； 3.加固地基； 4.涂刷或浸渍材料； 5.修补裂缝、堵漏	1.制造木屑地板、木丝板、刨花板等； 2.用作机械设备的包装构件，可节省大量木材

思政小故事

《最后的晚餐》的抢救者——水玻璃

《最后的晚餐》(图 2-22)是意大利文艺复兴时期大艺术家达·芬奇的优秀作品，被绘在圣玛利亚感恩教堂的一堵墙上。可是，没过几年，这幅画上的颜料开始剥落，尤其是画的中下部，由于潮气侵袭，损坏得更快。据说，法国皇帝弗兰西斯一世为了抢救这件珍宝，曾下令将这堵墙完整地运到法国巴黎，妥善地保存它，然而，这在当时是不可能的。有没有可能发明一种东西，能一劳永逸地保护这类艺术作品呢？许多人都在摸索着、试验着，法国明兴大学的福克斯教授便是其中之一。1818 年，福克斯教授在他的实验室里熔炼成了一种新玻璃，其原料采用的是沙粒和苏打，不含石灰石的成分。这种玻璃看上去和普通玻璃没什么区别，同样坚硬、明亮和透明；不过，如果把它浸到热水中，过不了多久，它就溶解了，成了一种灰色的黏滞液体。根据这一性质，福克斯给它取了个名字，叫作"水玻璃"。

水玻璃具有十分奇特的性质，如果用它来调白垩粉，就会凝固起来变成坚硬的白垩石；如果将它涂到树皮上，树皮立刻就会包上一层薄而坚硬的玻璃膜，就像穿了一件玻璃外衣。于是，福克斯很有把握地向壁画家们建议，在画画之前，先用水玻璃溶液刷一次墙，然后在墙粉中也掺一些水玻璃，待墙粉干了以后再描图绘画；最后，当壁画完成后，在其表面再涂一层水玻璃

图 2-22　壁画《最后的晚餐》

溶液,这样处理的壁画就可以大大延长保存的时间了。同时,福克斯又用水玻璃抢救濒临毁坏的壁画,他将水玻璃溶液涂在壁画的表面,也取得了很好的效果。

之后,人们发现水玻璃还具有其他意想不到的功能呢!例如,将鸡蛋在稀薄的水玻璃溶液中浸一下,蛋壳就"穿"上了一件密不透风的"外套",这种鸡蛋不用冷藏也可保鲜一年,而且风味丝毫不变;大炮、坦克、军舰表面涂上油漆是为了防止生锈,但油漆容易燃烧,如果在油漆中掺入水玻璃,那么普通的油漆也就具有耐火性了。

二、水硬性胶凝材料

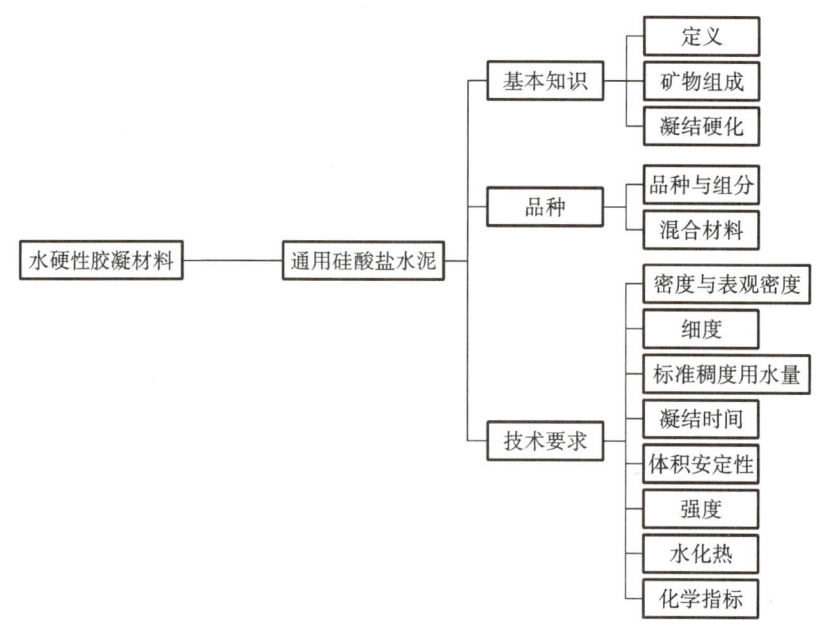

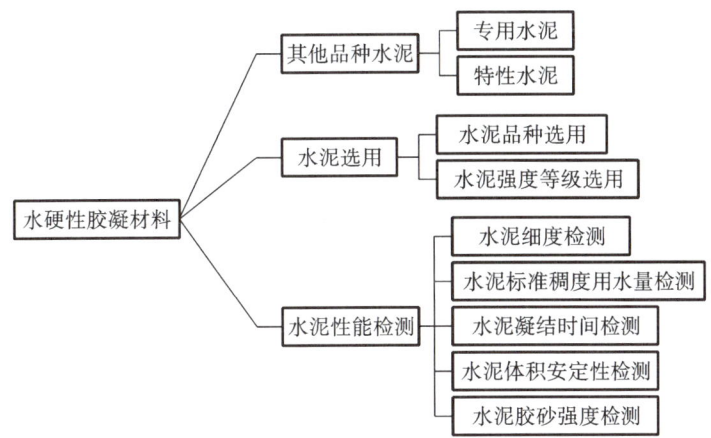

水硬性胶凝材料一般指各种水泥。

水泥呈粉末状,加适量水调制后,经一系列物理、化学作用,由最初的可塑性浆体变成坚硬的石状体,具有较高的强度,并且能将散粒状、块状材料黏结成整体。水泥不仅是工业与民用建筑工程中不可缺少的胶凝材料,而且广泛地用于道路、水利、桥梁、海洋开发等各种建筑工程中。

水泥的种类繁多,按其矿物组成可分为硅酸盐水泥、铝酸盐水泥、氟铝酸盐水泥、铁铝酸盐水泥及少熟料水泥或无熟料水泥等;按其用途又可分为通用水泥、专用水泥及特性水泥三大类。通用水泥主要用于一般土木建筑工程,它包括硅酸盐水泥、普通硅酸盐水泥、矿渣硅酸盐水泥、火山灰质硅酸盐水泥、粉煤灰硅酸盐水泥以及复合硅酸盐水泥。专用水泥是指具有专门用途的水泥,如砌筑水泥、道路水泥、油井水泥等。特性水泥是某种性能比较突出的水泥,如快硬水泥、白色水泥、耐硫酸盐水泥、中热硅酸盐水泥和低热矿渣硅酸盐水泥及膨胀水泥等。

在每一品种的水泥中,又根据其胶结强度的大小,分为若干强度等级。当水泥的品种及强度等级不同时,其性能也有较大差异。因此在使用水泥时,必须注意区分水泥的品种及强度等级,掌握其性能特点和使用方法,根据工程的具体情况合理选择与使用水泥,这样既可提高工程质量,又能节约水泥。

水泥品种虽然很多,但从应用方面考虑,本节主要介绍通用硅酸盐系列水泥,并在此基础上介绍其他品种水泥(只做一般介绍)。

1. 通用硅酸盐水泥的基本知识

通用硅酸盐水泥是指以硅酸盐水泥熟料和适量的石膏以及规定的混合材料制成的水硬性胶凝材料。根据国家标准《通用硅酸盐水泥》(GB 175—2023)规定,通用硅酸盐水泥按混合材料的品种和掺量分为硅酸盐水泥、普通硅酸盐水泥、矿渣硅酸盐水泥、火山灰质硅酸盐水泥、粉煤灰硅酸盐水泥和复合硅酸盐水泥。其中,硅酸盐水泥是最基本的一个品种。

1)硅酸盐水泥的定义

凡由硅酸盐水泥熟料、5%的石灰石或粒化高炉矿渣、适量石膏磨细制成的水硬性胶凝材料,称为硅酸盐水泥,国外通称为波特兰水泥。硅酸盐水泥分为两种类型:不掺混合材料的称为Ⅰ型硅酸盐水泥,代号P·Ⅰ;在硅酸盐水泥粉磨时掺加不超过水泥质量5%的石灰石或粒化高炉矿渣混合材料的称为Ⅱ型硅酸盐水泥,代号P·Ⅱ。

2)硅酸盐水泥熟料的矿物组成

硅酸盐水泥熟料的主要矿物组成及含量见表2-24。

表 2-24　硅酸盐水泥熟料的矿物组成及含量

矿物名称	矿物化学式	简写	含量/（%）（各种水泥中熟料矿物含量的相对变化的参考值）				
			普通水泥	低热水泥	早强水泥	超早强水泥	耐硫酸盐水泥
硅酸三钙	$3CaO \cdot SiO_2$	C_3S	52	41	65	68	57
硅酸二钙	$2CaO \cdot SiO_2$	C_2S	24	34	10	5	23
铝酸三钙	$3CaO \cdot Al_2O_3$	C_3A	9	6	8	9	2
铁铝酸四钙	$4CaO \cdot Al_2O_3 \cdot Fe_2O_3$	C_4AF	9	6	9	8	13

在以上的矿物组成中,硅酸三钙和硅酸二钙的总含量占 75%～82%;而铝酸三钙和铁铝酸四钙的总含量仅占总量的 18%～25%,因硅酸盐占绝大部分,故命名为硅酸盐水泥熟料。

这四种矿物成分单独与水作用时,表现出不同的性能,主要特征如下:

①C_3S 的水化速率较快,水化热较大,且主要在水化反应早期释放。强度最高,且能不断得到增长,是决定水泥强度等级高低的最主要矿物。

②C_2S 的水化速率最慢,水化热最小,且主要在后期释放。早期强度不高,但后期强度增长率较高,是保证水泥后期强度增长的主要矿物。

③C_3A 的水化速率极快,水化热最大,且主要在早期释放,硬化时体积减缩也最大。早期强度增长很快,但强度不高,而且以后几乎不再增长,甚至降低。C_3A 是影响水泥凝结时间的主要矿物之一。

④C_4AF 的水化速率较快,仅次于 C_3A,水化热中等,强度较低,脆性较其他矿物小,当含量增多时,有助于水泥抗拉强度的提高。

单矿物的水化特性表明,改变熟料矿物之间的比例,水泥的性质也会发生相应的变化。例如,要使水泥具有快硬高强的性能,应适当提高熟料中 C_3S 及 C_3A 的相对含量;若要求水泥的发热量较低,可适当提高 C_2S 及 C_4AF 的含量而控制 C_3S 及 C_3A 的含量。因此,掌握了硅酸盐水泥熟料中各矿物成分的含量及特性,也就可以大致了解该水泥的性能特点。

硅酸盐水泥熟料除上述主要成分外,尚含有少量以下成分:

①游离氧化钙 f-CaO。它是在煅烧过程中没有全部化合而残留下来呈游离态存在的氧化钙,其含量过高将造成水泥安定性不良,危害很大。

②游离氧化镁 f-MgO。若其含量高、晶粒大时,会导致水泥安定性不良。

③含碱矿物以及玻璃体等。含碱矿物及玻璃体中 Na_2O、K_2O 含量高的水泥,当其遇到活性集料时,易发生碱-集料膨胀反应。

🔅 学中做

对硅酸盐水泥强度贡献最大的矿物是（　　　）。

A. C_3A　　　　　　B. C_3S　　　　　　C. C_4AF　　　　　　D. C_2S

答案:B

3)硅酸盐水泥的水化与凝结硬化

硅酸盐水泥在工程中使用时,首先与水拌合形成具有可塑性的水泥浆体,随着时间的延长,水泥浆体逐渐变稠失去可塑性而具有一定的塑性强度,这一过程称为水泥的“凝结”。随后凝结了的水泥浆体开始产生机械强度,并逐渐发展成为坚硬的水泥石,这一过程称为“硬化”。

水泥的凝结、硬化过程与水泥的技术性能密切相关,其结果直接影响硬化水泥石的结构和使用性能。

水泥浆体之所以能够凝结、硬化,发展成为坚硬的水泥石,是因为水泥与水之间要发生一系列的水化反应。

①硅酸盐水泥的水化。水泥加水后,熟料矿物开始与水发生水化反应,生成水化产物,并放出一定的热量,其水化反应式如下:

$$2(3CaO \cdot SiO_2) + 6H_2O = 3CaO \cdot 2SiO_2 \cdot 3H_2O + 3Ca(OH)_2$$
$$2(2CaO \cdot SiO_2) + 4H_2O = 3CaO \cdot 2SiO_2 \cdot 3H_2O + Ca(OH)_2$$
$$3CaO \cdot Al_2O_3 + 6H_2O = 3CaO \cdot Al_2O_3 \cdot 6H_2O$$
$$4CaO \cdot Al_2O_3 \cdot Fe_2O_3 + 7H_2O = 3CaO \cdot Al_2O_3 \cdot 6H_2O + CaO \cdot Fe_2O_3 \cdot H_2O$$

在上述反应中,由于铝酸三钙与水反应非常快,使水泥凝结过快,为了调节水泥凝结时间,在粉磨水泥中加入适量石膏作缓凝剂,其机理可解释为:石膏能与最初生成的水化铝酸钙反应生成难溶的水化硫铝酸钙晶体(俗称钙矾石)。其化学反应式如下:

$$3CaO \cdot Al_2O_3 \cdot 6H_2O + 3(CaSO_4 \cdot 2H_2O) + 20H_2O = 3CaO \cdot Al_2O_3 \cdot 3CaSO_4 \cdot 32H_2O$$

在熟料颗粒表面形成的钙矾石保护膜,封闭熟料组分的表面,阻止水分子及离子的扩散,从而延缓了熟料颗粒特别是 C_3A 的继续水化。

综上所述,硅酸盐水泥熟料矿物与水反应后,生成的主要水化产物有水化硅酸钙、水化铁酸钙胶体、氢氧化钙、水化铝酸钙和水化硫铝酸钙晶体。

②硅酸盐水泥的凝结硬化过程。水泥的凝结是指水泥加水拌合后,成为塑性的水泥浆,其中的水泥颗粒表面的矿物开始在水中溶解并与水发生水化反应,水泥浆逐渐变稠失去塑性,但还不具有强度的过程。

水泥的凝结
硬化过程

硬化是指凝结的水泥浆体随着水化的进一步进行,开始产生明显的强度并逐渐发展而成为坚硬水泥石的过程。凝结和硬化是人为划分的,实际上是一个连续复杂的物理化学变化过程。

一般按水化反应速率和水泥浆体的结构特征,硅酸盐水泥的凝结硬化过程可分为初始反应期、潜伏期、凝结期、硬化期四个阶段,如图 2-23 所示。

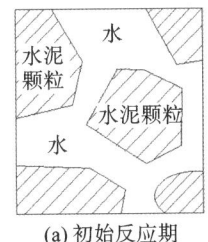
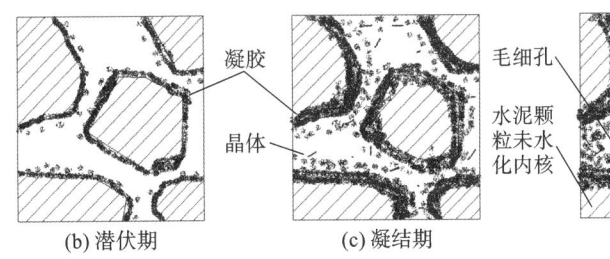

(a) 初始反应期　　(b) 潜伏期　　(c) 凝结期　　(d) 硬化期

图 2-23　水泥凝结硬化过程示意图

水泥石强度发展的一般规律是:3~7 d 内强度增长最快,28 d 内强度增长较快,超过 28 d 后强度将继续发展但增长较慢。

需要注意的是:水泥凝结硬化过程的各个阶段不是彼此截然分开,而是交错进行的。影响水泥凝结硬化的因素主要有熟料矿物成分、水泥的细度、用水量、养护时间、石膏掺量、温度和湿度。

🔅 学中做

在硅酸盐水泥熟料的四种主要矿物组成中,(   )水化反应速度最慢。

A. C_2S B. C_3S C. C_3A D. C_4AF

答案:A

2. 通用硅酸盐水泥的品种与技术要求

1)通用硅酸盐水泥的品种与组分

国家标准《通用硅酸盐水泥》(GB 175—2023)规定,通用硅酸盐水泥按混合材料的品种和掺量分为硅酸盐水泥、普通硅酸盐水泥、矿渣硅酸盐水泥、火山灰质硅酸盐水泥、粉煤灰硅酸盐水泥和复合硅酸盐水泥。各通用硅酸盐水泥品种的组分和代号见表2-25。

表 2-25 通用硅酸盐水泥的品种和组分

水泥品种	水泥代号	水泥组分/(%)				
		熟料+石膏	粒化高炉矿渣	火山灰质混合材料	粉煤灰	石灰石
硅酸盐水泥	P·Ⅰ	100	—	—	—	—
	P·Ⅱ	95~100	0~<5	—	—	—
		95~100	—	—	—	0~<5
普通硅酸盐水泥	P·O	80~<94	6~<20			
矿渣硅酸盐水泥	P·S·A	50~<79	21~<50	—	—	—
	P·S·B	30~<49	51~<70	—	—	—
火山灰质硅酸盐水泥	P·P	60~<79	—	21~<40	—	—
粉煤灰硅酸盐水泥	P·F	60~<79	—	—	21~<40	—
复合硅酸盐水泥	P·C	50~<79	21~<50			

从表2-25可以看出,除硅酸盐水泥外,其他水泥品种都掺加了较多的混合材料。在硅酸盐水泥熟料中掺加一定量的混合材料,能改善水泥的性能,增加品种,调整水泥强度等级,提高产量,降低成本,充分利用工业废料,扩大水泥的使用范围。

2)水泥混合材料

在生产水泥时,为改善水泥性能,调节水泥强度等级,而加到水泥中的矿物质材料称为水泥混合材料(或简称混合材)。混合材有天然的,也有人为加工的(或工业废渣)。

①粒化高炉矿渣。高炉冶炼生铁所得以硅酸钙和铝酸钙为主要成分的熔融物,经淬冷粒化后的产品称为粒化高炉矿渣,如图2-24(a)所示。

矿渣的主要化学成分有 CaO、SiO_2、Al_2O_3、MgO、FeO、MnO、TiO_2 及硫化物、氟化物等。其中,CaO、SiO_2、Al_2O_3 占总量的 90% 以上,它们是决定矿渣活性的主要成分。CaO、Al_2O_3 含量越高,则矿渣活性越高。SiO_2 的含量一般都偏多,因得不到足够的 CaO 和 Al_2O_3 等与其化合,故 SiO_2 含量越高,矿渣活性越低。MgO 在矿渣中大都形成化合物或固溶于其他矿物中,而不以方镁石结晶形态存在,故它不会影响水泥安定性且对矿渣活性有利。MnO、TiO_2 使矿渣活性降低,硫化物及氟化物等是矿渣中的有害成分。根据国家标准《用于水泥中的粒化高炉矿渣》(GB/T 203—2008),粒化高炉矿渣按质量系数、化学成分、粒度和松散堆积表观密度分为合格品和优等品两个等级。

经水淬处理过的矿渣,呈疏松多孔的玻璃体结构。矿渣中玻璃体含量越高,矿渣的活性越高。国家标准中除对矿渣松散堆积表观密度提出要求外,还规定不得有未经充分淬冷的矿渣夹杂物。

②火山灰质混合材料。具有火山灰性的天然或人工的矿物质材料,称为火山灰质混合材料。所谓火山灰性,是指一种材料磨成细粉后,单独加水拌合不具有水硬性,但在常温下与少量石灰等一起遇水后能形成具有水硬性化合物的性质。

火山灰质混合材料中含有较多的活性 SiO_2 和 Al_2O_3,它们分别能与 $Ca(OH)_2$ 在常温下起化学反应,生成水化硅酸钙和水化铝酸钙,因而具有水硬性。

火山灰质混合材料的品种很多,天然的有火山灰、凝灰岩、浮石、沸石岩、硅藻土和硅藻石等;人工的有煅烧的煤矸石、烧页岩、烧黏土、煤渣、硅质渣等。国家标准《用于水泥中的火山灰质混合材料》(GB/T 2847—2022)规定,火山灰质混合材料中的 SO_3 含量不得超过 3%;火山灰性试验必须合格;掺 30% 火山灰质混合材料的水泥胶砂 28 d 抗压强度与硅酸盐水泥胶砂 28 d 抗压强度的比值不得低于 0.65。对于人工的火山灰质混合材料,还规定其烧失量不得超过 10%。

③粉煤灰。粉煤灰是火力发电厂的工业废渣,是从煤粉炉烟道气体中收集的粉末,如图2-24(b)所示。按所燃煤的品种不同,粉煤灰分为 F 类和 C 类两种。F 类粉煤灰是由燃烧无烟煤或烟煤的烟道中收集的灰,一般含氧化钙较少;C 类粉煤灰是燃烧褐煤或次烟煤的灰,其氧化钙含量一般大于 10%。

粉煤灰的主要化学成分为 SiO_2 和 Al_2O_3,并含少量 CaO,其水硬性原理与火山灰质相似。火山灰性试验是判定材料是否具有火山灰活性的一种方法。一般来说,当其中 SiO_2 和 Al_2O_3 含量愈高,含碳量愈低,细度愈细时,质量愈好。

④其他混合材料。此类混合材料中,质地较坚实的有石英岩、石灰岩、砂岩等磨成的细粉;质地较松软的有黏土、黄土等。其品质要求主要是应具有足够的细度,不含或极少含对水泥有害的杂质。

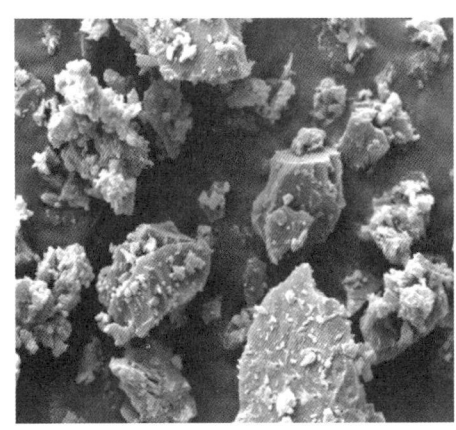 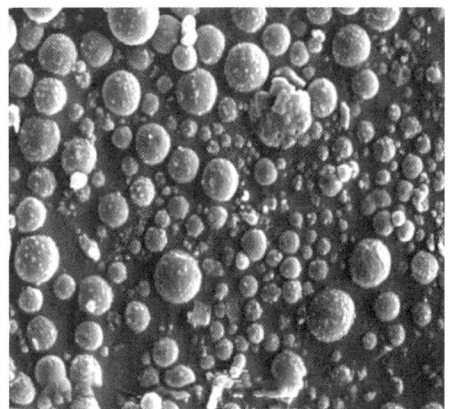

(a) 磨细矿渣颗粒 (b) 粉煤灰颗粒

图 2-24 电子显微镜下颗粒形状图

学中做

矿渣硅酸盐水泥(简称矿渣水泥)的代号为(　　　)。

A. P·O　　　　　　B. P·S　　　　　　C. P·P　　　　　　D. P·F

答案:B

3)通用硅酸盐水泥的技术要求

(1)密度与堆积密度。硅酸盐水泥的密度,一般为 3.1~3.2 g/cm³,储藏过久的水泥,密度稍有降低。松散堆积密度,一般为 900~1 300 kg/m³,紧密堆积密度可达 1 400~1 700 kg/m³。

(2)细度。细度是指水泥颗粒的粗细程度,是检定水泥品质的主要指标之一。水泥颗粒的粗细直接影响水泥的凝结硬化及强度。这是因为水泥加水后,开始仅在水泥颗粒表层进行水化,而后逐步向颗粒内部发展,且是个长期的过程。显然水泥颗粒越细,其总表面积越大,与水接触的表面积越大,水化作用的发展就越迅速而充分,凝结硬化的速度越快,早期强度也越高。但磨制特细的水泥,将消耗较多的粉磨能量,成本较高,且特细水泥易与空气中的水分及二氧化碳起反应,不宜久置,其硬化时收缩也较大。因此,出厂水泥一般都有细度要求。

水泥细度可用筛析法和比表面积法来检测。筛析法是以 80 μm 或 45 μm 的方孔筛对水泥试样进行筛析试验,用筛余百分率表示水泥的细度。比表面积法是用单位质量的水泥粉末所具有的总表面积(m²/kg)来表示水泥的细度。

国家标准规定,硅酸盐水泥和普通硅酸盐水泥以比表面积表示细度,其值应不小于 300 m²/kg;矿渣硅酸盐水泥、火山灰质硅酸盐水泥、粉煤灰硅酸盐水泥和复合硅酸盐水泥以筛余百分率表示细度,80 μm 方孔筛筛余率不大于 10%或 45 μm 方孔筛筛余率不大于 30%。细度不符合规定的,为不合格品。

学中做

硅酸盐水泥细度用(　　　)表示。

A. 水泥颗粒粒径　　B. 比表面积　　　　C. 筛余百分率　　D. 细度模数

答案:B

(3)标准稠度用水量。加水量的多少,对水泥一些技术性质(如凝结时间等)的测定值影响很大,因而测定这些性质时,必须在一个规定的浆体稠度下进行。这个规定的稠度,即称为标准稠度。水泥净浆达到标准稠度时,所需的拌合水量(以占水泥质量的百分比表示),称为标准稠度用水量(也称需水量)。

硅酸盐水泥的标准稠度用水量,一般为 24%~30%。水泥熟料矿物成分不同时,其标准稠度用水量也有差别。此外,水泥磨得越细,标准稠度用水量越大。水泥标准中,对标准稠度用水量没有提出具体要求。但标准稠度用水量的大小,能在一定程度上影响水泥的性能。采用标准稠度用水量较大的水泥拌制同样稠度的混凝土,加水量也较大,故硬化时收缩较大,硬化后的强度及密实度也较差。因此,当其他条件相同时,水泥的标准稠度用水量越小越好。

(4)凝结时间。水泥的凝结时间有初凝与终凝之分。标准稠度的水泥净浆,自加水时起至水泥浆开始失去可塑性所需的时间称为初凝时间;自加水时起至水泥浆体完全失去可塑性所需的时间称为终凝时间。

水泥的凝结时间在施工中具有重要意义。初凝不宜过快,以便有足够的时间在初凝之前完成混凝土搅拌、运输、浇筑、振捣等工序的施工操作;终凝不宜过迟,使混凝土在浇捣完毕后,尽早凝结并开始硬化,以利于下一步施工工序的进行,否则将延长施工进度与模板周转期。

国家标准规定,硅酸盐水泥的初凝时间不得早于 45 min,终凝时间不得迟于 6.5 h;普通硅酸盐水泥、矿渣硅酸盐水泥、火山灰质硅酸盐水泥、粉煤灰硅酸盐水泥和复合硅酸盐水泥初凝时间不得早于 45 min,终凝时间不得迟于 10 h。凡初凝时间不符合规定的水泥,为废品;终凝时间不符合规定的水泥,为不合格品。水泥的凝结时间是采用标准稠度的水泥净浆在规定温度及湿度的环境下,由水泥净浆凝结时间测定仪测定的。

🔅 **学中做**

硅酸盐水泥标准规定,初凝时间不得早于(　　)。

A. 45 min　　　　B. 6.5 h　　　　C. 10 h　　　　D. 1 d

答案:A

(5)体积安定性。水泥的体积安定性,是指水泥在凝结硬化过程中,体积变化的均匀性。水泥熟料中如果含有较多的 f-CaO,就会在凝结硬化时发生不均匀的体积变化。这是因为过烧的 f-CaO 熟化很慢,当水泥已经凝结硬化后,它才进行熟化作用,产生体积膨胀,破坏已硬化的水泥石结构,出现龟裂、弯曲、松脆或崩溃等不安定现象。检验水泥安定性的方法,有试饼法及雷氏法两种,通过对试件进行煮沸加速 f-CaO 熟化,检查是否有不安定现象。

此外,如果水泥中氧化镁及三氧化硫过多时,也会产生不均匀的体积变化,导致安定性不良。氧化镁产生危害的原因与 f-CaO 相似,由于氧化镁的水化作用比 f-CaO 更为缓慢,所以必须采用压蒸法才能检验出它的危害程度。过多的三氧化硫能在已硬化的水泥石中生成水化硫铝酸钙晶体,体积膨胀,破坏硬化水泥石的结构。检验三氧化硫的危害作用须用浸水法。

因此,国家标准规定,水泥熟料中 MgO 含量不得超过 5%,经压蒸试验合格后,允许放宽到 6%;SO_3 含量不得超过 3.5%,用沸煮法检验必须合格。水泥安定性不合格者,为废品。体积安定性不合格的水泥不能用于工程中。

🔅 **学中做**

不是引起水泥安定性不良的原因有(　　)。

A. 未掺石膏　　　　　　　　　B. 石膏掺量过多

C. 水泥中存在游离氧化钙　　　D. 水泥中存在游离氧化镁

答案:A

(6)强度。强度是水泥力学性质的一项重要指标,是确定水泥强度等级的依据。水泥等级按规定龄期的抗压强度和抗折强度来划分,按水泥胶砂强度检验方法(ISO 法)测定其强度,如表 2-26 所示。

表 2-26　水泥胶砂强度检验方法(ISO 法)基本要求

强度等级的规定 (GB/T 17671—2021)	强度的测定		
	原材料配比	试件尺寸	养护条件
根据水泥 3 d 和 28 d 的抗压强度和抗折强度,将水泥划分强度等级	水泥与标准砂质量比 1∶3,水灰比 0.5	40 mm×40 mm×160 mm,如图 2-25 所示	温度为(20±1)℃、相对湿度≥90% 的养护箱中或水中养护

图 2-25 水泥试件制作试模

按照 3 d、28 d 的抗压强度和抗折强度，硅酸盐水泥、普通硅酸盐水泥分为 42.5、42.5R、52.5、52.5R、62.5、62.5R 六个强度等级，矿渣硅酸盐水泥、火山灰质硅酸盐水泥、粉煤灰硅酸盐水泥分为 32.5、32.5R、42.5、42.5R、52.5、52.5R 六个强度等级，复合硅酸盐水泥分为 42.5、42.5R、52.5、52.5R四个强度等级。其中 R 表示早强型（3 d 强度达到 28 d 强度的 50%以上），不带 R 为普通型（3 d 强度没达到 28 d 强度的 50%）。

以硅酸盐水泥为例，其不同龄期的强度应符合表 2-27 的规定，如有一项指标低于表中数值，则应降低强度等级。例如：某水泥厂生产的 52.5 硅酸盐水泥，经检测单位检测 3 d 抗压强度为 24.5 MPa，28 d 抗压强度为 54 MPa；3 d 抗折强度为 3.5 MPa，28 d 抗折强度为 7.0 MPa。由于 3 d 抗折强度低于要求的 4.5 MPa，因此该水泥应降低强度等级使用。

表 2-27　通用硅酸盐水泥的强度要求 (GB 175—2023)

强度等级	抗压强度/MPa		抗折强度/MPa	
	3 d	28 d	3 d	28 d
32.5	≥12.0	≥32.5	≥3.0	≥5.5
32.5R	≥17.0		≥4.0	
42.5	≥17.0	≥42.5	≥4.0	≥6.5
42.5R	≥22.0		≥4.5	
52.5	≥22.0	≥52.5	≥4.5	≥7.0
52.5R	≥27.0		≥5.0	
62.5	≥27.0	≥62.5	≥5.0	≥8.0
62.5R	≥32.0		≥5.5	

注：代号 R 表示早强型水泥。

 学中做

强度是选用水泥的主要技术指标，硅酸盐水泥分为（　　　）个强度等级。

A. 3　　　　　　　B. 4　　　　　　　C. 5　　　　　　　D. 6

答案：D

（7）水化热。水泥在水化过程中所放出的热量，称为水泥的水化热（kJ/kg）。水泥水化热的大部分是在水化初期（7 d 前）放出的，后期放热逐渐减少。水泥水化热的大小及放热速率，主要取决于水泥熟料的矿物组成及细度等因素。通常强度等级高的水泥，水化热较大。凡起促凝作用的因素（如加入 $CaCl_2$）均可提高早期水化热；反之，凡能减慢水化反应的因素（如加入缓凝剂），则能降低放热速率或推迟放热。目前测定水泥水化热的方法有直接法和溶解热法两种。直接法也称为蓄热法。溶解热法，是通过测定未水化水泥与水化一定

龄期的水泥在标准酸中的溶解热之差,来计算水泥在此龄期内所放出的热量。水泥的这种放热特性,对大体积混凝土建筑物是非常不利的。它能使建筑物内部与表面产生较大的温差,引起局部拉应力,使混凝土产生裂缝。因此,大体积混凝土工程一般应采用放热量较低的水泥。

(8)化学指标。国家标准《通用硅酸盐水泥》(GB 175—2023)规定,通用硅酸盐水泥的化学指标应符合表 2-28 的规定。

表 2-28　通用硅酸盐水泥的化学指标

品种	不溶物(质量分数)/(%)	烧失量(质量分数)/(%)	三氧化硫(质量分数)/(%)	氧化镁(质量分数)/(%)	氯离子(质量分数)/(%)
硅酸盐水泥 P·Ⅰ	≤0.75	≤3.0	≤3.5	≤5.0①	≤0.06③
硅酸盐水泥 P·Ⅱ	≤1.50	≤3.5			
普通硅酸盐水泥 P·O	—	≤5.0			
矿渣硅酸盐水泥 P·S·A			≤4.0	≤6.0②	
矿渣硅酸盐水泥 P·S·B				—	
火山灰质硅酸盐水泥 P·P	—	—	≤3.5	≤6.0	
粉煤灰硅酸盐水泥 P·F					
复合硅酸盐水泥 P·C					

注:①如果水泥压蒸试验合格,则水泥中氧化镁的含量允许放宽至 6.0%。

②如果水泥中氧化镁的含量大于 6.0%,需进行水泥压蒸安定性试验并合格。

③当买方有更低要求时,买卖双方协商确定。

3. 其他品种的水泥

1)中热、低热硅酸盐水泥

这两种水泥是适用于要求水化热较低的大坝和大体积混凝土工程的水泥。依据国家标准《中热硅酸盐水泥、低热硅酸盐水泥》(GB/T 200—2017),这两种水泥的定义如下:

①中热硅酸盐水泥:以适当成分的硅酸盐水泥熟料,加入适量石膏,磨细制成的具有中等水化热的水硬性胶凝材料,称为中热硅酸盐水泥(简称中热水泥),代号 P·MH。

②低热硅酸盐水泥:以适当成分的硅酸盐水泥熟料,加入适量石膏,磨细制成的具有低水化热的水硬性胶凝材料,称为低热硅酸盐水泥(简称低热水泥),代号 P·LH。

为了减少水泥的水化热及降低放热速率,特限制中热水泥熟料中 C_3A 的含量不得超过 6%,C_3S 的含量不得超过 55%;低热水泥熟料中 C_2S 的含量不小于 40%。当有低碱要求时,中热水泥和低热水泥中的碱含量不得超过 0.6%。这两种水泥的细度,在80 μm 方孔筛上的筛余率不得超过 12%;初凝时间不得早于 60 min,终凝时间不得迟于 12 h;水泥沸煮安定性必须合格。

中热硅酸盐水泥主要用于大坝溢流面(图 2-26(a))或大体积建筑物的面层和水位变动区等要求较低水化热和较高耐磨性、抗冻性的工程;低热矿渣水泥主要适用于大坝(图 2-26(b))或大体积建筑物的内部及水下等要求低水化热的工程。

2)砌筑水泥

砌筑水泥是由一种或一种以上活性混合材料或具有水硬性的工业废料为主要原料,加入适量硅酸盐水泥熟料和石膏,经磨细制成的水硬性胶凝材料,代号 M。这种水泥的强度较低,

(a) 大坝溢流面

(b) 大坝

图 2-26 大坝工程

不能用于钢筋混凝土或结构混凝土,主要用于工业与民用建筑的砌筑和抹面砂浆、垫层混凝土等,如图 2-27 所示。

国家标准《砌筑水泥》(GB/T 3183—2017)规定,砌筑水泥分为 12.5、22.5 和 32.5 三个强度等级,其中 12.5 级砌筑水泥 7 d 抗压强度不低于 7.0 MPa,28 d 抗压强度不低于 12.5 MPa;22.5 级砌筑水泥 7 d 抗压强度不低于 10.0 MPa,28 d 抗压强度不低于 22.5 MPa;32.5 级砌筑水泥 3 d 抗压强度不低于 10.0 MPa,28 d 抗压强度不低于 32.5 MPa。其细度,80 μm 方孔筛筛余率不得大于 10%。凝结时间,初凝时间不得早于 60 min,终凝时间不得迟于 12 h。砌筑水泥中 SO_3 含量(质量分数)不得超过 3.5%,氯离子含量(质量分数)不大于 0.06%。沸煮法检验安定性必须合格。

(a)

(b)

图 2-27 砌筑水泥用于砌筑工程

3)道路硅酸盐水泥

由道路硅酸盐水泥熟料、适量石膏和混合材料磨细制成的水硬性胶凝材料,称为道路硅酸盐水泥(简称道路水泥)。以适当成分的生料烧至部分熔融,所得以硅酸钙为主要成分和较多量的铁铝酸四钙的硅酸盐水泥熟料称为道路硅酸盐水泥熟料。铁铝酸四钙可以增强水泥的抗拉强度,因此其在道路硅酸盐水泥中的含量应不低于 15.0%。

《道路硅酸盐水泥》(GB/T 13693—2017)规定的技术要求如下:

(1)比表面积为 300~450 m^2/kg。

(2)凝结时间。初凝时间应不早于 1.5 h,终凝时间不得迟于 12 h。

(3)安定性。氧化镁含量(质量分数)应不大于 5.0%,如果水泥压蒸试验合格,则水泥中氧化镁的含量(质量分数)允许放宽至 6.0%。三氧化硫含量(质量分数)应不大于 3.5%,雷氏夹检验必须合格。

(4)干缩率与耐磨性。28 d 干缩率应不大于 0.10%,28 d 磨耗量应不大于 3.00 kg/m²。

(5)道路硅酸盐水泥的代号为 P·R,按照 28 d 抗折强度分为 7.5、8.5 两个等级,各龄期的强度值应符合表 2-29 的规定。

表 2-29　道路硅酸盐水泥各龄期强度值

强度等级	抗压强度/MPa		抗折强度/MPa	
	3 d	28 d	3 d	28 d
7.5	21.0	42.5	4.0	7.5
8.5	26.0	52.5	5.0	8.5

道路硅酸盐水泥早期强度高,特别是抗折强度高,干缩率小,耐磨性好,抗冲击性好,主要用于道路路面、飞机场跑道、广场、车站以及对耐磨性、抗干缩性要求较高的混凝土工程,如图 2-28 所示。

(a) 道路工程 1　　　　　　　　(b) 道路工程 2

图 2-28　道路硅酸盐水泥用于道路工程

4)抗硫酸盐硅酸盐水泥(简称抗硫酸盐水泥)

这种水泥的熟料矿物组成,主要是限制 C_3A 及 C_3S 的含量。其主要特点是抗硫酸盐侵蚀的能力很强,同时也具有较强的抗冻性及较低的水化热。它适用于同时受硫酸盐侵蚀、冻融和干湿作用的海港工程、水利工程及地下工程。国家标准《抗硫酸盐硅酸盐水泥》(GB/T 748—2023)规定,抗硫酸盐水泥分为中抗硫水泥($C_3A \leqslant 5\%$,$C_3S \leqslant 55\%$)及高抗硫水泥($C_3A \leqslant 3\%$,$C_3S \leqslant 50\%$)两类,强度等级为 42.5。

5)低热微膨胀水泥(代号 LHEC)

低热微膨胀水泥是以粒化高炉矿渣为主要成分,加入适量的硅酸盐水泥熟料(15%左右)和石膏(以 SO_3 计,5%左右),共同磨细而成。水泥比表面积不小于 300 m²/kg。低热微膨胀水泥具有低水化热和微膨胀的特性,适用于要求较低水化热和要求补偿收缩混凝土、大体积混凝土,也适用于要求抗渗和抗硫酸盐侵蚀的工程。

国家标准《低热微膨胀水泥》(GB/T 2938—2008)规定,低热微膨胀水泥强度等级为 32.5 级。

6)膨胀水泥和自应力水泥

膨胀水泥是由胶凝物质和膨胀剂混合组成的。这种水泥在硬化过程中具有体积膨胀的特点。其膨胀作用是由水化过程中形成大量膨胀性的物质造成的,如水化硫铝酸钙等。由于这一过程是在水泥硬化初期进行的,因此,水化硫铝酸钙等晶体的生长不致引起有害内应力,而仅使硬化的水泥体积膨胀。

膨胀水泥在硬化过程中,形成比较密实的水泥石结构,故抗渗性较高。因此,膨胀水泥又是一种不透水水泥。膨胀水泥适用于补偿收缩混凝土结构工程、防渗层及防渗混凝土,构件的接缝及管道接头、结构的加固与修补、固结机器底座和地脚螺栓等。膨胀水泥的品种很多,如硅酸盐膨胀水泥、石膏矾土膨胀水泥、快凝膨胀水泥、明矾石膨胀水泥、石膏矿渣膨胀水泥等。

当水泥膨胀率较大时,在限制膨胀的情况下,能产生一定的自应力,称为自应力水泥,如硅酸盐自应力水泥、铝酸盐自应力水泥等。自应力水泥适用于制造自应力钢筋混凝土压力管等。

7)铝酸盐水泥

铝酸盐水泥是以矾土和石灰石为原料,经高温煅烧,得到以铝酸钙为主的熟料,将其磨成细粉而得到的水硬性胶凝材料,代号 CA。铝酸盐水泥熟料的水化作用如下:

$$2(CaO \cdot Al_2O_3) + 11H_2O \Longrightarrow 2CaO \cdot Al_2O_3 \cdot 8H_2O + Al_2O_3 \cdot 3H_2O$$

铝酸盐水泥水化时,反应甚为剧烈,生成的铝酸盐水化产物能在短期内结晶密实,故硬化速率较快,使早期强度迅速增长。

国家标准《铝酸盐水泥》(GB/T 201—2015)规定,铝酸盐水泥按熟料中 Al_2O_3 含量分为 CA50、CA60、CA70、CA80 四个品种,CA50、CA60-Ⅰ、CA70、CA80 的初凝时间不得早于 30 min,终凝时间不得迟于 6 h;CA60-Ⅱ的初凝时间不得早于 60 min,终凝时间不得迟于 18 h。

铝酸盐水泥硬化时的放热量较大,且集中在早期放出,故不宜用于大体积混凝土工程,但对冬季施工很有利。铝酸盐水泥具有较高的抗渗、抗冻与抗侵蚀性能。铝酸盐水泥的耐热性较好,可配制耐热混凝土。

使用铝酸盐水泥时,应避免与硅酸盐水泥、石灰等相混,也不能与尚未硬化的硅酸盐水泥接触使用,否则由于与 $Ca(OH)_2$ 作用,生成水化铝酸三钙,使水泥迅速凝结而强度降低。

铝酸盐水泥混凝土后期强度下降较大,这是晶型转化(水化铝酸二钙的针、片状六方晶系转化为水化铝酸三钙立方晶系)所造成的。特别是温度较高时,转化更快。晶型转化的结果,不但使强度降低,而且由于孔隙率增大,抗渗性与抗侵蚀性能相应降低。因此,对铝酸盐水泥混凝土,应按最低稳定强度来设计。铝酸盐水泥主要适用于抢建、抢修、抗硫酸盐侵蚀和冬季施工等有特殊需要的工程,还可配制耐火材料以及石膏矾土膨胀水泥、自应力水泥等。

任务实施

一、水泥的选用

1. 水泥品种的选择

由于不同品种的水泥在性能上各有其特点,因此在应用中,应根据工程所处的环境条件、建筑物功能特点及混凝土所处的部位,选用适当的水泥品种,以满足工程的不同要求。

对一般条件下的普通混凝土,可采用普通硅酸盐水泥或矿渣硅酸盐水泥、火山灰质硅酸盐水泥、粉煤灰硅酸盐水泥。水位变化区的外部混凝土、建筑物的溢流面和有耐磨要求的混凝土、有抗冻性要求的混凝土,应优先选用中热硅酸盐水泥、硅酸盐水泥或普通硅酸盐水泥。大体积建筑物的内部混凝土、位于水下的混凝土和基础混凝土,宜选用低热硅酸盐水泥、低热矿渣硅酸盐水泥、矿渣硅酸盐水泥、粉煤灰硅酸盐水泥和火山灰质硅酸盐水泥。当环境水对混凝土有硫酸盐侵蚀时,应选用抗硫酸盐水泥。受蒸汽养护的混凝土,宜选用矿渣硅酸盐水泥、火山灰质硅酸盐水泥和粉煤灰硅酸盐水泥。通用水泥品种的选用见表 2-30。

表 2-30 通用水泥品种的选用

混凝土工程特点或 所处的环境条件		优先选用	可以使用	不宜使用
普通混凝土	在普通气候环境中的混凝土	普通硅酸盐水泥	矿渣硅酸盐水泥、火山灰质硅酸盐水泥、粉煤灰硅酸盐水泥、复合硅酸盐水泥	
	在干燥环境中的混凝土	普通硅酸盐水泥	矿渣硅酸盐水泥、复合硅酸盐水泥	粉煤灰硅酸盐水泥、火山灰质硅酸盐水泥
	在高湿环境中或永远处在水下的混凝土	矿渣硅酸盐水泥	普通硅酸盐水泥、火山灰质硅酸盐水泥、粉煤灰硅酸盐水泥、复合硅酸盐水泥	
	厚大体积的混凝土	矿渣硅酸盐水泥、火山灰质硅酸盐水泥、粉煤灰硅酸盐水泥、复合硅酸盐水泥	普通硅酸盐水泥	硅酸盐水泥、快硬硅酸盐水泥
有特殊要求的混凝土	要求快硬的混凝土	快硬硅酸盐水泥、硅酸盐水泥	普通硅酸盐水泥	矿渣硅酸盐水泥、火山灰质硅酸盐水泥、粉煤灰硅酸盐水泥、复合硅酸盐水泥
	高强的混凝土	硅酸盐水泥	普通硅酸盐水泥、矿渣硅酸盐水泥	火山灰质硅酸盐水泥、粉煤灰硅酸盐水泥
	严寒地区的露天混凝土和处在水位升降范围内的混凝土	普通硅酸盐水泥	矿渣硅酸盐水泥、复合硅酸盐水泥	火山灰质硅酸盐水泥、粉煤灰硅酸盐水泥
	严寒地区处在水位升降范围内的混凝土	普通硅酸盐水泥		火山灰质硅酸盐水泥、矿渣硅酸盐水泥、粉煤灰硅酸盐水泥
	有抗渗要求的混凝土	普通硅酸盐水泥、火山灰质硅酸盐水泥		矿渣硅酸盐水泥
	有耐磨性要求的混凝土	硅酸盐水泥、普通硅酸盐水泥	矿渣硅酸盐水泥	火山灰质硅酸盐水泥、粉煤灰硅酸盐水泥

💡 **做中学**

1.对于高强混凝土工程最适宜选择(　　)水泥。

A.普通硅酸盐　　　　　　　　　　B.硅酸盐

C.矿渣硅酸盐　　　　　　　　　　D.粉煤灰硅酸盐

答案:B

2.某施工队使用煤渣掺量为 30％ 的火山灰质水泥铺筑路面,见图 2-29。使用两年后,表面耐磨性差,已出现露石,且表面有微裂缝。请分析原因。

图 2-29　已损坏路面

分析:按《公路水泥混凝土路面设计规范》(JTG D40—2011)规定,对于水泥混凝土路面,水泥可采用硅酸盐水泥、普通硅酸盐水泥和道路硅酸盐水泥。中等及轻交通的路面,也可以采用矿渣硅酸盐水泥。因此案例中火山灰质水泥铺筑路面的破坏是选用水泥不当造成的。

2. 水泥强度等级的选择

水泥强度等级的选用,应根据混凝土的性能要求来考虑。高强度等级的水泥,适用于配制高强度的混凝土或对早强有特殊要求的混凝土;低强度等级的水泥,适用于配制低强度的混凝土或配制砌筑砂浆等。通常以水泥强度等级为混凝土强度等级的 1.5～2.0 倍为宜,对于高强度混凝土可取 0.9～1.5 倍。

若用低强度等级水泥配制高强度等级混凝土,为满足强度要求必然使水泥用量过多,这不仅不经济,而且会使混凝土收缩和水化热增大;若用高强度等级水泥配制低强度等级的混凝土,从强度考虑,少量水泥就能满足要求,但为满足混凝土拌合物的和易性和混凝土的耐久性,就需额外增加水泥用量,造成水泥浪费。

💡 **做中学**

水泥强度等级的选择,应与混凝土的设计强度等级相适应。经验表明,一般以水泥等级为混凝土强度等级的(　　)倍为宜。

A.0.5～1.0　　　　　　　　　　　B.1.0～1.5

C.1.5～2.0　　　　　　　　　　　D.2.0～2.5

答案:C

二、水泥性能检测

1. 水泥试验的一般规定

1）试验依据

(1)《通用硅酸盐水泥》(GB 175—2023)。

(2)《水泥取样方法》(GB/T 12573—2008)。

(3)《水泥细度检验方法　筛析法》(GB/T 1345—2005)。

(4)《水泥标准稠度用水量、凝结时间、安定性检验方法》(GB/T 1346—2011)。

(5)《水泥胶砂强度检验方法(ISO法)》(GB/T 17671—2021)。

(6)《水泥胶砂强度自动压力试验机》(JC/T 960—2022)。

2）交货与验收的规定

(1)交货时水泥的质量验收可抽取实物试样以其检验结果为依据,也可以生产者同编号水泥的检验报告为依据。采用何种方法验收由买卖双方商定,并在合同或协议中注明。

(2)以抽取实物试样的检验结果为验收依据时,买卖双方应在发货前或交货地共同取样和签封。取样方法按国家标准(GB/T 12573—2008)进行,取样数量为 20 kg,缩分为二等份。一份由卖方保存 40 d,另一份由买方按国家标准规定的项目和方法进行检验。在 40 d 以内,买方检验认为产品质量不符合国家标准要求,而卖方又有异议时,则双方应将卖方保存的另一份试样送省级或省级以上国家认可的水泥质量监督检验机构进行仲裁检验。

(3)以生产者同编号水泥的检验报告为验收依据时,在发货前或交货时买方在同编号水泥中取样,双方共同签封后由卖方保存 90 d,或认可卖方自行取样、签封并保存 90 d 的同编号水泥的封存样。在 90 d 内,买方对水泥质量有疑问时,则买卖双方应将共同认可的试样送省级或省级以上国家认可的水泥质量监督检验机构进行仲裁检验。

3）标志验收

水泥包装袋上应清楚标明执行标准、水泥品种、代号、强度等级、生产者名称、生产许可证标志及编号、出厂编号、包装日期和净含量。包装袋两侧应根据水泥的品种,采用不同的颜色印刷水泥名称和强度等级:硅酸盐水泥和普通硅酸盐水泥采用红色;矿渣硅酸盐水泥采用绿色;火山灰质硅酸盐水泥、粉煤灰硅酸盐水泥和复合硅酸盐水泥采用黑色或蓝色。散装发运时应提交与袋装标志相同内容的卡片。

4）数量验收

水泥可以散装或袋装,袋装水泥每袋净含量为 50 kg,且应不少于标志质量的 99%;随机抽取 20 袋总质量(含包装袋)应不少于 1 000 kg。其他包装形式由供需双方协商确定,但有关袋装质量要求,应符合上述规定。

包装水泥在车上或卸入仓库后点袋计数,同时对包装水泥实行抽检,以防每袋重量不足。破袋的要灌袋计数并过称,防止重量不足而影响混凝土和砂浆强度,产生质量事故。

罐车运送的散装水泥,可按出厂秤码单计量净重,但要注意卸车时要卸净,检查的方法是看罐车上的压力表是否为零及拆下的泵管是否有水泥。压力表为零、管口无水泥即表明卸净,对怀疑重量不足的车辆,可采取单独存放,进行检查。

5）质量验收

检验结果符合国家标准化学指标、凝结时间、体积安定性和强度要求的为合格品。不符合上述任何一项技术要求者为不合格品。

2. 水泥检测

1)水泥细度检测(筛析法)

(1)检测目的。

测定水泥的粗细程度,作为评定水泥质量的依据之一;掌握《水泥细度检验方法 筛析法》(GB/T 1345—2005)的测试方法,正确使用所用仪器与设备,并熟悉其性能。

(2)主要仪器设备。

①试验筛;

②负压筛析仪;

③水筛架和喷头;

④天平。

(3)检测方法及步骤。

①负压筛法。

a.筛析试验前,应把负压筛放在筛座上,盖上筛盖,接通电源,检查控制系统,调节负压至4 000~6 000 Pa范围内。

b.称取试样25 g,置于洁净的负压筛中。盖上筛盖,放在筛座上,开动筛析仪连续筛析2 min。在此期间如有试样附着于筛盖上,可轻轻地敲击,使试样落下。筛毕,用天平称量筛余物。

c.当工作负压小于4 000 Pa时,应清理吸尘器内水泥,使负压恢复正常。

②水筛法。

a.筛析试验前,应检查水中无泥、砂,调整好水压及水筛架的位置,使其能正常运转。喷头底面和筛网之间的距离为35~75 mm。

b.称取试样50 g,置于洁净的水筛中,立即用洁净的水冲洗至大部分细粉通过后,放在水筛架上,用水压为(0.05±0.02)MPa的喷头连续冲洗3 min。

c.筛毕,用少量水把筛余物冲至蒸发皿中,等水泥颗粒全部沉淀后小心将水倾出,烘干并用天平称量筛余物。

(4)检测结果计算。

水泥细度按试样筛余百分数(精确至0.1%)计算,见式(2-8)。

$$F = \frac{R_s}{W} \times 100\%$$

(2-8)

式中:F——水泥试样的筛余百分数,%;

R_s——水泥筛余物的质量,g;

W——水泥试样的质量,g。

2)水泥标准稠度用水量检测

(1)检测目的。

测定水泥净浆达到水泥标准稠度(统一规定的浆体可塑性)时的用水量,作为水泥凝结时间、安定性检测用水量;掌握《水泥标准稠度用水量、凝结时间、安定性检验方法》(GB/T 1346—2011)中水泥标准稠度用水量的测试方法,正确使用仪器设备,并熟悉其性能。

(2)主要仪器设备。

①水泥净浆搅拌机;

②标准法维卡仪;

③天平；

④量筒。

（3）检测方法及步骤。

①准备工作。维卡仪的滑动杆能自由滑动；试模和玻璃底板用湿布擦拭，将试模放在底板上；搅拌机运行正常。

②调零点。将标准稠度试杆装在金属棒下，调整至试杆接触玻璃板时指针对准零点。

③水泥净浆制备。用湿布将搅拌锅和搅拌叶片擦一遍，将拌合用水倒入搅拌锅内，然后在 5~10 s 内小心将称量好的 500 g 水泥试样加入水中（按经验找水）；拌合时，先将锅放到搅拌机锅座上，升至搅拌位置，启动搅拌机，慢速搅拌 120 s，停拌 15 s，接着快速搅拌 120 s 后停机，同时将叶片和锅壁上的水泥浆刮入锅中。

④标准稠度用水量的测定。拌合结束后，立即取适量水泥净浆一次性将其装入已置于玻璃底板上的试模中，用宽约 25 mm 的直边刀轻轻拍打超出试模部分的浆体 5 次以排除浆体中的空隙，然后在试模表面约 1/3 处，略倾斜于试模分别向外轻轻锯掉多余净浆，再从试模边沿轻抹顶部一次，使净浆表面光滑。在锯掉多余净浆和抹平的操作过程中，注意不要压实。净浆抹平后迅速将试模和底板移到维卡仪上，并将其中心定在试杆上，降低试杆直至与水泥净浆表面接触，拧紧螺丝 1~2 s 后，突然放松，使试杆垂直自由地沉入水泥净浆中。试杆停止沉入或释放试杆 30 s 记录试杆与底板之间的距离，升起试杆后，立即擦净，整个操作应在搅拌后 1.5 min 内完成。

以试杆沉入净浆并距底板(6±1)mm 的水泥净浆为标准稠度净浆。其拌合用水量为该水泥的标准稠度用水量(P)，以水泥质量的百分比计，按式(2-9)计算。

（4）检测结果计算。

$$P = \frac{m_1}{m_2} \times 100\% \tag{2-9}$$

式中：m_1——水泥净浆达到标准稠度时的拌合用水量，g；

m_2——水泥的质量，g。

3）水泥凝结时间的检测

（1）检测目的。

测定水泥达到初凝和终凝所需的时间（凝结时间以试针沉入水泥标准稠度净浆至一定深度所需时间表示），用以评定水泥的质量。掌握《水泥标准稠度用水量、凝结时间、安定性检验方法》(GB/T 1346—2011)中水泥凝结时间的测试方法，正确使用仪器设备。

（2）主要仪器设备。

①标准法维卡仪；

②水泥净浆搅拌机；

③湿气养护箱。

（3）检测步骤。

①检测前准备：将圆模内侧稍涂上一层机油，放在玻璃板上，调整凝结时间测定仪的试针接触玻璃板时，指针应对准标尺零点。

②以标准稠度用水量的水，按测标准稠度用水量的方法制成标准稠度水泥净浆后，立即一次装入圆模振动数次刮平，然后放入湿气养护箱内，记录水泥全部加入水中的时间作为凝结时间的起始时间。

③试件在湿气养护箱内养护至加水后 30 min 时进行第一次测定。测定时,从养护箱中取出圆模放到试针下,使试针与净浆表面接触,拧紧螺丝 1～2 s 后突然放松,试针垂直自由沉入净浆,观察试针停止下沉时指针的读数。临近初凝时,每隔 5 min 测定一次,当试针沉至距底板(4±1) mm 即为水泥达到初凝状态。从水泥全部加入水中至初凝状态的时间即为水泥的初凝时间。

④初凝时间测出后,立即将试模连同浆体以平移的方式从玻璃板上取下,翻转 180°,直径大端向上,小端向下,放在玻璃板上,再放入湿气养护箱中养护。

⑤取下测初凝时间的试针,换上测终凝时间的试针。

⑥临近终凝时间每隔 15 min(或更短时间)测一次,当试针沉入净浆 0.5 mm 时,即环形附件开始不能在净浆表面留下痕迹时,水泥达到终凝状态。

⑦由开始加水至初凝、终凝状态的时间分别为该水泥的初凝时间和终凝时间。

⑧在测定时应注意,最初测定时应轻轻扶持金属棒,使其徐徐下降,防止撞弯试针,但结果以自由下沉为准;在整个测试过程中试针沉入净浆的位置距圆模内壁至少大于 10 mm。临近初凝时,每隔 5 min(或更短时间)测定一次,临近终凝时每隔 15 min(或更短时间)测定一次;到达初凝时应立即重复测一次,当两次结论相同时才能确定到达初凝状态;到达终凝时,需要在试体另外两个不同点测试,确认结论相同才能确定到达终凝状态。每次测定不能让试针落入原针孔,每次测试完毕须将试针擦净并将试模放回湿气养护箱内,整个测试过程要防止试模受振。

(4)检测结果的确定与评定。

自加水起至试针沉入净浆中距底板(4±1)mm 时所需的时间为初凝时间,至试针沉入净浆中不超过 0.5 mm(环形附件开始不能在净浆表面留下痕迹)时所需的时间为终凝时间,用小时(h)或分钟(min)来表示。

评定方法:将测定的初凝时间、终凝时间结果,与国家规范中的凝结时间相比较,可判断其合格与否。

4)水泥体积安定性的检测

(1)检测目的。

测定水泥的体积安定性是否合格;掌握《水泥标准稠度用水量、凝结时间、安定性检验方法》(GB/T 1346—2001)中水泥安定性的测试方法,能正确评定水泥的体积安定性。

(2)主要仪器设备。

①沸煮箱;

②雷氏夹;

③雷氏夹膨胀值测定仪;

④其他同标准稠度用水量试验。

(3)检测方法及步骤。

安定性的测定方法有雷氏法和试饼法,有争议时以雷氏法为准。

①测定前的准备工作:若采用试饼法时,一个样品需要准备两块约 100 mm×100 mm 的玻璃板;若采用雷氏法,每个雷氏夹需配备边长或直径约 80 mm、厚度 4～5 mm 的玻璃板两块。凡与水泥净浆接触的玻璃板和雷氏夹表面都要稍稍涂上一薄层机油。

②水泥标准稠度净浆的制备:以标准稠度用水量加水,按前述方法制成标准稠度水泥净浆。

③成型方法。

a.试饼成型:将制好的净浆取出约 150 g,分成两等份,使之成球形,放在预先准备好的玻璃板上,轻轻振动玻璃板,并用湿布擦过的小刀由边缘向中间抹动,做成直径为 70~80 mm、中心厚约 10 mm、边缘渐薄、表面光滑的试饼,然后将试饼放入湿气养护箱内养护(24±2)h。

b.雷氏夹试件的制备:将预先准备好的雷氏夹放在已稍擦油的玻璃板上,并立即将已制好的标准稠度水泥净浆一次性装满雷氏夹,装浆时一只手轻轻扶持雷氏夹,另一只手用宽度约 25 mm 的直边刀在浆体表面轻轻插捣 3 次,然后抹平,盖上稍擦油的玻璃板,接着立即将试件移至湿气养护箱内养护 24 h±2 h。

④沸煮。

a.调整沸煮箱内的水位,使试件能在整个沸煮过程中浸没在水里,并在煮沸的中途不需添补试验用水,同时又保证能在(30±5)min 内升至沸腾。

b.脱去玻璃板取下试件,先测量雷氏夹指针尖端间的距离(A),精确到 0.5 mm,接着将试件放入沸煮箱水中的试件架上,指针朝上,试件之间互不交叉,然后在(30±5)min 内加热至沸,并恒沸 3 h±5 min。沸煮结束,即放掉箱中的热水,打开箱盖,待箱体冷却至室温,取出试件进行判别。

(4)试验结果的判别。

①试饼法判别:目测试饼未发现裂缝,用直尺检查也没有弯曲时,则水泥的安定性合格,反之为不合格。若两个判别结果有矛盾,则该水泥的安定性为不合格。

②雷氏夹法判别:测量试件指针尖端间的距离(C),精确到 0.5 mm,当两个试件煮后指针尖端增加的距离($C-A$)的平均值不大于 5.0 mm 时,即认为该水泥安定性合格。当两个试件煮后指针尖端增加的距离($C-A$)的平均值大于 5.0 mm 时,应用同一样品立即重做一次试验,以复检结果为准。

5)水泥胶砂强度检测

(1)检测目的。

能够测定水泥各龄期强度,以确定强度等级;或已知强度等级,检验强度是否满足要求。掌握国家标准《水泥胶砂强度检验方法(ISO 法)》(GB/T 17671—2021)的检测步骤,正确使用仪器设备并熟悉其性能。

(2)主要仪器设备。

①胶砂搅拌机;

②试模;

③胶砂振实台;

④抗折强度试验机;

⑤抗压强度试验机;

⑥抗压夹具;

⑦刮平刀、养护室等。

(3)检测方法与步骤。

①试件成型。

a.准备工作。

将试模清理干净,紧密装配,防止漏浆,内壁均匀涂一层机油。

b.称料。

水泥胶砂强度检测应用中国 ISO 标准砂。ISO 标准砂由 1~2 mm 粗砂、0.5~1.0 mm 中砂、0.08~0.5 mm 细砂组成,各级砂质量为 450 g,胶砂的质量配合比为 1 份水泥、3 份中国

ISO标准砂和半份水(水灰比 w/c 为 0.50)。每锅材料需水泥(450±2) g;砂子(1 350±5) g;水(225±1) mL 或(225±1) g,一锅胶砂成型三条试体。

c. 搅拌。

胶砂用搅拌机按程序进行搅拌,可以采用自动控制,也可以采用手动控制。先把水加入锅里,再加入水泥,把锅固定在固定架上,上升至工作位置。拌合程序为:低速 30 s→加砂 30 s→高速 30 s→停 90 s→高速 60 s,共计 240 s。在停拌开始的(15±1) s 内将搅拌锅放下,用刮刀将叶片、锅壁和锅底上的胶砂刮入锅中;搅拌完毕后将叶片上的砂浆刮下,搅拌完成取下搅拌锅装试模。

d. 振实成型。

将装好、涂完油的空试模和模套固定到振实台上,试模和模套应对齐,将搅拌锅内的砂浆分两次装入试模,第一次先装入第一层,每个槽里约放 300 g 胶砂,用大布料器垂直架在模套顶部,沿每个模槽来回一次,多余的刮出,不足的填满,将料层布平,开启振动台振实 60 下。再装入第二层,用小布料器布平,再振实 60 下。取下试模,用一金属直尺近似 90°角架在试模顶部的一端,以横向锯割动作慢慢向另一端移动,将超过试模部分的胶砂刮去,用拧干的湿毛巾将试模端板顶部的胶砂擦拭干净,再用同一直边尺以近乎水平的角度将试体表面抹平。抹平的次数要尽量少,总次数不应超过 3 次。最后将试模周边的胶砂擦除干净。

用毛笔或其他方法对试体进行编号。两个龄期以上的试体,在编号时应将同一试模中的 3 条试体分编在两个以上龄期内。

②试件养护。

实验室温度为 20 ℃±2 ℃,相对湿度≥50%;湿气养护箱温度为 20 ℃±1 ℃,相对湿度≥90%;养护水温度为 20 ℃±1 ℃。实验室温、湿度及养护水温度在工作期间每天至少记录一次,湿气养护箱温、湿度至少每 4 h 记录一次。

a. 脱模前的处理和养护。在试模上盖一块玻璃板,也可用相似尺寸的钢板或不渗水的、和水泥没有反应的材料制成的盖板。盖板不应与水泥胶砂接触,盖板与试模之间的距离应控制在 2~3 mm 之间。为了安全,玻璃板应有磨边。

立即将做好标记的试模放入养护室或湿箱的水平架上养护,湿空气应能与试模各边接触。养护时不应将试模放到其他试模上。一直养护到规定的脱模时间取出脱模。

b. 脱模应非常小心。脱模时可以用橡皮锤或脱模器。对于 24 h 以内龄期的,应在破型试验前 20 min 内脱模。对于 24 h 以上龄期的,应在成型后 20~24 h 之内脱模。如经 24 h 养护,会因脱模对强度造成损害时,可以延迟至 24 h 以后脱模,但在试验报告中应予说明。将脱模后做好标记的试块立即水平或竖直放在 20 ℃±1 ℃水中养护,水平放置时刮平面应朝上。试体放在不易腐烂的箅子上,并彼此间保持一定间距,让水与试体的六个面接触。养护期间试体之间间隔或试体上表面的水深不应小于 5 mm。

c. 除 24 h 龄期或延迟至 48 h 脱模的试体外,任何到龄期的试体应在试验(破型)前提前从水中取出,擦去试体表面沉积物,并用湿布覆盖至试验为止。试体龄期是从水泥加水搅拌开始试验时算起。不同龄期强度试验在下列时间里进行:

——24 h±15 min;

——48 h±30 min;

——72 h±45 min;

——7 d±2 h;

——28 d±8 h。

③强度检测。

a.抗折强度测定。

分别对养护龄期内的 3 d±2 h、28 d±3 h 取出三条试件先做抗折强度试验。试验前擦去试件表面的水分和砂粒,清除夹具上圆柱表面沾着的杂物。将试体一个侧面放在试验机支撑圆柱上,试体长轴垂直于支撑圆柱,通过加荷圆柱以 50 N/s±10 N/s 的速率均匀地将荷载垂直地加在棱柱体相对侧面上,直至折断。保持两个半截棱柱体处于潮湿状态直至抗压试验。抗折强度按公式(2-10)进行计算。

$$R_f = \frac{1.5F_f L}{b^3} \tag{2-10}$$

式中:R_f——抗折强度,单位为兆帕(MPa);

　　　F_f——折断时施加于棱柱体中部的荷载,单位为牛(N);

　　　L——支撑圆柱之间的距离,单位为毫米(mm);

　　　b——棱柱体正方形截面的边长,单位为毫米(mm)。

b.抗压强度测定。

抗折强度试验完成后,取出两个半截试体,进行抗压强度试验。抗压强度试验通过规范规定的仪器,在半截棱柱体的侧面上进行。半截棱柱体中心与压力机压板受压中心差应在±0.5 mm内,棱柱体露在压板外的部分约 10 mm。

在整个加荷过程中以 2 400 N/s±200 N/s 的速率均匀加荷直至破坏,抗压强度按公式(2-11)进行计算,受压面积计为 1 600 mm²。

$$R_c = \frac{F_c}{A} \tag{2-11}$$

式中:R_c——抗压强度,MPa;

　　　F_c——破坏荷载,N;

　　　A——受压面积,1 600 mm²。

(4)检测结果计算及处理。

①抗折强度。

以一组三个棱柱体抗折结果的平均值作为试验结果。当三个强度值中有一个超出平均值的±10%时,应剔除后再取平均值作为抗折强度试验结果;当三个强度值中有两个超出平均值的±10%时,则以剩余一个作为抗折强度结果。单个抗折强度结果精确至 0.1 MPa,算术平均值精确至 0.1 MPa。

报告所有单个抗折强度结果以及按规定剔除的抗折强度结果、计算的平均值。

②抗压强度。

以一组三个棱柱体上得到的六个抗压强度测定值的平均值为试验结果。当六个测定值中有一个超出六个平均值的±10%时,剔除这个结果,再以剩下五个的平均值为结果。当五个测定值中再有超过它们平均值的±10%时,则此组结果作废。当六个测定值中同时有两个或两个以上超出平均值的±10%时,则此组结果作废。

单个抗压强度结果精确至 0.1 MPa,算术平均值精确至 0.1 MPa。

报告所有单个抗压强度结果以及按规定剔除的抗压强度结果、计算的平均值。

水泥生产第一家

水泥的生产是从 1824 年开始的,它的使用标志着建筑发展史迈入新纪元。我国于 1876 年在河北唐山建立了第一家水泥厂——启新洋灰公司,正式生产水泥,年产水泥 4 万吨。1907 年,启新洋灰公司更名为"唐山启新洋灰股份有限公司",水泥商标定为"龙马负太极图"牌(俗称"马牌"),并购置丹麦史密斯公司先进的回转窑、球磨机等设备代替立窑等落后设备,开创了我国利用回转窑生产水泥的历史(图 2-30)。

(a)启新洋灰公司商标

(b)回转窑

图 2-30　启新洋灰公司

启新洋灰公司不断改革和创新,水泥的质量提高,启新生产的"马牌"水泥经英国亨利菲加公司和小吕宋科学研究会试验,其细度、强度、凝结时间和化学成分均超过英美两国的标准。1911 年,启新水泥获意大利都朗博览会优等奖。1912 年,启新洋灰公司向美国洛杉矶出口水泥 1 万余桶。这是我国第一次出口水泥。1915 年,启新水泥获巴拿马国际赛会头奖、农商部国货展览会特等奖。1919 年,启新在国内所销售的水泥占全国总量的 92.02%,成为当时我国最大的水泥厂。

1949 年,我国水泥产量 66 万吨,水泥品种只有一个。2003 年,我国水泥品种数十个,年产量已经突破 8 亿吨,位居世界首位。近年来,我国水泥工业发展很快,无论是品种、产量、质量都有很大的突破,尤其是产量居世界前列。水泥在生产过程中,要消耗大量能源并产生大量 CO_2 及粉尘,而对环境造成影响。因此,当前一方面应淘汰耗能大、污染严重的小立窑水泥,同时在工程中大力节约水泥,对于保护环境、促进国民经济健康发展,都具有重要意义。

单元习题

一、填空题

1.胶凝材料按照化学成分分为_____和_____两类。

2.生石灰按照 MgO 含量不同分为_____和_____。

3.国家标准规定,硅酸盐水泥的初凝不早于_____ min,终凝不迟_____ min。

4.硅酸盐水泥的强度等级有_____、_____、_____、_____、_____和_____六个。其中 R 型为_____,主要是其_____ d 强度较高。

5.有抗冻要求的混凝土工程应选用_____、_____。

6.引起水泥体积安定性不良的原因是熟料中含有过量的 _____、

_____、_____。

二、单项选择题

1.划分石灰等级的主要指标是(　　)的含量。

A. CaO

B. Ca(OH)₂

C. 有效 CaO+MgO

D. MgO

2.生石灰熟化的特点是(　　)。

A. 体积收缩　　　B. 吸水　　　　　C. 体积膨胀　　　D. 吸热

3.石灰粉刷的墙面出现起泡现象,是由(　　)引起的。

A. 欠火石灰　　　B. 过火石灰　　　C. 石膏　　　　　D. 含泥量

4.在生产水泥时,必须掺入适量石膏,若掺入的石膏过量则会发生(　　)。

A. 快凝现象　　　　　　　　　　B. 水泥石腐蚀

C. 体积安定性不良　　　　　　　D. 缓凝现象

5.有抗渗要求的混凝土工程,应优先选择(　　)水泥。

A. 硅酸盐　　　　B. 矿渣　　　　　C. 火山灰质　　　D. 粉煤灰

6.通用水泥的储存期不宜过长,一般不超过(　　)。

A. 一年　　　　　B. 六个月　　　　C. 一个月　　　　D. 三个月

三、判断题

1.石膏由于其抗火性好,故可用于高温部位。(　　)

2.石灰膏在储液坑中存放两周以上的过程称为"淋灰"。(　　)

3.水玻璃属于水硬性胶凝材料。(　　)

4.水泥的早期强度高是因为熟料中硅酸二钙含量较多。(　　)

5.硅酸盐水泥的比表面积应小于 300 m^2/kg。(　　)

6.硅酸盐水泥强度高,适用于水库大坝水泥混凝土工程。(　　)

四、简答题

1.生石灰在熟化时为什么需要陈伏两周以上?为什么在陈伏时需在熟石灰表面保留一层水?

2.石膏为什么不宜用于室外?

3.通用水泥的哪些技术性质不符合标准规定为废品?

4.哪些技术性质不符合标准规定为不合格品?

5.影响硅酸盐水泥硬化速度的因素有哪些?

参考答案

学习单元 3　普通混凝土用骨料

知识目标

熟悉粗、细骨料的概念;

掌握粗、细骨料的分类;

掌握骨料的技术要求;

掌握骨料筛分析、表观密度、堆积密度的检测方法。

 **能力目标**

能根据不同的工程及不同的工程环境,合理地选择和使用骨料;

能够对骨料进行验收、运输和合理保存;

能根据相关规范对建设用砂、石进行检测并判断其等级。

 **思政目标**

培养精益求精、不断创新的工匠精神;

培养砂、石使用的安全和质量意识;

培养工完料清、团队协作意识。

知识树

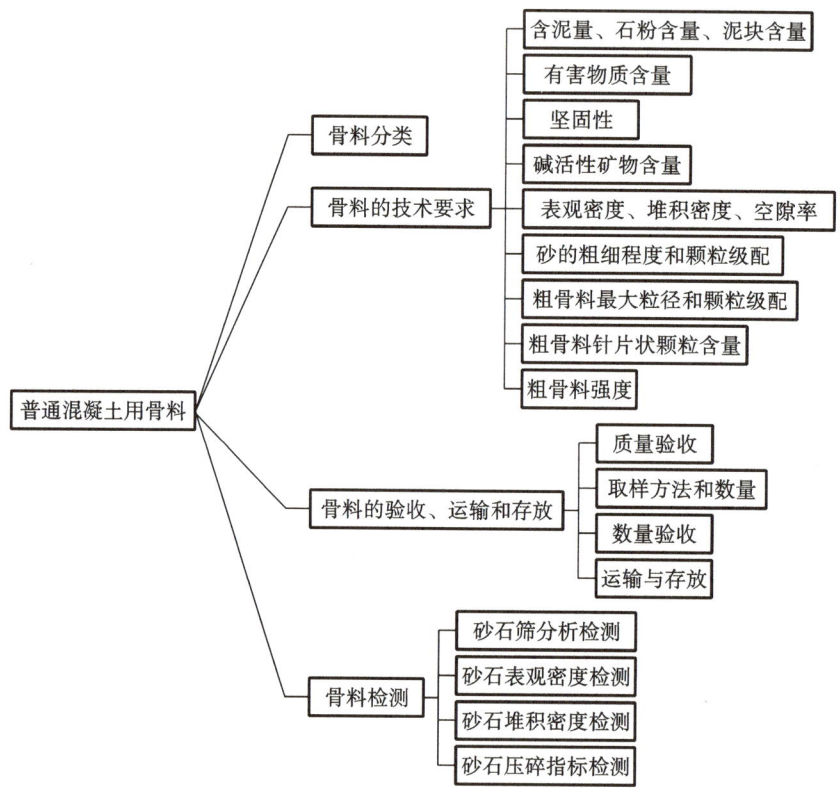

任务提出

本单元的任务是完成总情境中工作一中的任务三:合理选取砂、石骨料,并检测所选骨料的相关性能是否符合要求。

任务分析

混凝土是指由胶凝材料将骨料胶结成整体的工程复合材料,简称为"砼"(tóng)。通常讲的混凝土是指用水泥作胶凝材料,砂、石作骨料,与水(可含外加剂和掺合料)按照一定比例配合,拌制而成的水泥混凝土,也称普通混凝土,它广泛应用于土木工程中。

硬化后的普通混凝土结构如图 2-31 所示。普通混凝土的基本组成材料有水泥、砂子、石子和水四种,有时为了改善某些性能,加入适量的外加剂和外掺料(也可以称为第五组成材料)。

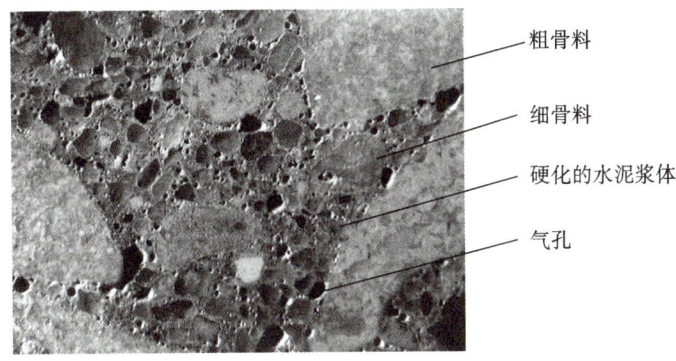

粗骨料
细骨料
硬化的水泥浆体
气孔

图 2-31　硬化混凝土结构

在混凝土中,水泥与水形成水泥浆,水泥浆包裹在砂颗粒的周围并填充砂子颗粒间的空隙形成砂浆;砂浆包裹石子颗粒并填充石子的空隙组成混凝土。在混凝土拌合物中,水泥浆在砂、石颗粒之间起润滑作用,使拌合物便于浇筑施工。水泥浆硬化后形成水泥石,将砂、石胶结成一个整体。

混凝土中的砂称为细骨料(或细集料),石子称为粗骨料(或粗集料)。粗、细骨料一般不与水泥起化学反应,其作用是构成混凝土的骨架,并对水泥石的体积变形起一定的抑制作用。

一、混凝土用骨料的分类

根据《普通混凝土用砂、石质量及检验方法标准》(JGJ 52—2006)的规定,普通混凝土用骨料可以分为图 2-32 所示的几种。

如图 2-33 所示,机制砂与碎石表面粗糙、多棱角,表面积大、空隙率大,与水泥的黏结强度较高。因此,在水胶比相同的条件下,用机制砂与碎石配制的混凝土,流动性较小,强度较高;而天然砂与卵石则正好相反,即流动性较大,强度较低。

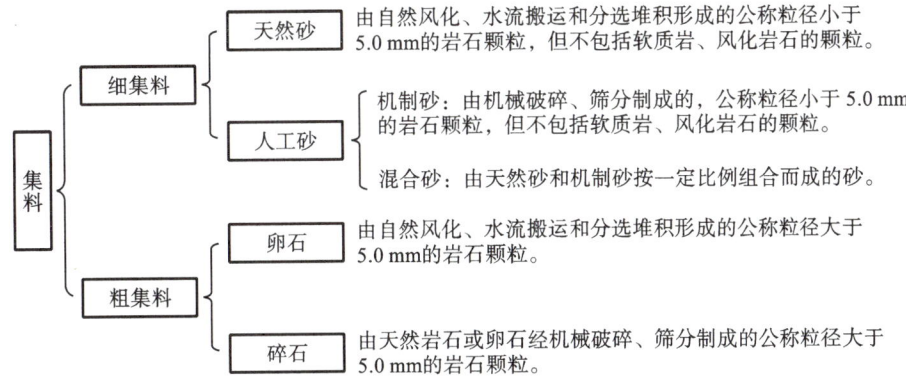

图 2-32　普通混凝土用骨料的分类

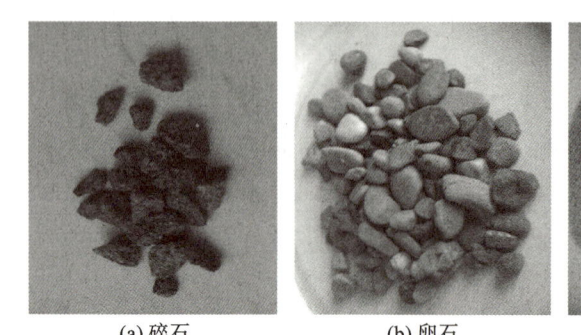 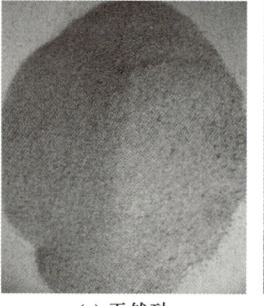 

|(a) 碎石|(b) 卵石|(c) 天然砂|(d) 机制砂|

图 2-33　普通混凝土用骨料

学中做

在水胶比相同的条件下,用机制砂与碎石配制的混凝土,和天然砂与卵石配制的混凝土相比,(　　)。

A. 流动性大　　　B. 强度高　　　C. 流动性小　　　D. 强度低

答案:BC

二、混凝土用骨料相关性质

1. 含泥量、石粉含量和泥块含量

泥的存在妨碍了水泥浆与骨料的黏结,增大混凝土用水量,使混凝土的强度、耐久性降低,所以必须严格控制其含量。

人工砂在生产过程中,会产生一定量的石粉,这是人工砂与天然砂最明显的区别之一。石粉颗粒的矿物组成和化学成分与被加工母岩相同,它的粒径虽小于 $80\ \mu m$,但与天然砂中的泥成分不同,粒径分布不同,在使用中所起的作用也不同。过多的石粉含量会妨碍水泥与骨料的黏结,对混凝土无益,但适当的石粉含量不仅可弥补人工砂颗粒多棱角对混凝土带来的不利,还可以完善砂子的级配,提高混凝土的密实度,进而提高混凝土的综合性能,反而对混凝土有益。为防止人工砂在开采、加工等中间环节掺入过量泥土,测石粉含量前必须通过亚甲蓝试验检验。

天然砂的含泥量、泥块含量应符合表 2-31 的规定;人工砂的石粉含量应符合表 2-32 的规定。卵石、碎石的含泥量及泥块含量应符合表 2-33 的规定。

表 2-31　天然砂含泥量和泥块含量(GB/T 14684—2022)

类别	Ⅰ类	Ⅱ类	Ⅲ类
含泥量(按质量计)/(%)	≤1.0	≤3.0	≤5.0
泥块含量(按质量计)/(%)	≤0.2	≤1.0	≤2.0

表 2-32　人工砂的石粉含量

类别	亚甲蓝值(MB)	石粉含量(按质量计)/(%)
Ⅰ类	MB≤0.5	≤15.0
	0.5<MB≤1.0	≤10.0

续表

类别	亚甲蓝值(MB)	石粉含量(按质量计)/(%)
Ⅰ类	1.0<MB≤1.4 或快速试验合格	≤5.0
	MB>1.4 或快速试验不合格	≤1.0①
Ⅱ类	MB≤1.0	≤15.0
	1.0<MB≤1.4 或快速试验合格	≤10.0
	MB>1.4 或快速试验不合格	≤3.0①
Ⅲ类	MB≤1.4 或快速试验合格	≤15.0
	MB>1.4 或快速试验不合格	≤5.0①

注:砂浆用砂的石粉含量不做限制。

① 根据使用环境和用途,经试验验证,由供需双方协商确定,Ⅰ类砂石粉含量可放宽至不大于 3.0%,Ⅱ类砂石粉含量可放宽至不大于 5.0%,Ⅲ类砂石粉含量可放宽至不大于 7.0%。

表 2-33　卵石、碎石含泥量和泥块含量(GB/T 14685—2022)

类别	Ⅰ类	Ⅱ类	Ⅲ类
卵石含泥量(按质量计)/(%)	≤0.5	≤1.0	≤1.5
碎石含泥量(按质量计)/(%)	≤0.5	≤1.5	≤2.0
泥块含量(按质量计)/(%)	≤0.1	≤0.2	≤0.7

2. 有害物质的含量

砂中不应混有草根、树叶、树枝、塑料、煤块等杂物,《建设用砂》(GB/T 14684—2022)对云母、轻物质、有机物、硫化物及硫酸盐、氯盐等含量做了规定,如表 2-34 所示。对于有抗冻、抗渗要求的混凝土用砂,其云母含量不应大于 1.0%。当砂中含有颗粒状的硫酸盐或硫化物杂质时,应进行专门检验,确认能满足混凝土耐久性要求后,方可采用。

表 2-34　有害物质含量

类别	Ⅰ类	Ⅱ类	Ⅲ类
云母(按质量计)/(%)	≤1.0	≤2.0	
轻物质(按质量计)①/(%)	≤1.0		
有机物	合格		
硫化物及硫酸盐(折算成 SO_3 按质量计)/(%)	≤0.5		
氯化物(以氯离子质量计)/(%)	≤0.01	≤0.02	≤0.06②
贝壳(按质量计)③/(%)	≤3.0	≤5.0	≤8.0

注:① 天然砂中如含有浮石、火山渣等天然轻骨料时,经试验验证后,该指标可不做要求。

② 对于钢筋混凝土用净化处理的海砂,其氯化物含量应小于或等于 0.02%。

③ 该指标仅适用于净化处理的海砂,其他砂种不做要求。

云母呈薄片状,表面光滑,与水泥黏结力差,且本身强度低,会导致混凝土的强度、耐久性降低;轻物质是指表观密度小于 2 000 kg/m³ 的物质,轻物质与水泥黏结差,影响混凝土的强度、耐久性;硫化物及硫酸盐对水泥石有腐蚀作用;有机物杂质易于腐烂,腐烂后析出的有机酸对水泥石有腐蚀作用;氯盐的存在会使钢筋混凝土中的钢筋腐蚀,因此必须对氯离子的含量进行严格限制。

3. 坚固性

坚固性是指骨料在气候、环境变化或其他物理因素作用下,抵抗破裂的能力。骨料的坚固性应用硫酸钠溶液法检验,试样经 5 次循环后,其质量损失应符合表 2-35 的规定。

表 2-35　骨料的坚固性指标

类别	Ⅰ类	Ⅱ类	Ⅲ类
砂质量损失率/(%)	≤8.0		≤10.0
卵石、碎石质量损失率/(%)	≤5.0	≤8.0	≤12.0

4. 碱活性矿物含量

碱-骨料反应是指水泥、外加剂等混凝土构成物及环境中的碱与骨料中碱活性矿物发生反应,在骨料表面生成碱-硅酸凝胶,这种凝胶具有吸水膨胀特性,导致混凝土开裂破坏。

碱-骨料反应必须具备以下条件,才会进行。

(1)水泥中含有较高的碱量,水泥中的总碱量(按 $Na_2O+0.658K_2O$ 计)大于 0.6% 时,才会与活性骨料发生碱-骨料反应。

(2)混凝土骨料中含有碱活性矿物并超过一定数量。

(3)存在水分,在干燥状态下不会发生碱-骨料反应。

因此,对于长期处于潮湿环境的重要混凝土结构,其所使用的砂、碎石或卵石应进行碱活性检验。经碱-骨料反应试验后,由砂、卵石、碎石制备的试件应无裂缝、酥裂、胶体外溢等现象,在规定试验龄期的膨胀率应小于 0.10%。

5. 表观密度、堆积密度、空隙率

细骨料的表观密度、堆积密度、空隙率应符合如下规定:表观密度不小于 2 500 kg/m³;松散堆积密度不小于 1 400 kg/m³;空隙率不大于 44%。粗骨料的表观密度、连续级配松散堆积空隙率应符合如下规定:表观密度不小于 2 600 kg/m³;连续级配松散堆积空隙率Ⅰ类不大于 43%,Ⅱ类不大于 45%,Ⅲ类不大于 47%。

6. 砂的粗细程度和颗粒级配

砂的粗细程度是指不同粒径的砂粒混合在一起后的总体粗细程度。砂子分为粗砂、中砂、细砂等几种。在砂用量相同的条件下,细砂的总表面积较大,粗砂的总表面积较小。在混凝土中砂子表面需用水泥浆包裹,以赋予其流动性和黏结强度,砂子的总表面积越大,则需要包裹砂粒表面的水泥浆就越多。一般用粗砂配制混凝土比用细砂所用水泥量要省。

砂的颗粒级配,是指不同粒径砂颗粒的分布情况。在混凝土中砂粒之间的空隙率是由水泥浆所填充,为节约水泥和提高混凝土强度,应尽量减小砂粒之间的空隙。从骨料颗粒级配示意图(图 2-34)可以看出:如果用同样粒径的砂,空隙率最大[图 2-34(a)];两种粒径的砂搭配起来,空隙率就减小[图 2-34(b)];多种粒径的砂搭配,空隙率就更小[图 2-34(c)]。因此,不同粒径的砂的合理搭配,有利于减小砂粒间的空隙。

在拌制混凝土时,砂的颗粒级配和粗细程度应同时考虑。当砂中含有较多的粗粒径砂,并以适当的中粒径砂及少量细粒径砂填充其空隙,则可达到空隙及总表面积均较小,这样的砂比较理想,不仅水泥浆用量较少,而且还可提高混凝土的密实度与强度。

砂的粗细程度用细度模数表示,细度模数(M)值愈大,表示砂愈粗。普通混凝土用砂的细度模数范围一般为 0.7~3.7,其中 M 值为 3.1~3.7 是粗砂,M 值为 2.3~3.0 是中砂,M 值

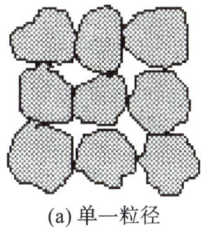 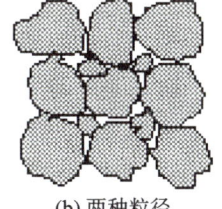 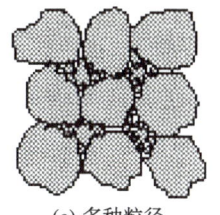

| (a) 单一粒径 | (b) 两种粒径 | (c) 多种粒径 |

图 2-34 　骨料的颗粒级配示意图

为 1.6～2.2 是细砂,M 值为 0.7～1.5 是特细砂。普通混凝土用砂的细度模数一般在 3.2～2.2 之间较为适宜。

砂的颗粒级配用级配区表示,以级配区或筛分曲线判定砂级配的合格性。对细度模数为 1.6～3.7 的普通混凝土用砂,以 0.60 mm 筛孔的累计筛余量(筛余量计算公式见表 2-36)分成三个级配区,见表 2-37。Ⅰ类砂的累计筛余应符合表 2-37 中 2 区的规定,分计筛余应符合表 2-38 的规定;Ⅱ类和Ⅲ类砂的累计筛余应符合表 2-37 的规定。砂的实际颗粒级配除 4.75 mm 和 0.60 mm 筛挡外,可以超出,但各级累计筛余超出值总和不应大于 5%。图 2-35 为天然砂根据表 2-37 的数值画出砂 1、2、3 三个级配区的筛分曲线图,可根据筛分曲线偏向情况,大致判断砂的粗细程度。当筛分曲线偏向右下方时,表示砂较粗;筛分曲线偏向左上方时,表示砂较细。

表 2-36 　筛余量计算公式

筛孔尺寸	分计筛余/(%)	累计筛余/(%)
4.75 mm	$a_1 = m_1/m_总$	$A_1 = a_1$
2.36 mm	$a_2 = m_2/m_总$	$A_2 = a_1 + a_2$
1.18 mm	$a_3 = m_3/m_总$	$A_3 = a_1 + a_2 + a_3$
0.60 mm	$a_4 = m_4/m_总$	$A_4 = a_1 + a_2 + a_3 + a_4$
0.30 mm	$a_5 = m_5/m_总$	$A_5 = a_1 + a_2 + a_3 + a_4 + a_5$
0.15 mm	$a_6 = m_6/m_总$	$A_6 = a_1 + a_2 + a_3 + a_4 + a_5 + a_6$

表 2-37 　普通混凝土用砂级配区的规定(GB/T 14684—2022)

砂的分类	天然砂			机制砂、混合砂		
级配区	1 区	2 区	3 区	1 区	2 区	3 区
方筛孔尺寸/mm	累计筛余/(%)					
4.75	10～0	10～0	10～0	5～0	5～0	5～0
2.36	35～5	25～0	15～0	35～5	25～0	15～0
1.18	65～35	50～10	25～0	65～35	50～10	25～0
0.60	85～71	70～41	40～16	85～71	70～41	40～16
0.30	95～80	92～70	85～55	95～80	92～70	85～55
0.15	100～90	100～90	100～90	97～85	94～80	94～75

表 2-38　分计筛余规定（GB/T 14684—2022）

方筛孔尺寸/mm	4.75①	2.36	1.18	0.60	0.30	0.15②	筛底③
分计筛余/(%)	0～10	10～15	10～25	20～31	20～30	5～15	0～20

注：① 对于机制砂，4.75 mm 筛的分计筛余不应大于 5%。

② 对于 MB>1.4 的机制砂，0.15 mm 筛和筛底的分计筛余之和不应大于 25%。

③ 对于天然砂，筛底的分计筛余不应大于 10%。

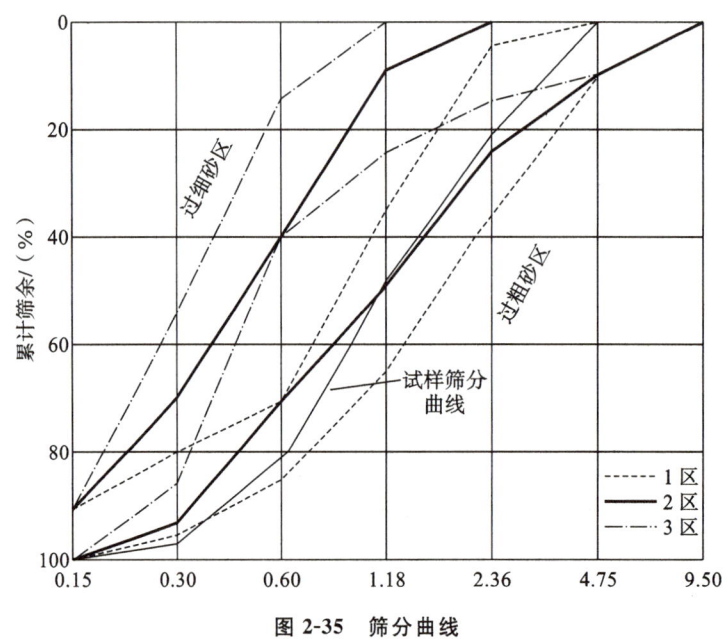

图 2-35　筛分曲线

配制混凝土时，宜优先选用 2 区砂。当采用 1 区砂时，应适当提高砂率，并保证足够的水泥用量，以满足混凝土的和易性；当采用 3 区砂时，宜适当降低砂率，以保证混凝土强度。在实际工程中，若砂的级配不合适，可采用人工掺配的方法来改善，即将粗、细砂按适当的比例进行掺合使用，或将砂过筛，筛除过粗或过细颗粒。

7. 骨料的最大粒径和颗粒级配

石子各粒级的公称上限粒径称为这种石子的最大粒径。石子的最大粒径增大，则相同质量石子的总表面积减小，混凝土中包裹石子所需水泥浆体积减小，即混凝土用水量和水泥用量都可减少。在一定的范围内，石子最大粒径增大，可因用水量的减少提高混凝土的强度。

混凝土用粗骨料的最大粒径不得大于结构截面最小尺寸的 1/4，同时不得大于钢筋最小净距的 3/4；对于混凝土实心板，可允许采用最大粒径达 1/3 板厚的骨料，但最大粒径不得超过 40 mm；对泵送混凝土，碎石最大粒径与输送管内径之比，宜小于或等于 1∶3，卵石宜小于或等于 1∶2.5。

粗骨料的级配原理和要求与细骨料基本相同。级配试验采用筛分法测定，即用 2.36 mm、4.75 mm、9.5 mm、16.0 mm、19.0 mm、26.5 mm、31.5 mm、37.5 mm、53.0 mm、63.0 mm、75.0 mm 和 90 mm 十二个标准筛进行筛分，石子颗粒级配范围应符合规范要求。依据国家标准，普通混凝土用碎石、卵石的颗粒级配应符合表 2-39 的规定。

表2-39　普通混凝土用卵石或碎石的颗粒级配规定（GB/T 14685—2022）

公称粒级/mm		累计筛余（按质量计）/（%）											
		方孔筛孔径/mm											
		2.36	4.75	9.50	16.0	19.0	26.5	31.5	37.5	53.0	63.0	75.0	90.0
连续粒级	5～16	95～100	85～100	30～60	0～10	0	—	—	—	—	—	—	—
	5～20	95～100	90～100	40～80	—	0～10	0	—	—	—	—	—	—
	5～25	95～100	90～100	—	30～70	—	0～5	0	—	—	—	—	—
	5～31.5	95～100	90～100	70～90	—	15～45	—	0～5	0	—	—	—	—
	5～40	—	95～100	70～90	—	30～65	—	—	0～5	0	—	—	—
单粒粒级	5～10	95～100	80～100	0～15	0	—	—	—	—	—	—	—	—
	10～16	—	95～100	80～100	0～15	0	—	—	—	—	—	—	—
	10～20	—	95～100	85～100	—	0～15	0	—	—	—	—	—	—
	16～25	—	—	95～100	55～70	25～40	0～10	0	—	—	—	—	—
	16～31.5	—	95～100	—	85～100	—	—	0～10	0	—	—	—	—
	20～40	—	—	95～100	—	80～100	—	—	1～10	0	—	—	—
	25～31.5	—	—	—	95～100	—	80～100	0～10	0	—	—	—	—
	40～80	—	—	—	—	95～100	—	—	70～100	—	30～60	0～10	0

石子的颗粒级配可分为连续级配和间断级配。连续级配是指石子粒级呈连续性,即颗粒由小到大,每级石子占一定比例。用连续级配的骨料配制的混凝土混合料,和易性较好,不易发生离析现象,是工程上最常用的级配。间断级配也称单粒级级配,间断级配是人为地剔除骨料中某些粒级颗粒,从而使骨料级配不连续,大骨料空隙由小很多的小粒径颗粒填充,以降低石子的空隙率。由间断级配制成的混凝土,可以节约水泥。由于其颗粒粒径相差较大,混凝土混合物容易产生离析现象,导致施工困难,工程中应用较少。单粒级宜用于组合成具有所要求级配的连续粒级,也可与连续粒级配合使用,以改善骨料级配或配成较大粒度的连续粒级。工程中不宜采用单一的单粒级粗骨料配制混凝土。

8. 粗骨料的针、片状颗粒含量

卵石、碎石颗粒的长度大于该颗粒所属相应粒级平均粒径2.4倍的为针状颗粒;厚度小于平均粒径的0.4的为片状颗粒。平均粒径指该粒级上、下限粒径的平均值。针、片状颗粒粒形较差,在粗骨料中,不仅本身受力时容易折断,影响混凝土的强度,而且会增大骨料的空隙率,使混凝土拌合物的和易性变差。根据标准规定,卵石和碎石的针、片状颗粒含量应符合表2-40的规定。

表2-40　卵石、碎石的针、片状颗粒含量（GB/T 14685—2022）

类别	Ⅰ类	Ⅱ类	Ⅲ类
针、片状颗粒含量（按质量计）/（%）	≤5	≤8	≤15

9. 粗骨料的强度

为保证混凝土的强度要求,粗骨料必须具有足够的强度。碎石和卵石的强度,采用岩石立方体强度和压碎指标两种方法检验。

岩石立方体强度检验,是将碎石的母岩制成直径与高均为 50 mm 的圆柱体试件或边长为 50 mm 的立方体,在水饱和状态下,测定其极限抗压强度值。根据标准规定,岩石抗压强度:岩浆岩应不小于 80 MPa;变质岩应不小于 60 MPa;沉积岩应不小于 45 MPa。

压碎指标检验,是将一定质量气干状态下粒径 9.0～9.5 mm 的石子装入标准圆模内,放在压力机上均匀加荷至 200 kN,卸荷后称取试样质量,然后用孔径为 2.36 mm 的筛子筛除被压碎的细粒,称出剩余在筛上的试样质量,用前后质量的差值除以前面的质量计算出压碎指标值。压碎指标值越小,表示石子抵抗受压破坏的能力越强,压碎指标值应符合表 2-41 的规定。

表 2-41　石子的压碎指标(GB/T 14685—2022)

类别	Ⅰ类	Ⅱ类	Ⅲ类
碎石压碎指标/(%)	≤10	≤20	≤30
卵石压碎指标/(%)	≤12	≤14	≤16

任务实施

一、骨料的验收、运输和存放

1. 质量验收

每验收一批砂石至少应进行颗粒级配、含泥量、泥块含量检验。对于碎石或卵石,还应检验针、片状颗粒含量;对于海砂或有氯离子污染的砂,还应检验氯离子含量;对于海砂,还应检验贝壳含量;对于人工砂及混合砂,还应检验石粉含量。对于重要工程或特殊工程,应根据工程要求增加检测项目。对其他指标的合格性有怀疑时,应予检验。

2. 取样方法及数量

使用单位应按砂或石的同产地、同规格分批验收。采用大型工具(如火车、货船或汽车)运输的,以 400 m³ 或 600 t 为一验收批;采用小型工具(如拖拉机等)运输的,以 200 m³ 或 300 t 为一验收批。不足上述数量者,应按一验收批进行验收。

当砂或石的质量比较稳定、进料量又较大时,可以 1 000 t 为一验收批。

在料堆上取样时,取样部位应均匀分布,取样前先将取样部位表层铲除,然后由各部位抽取大致相等的砂 8 份,石子 16 份,各自组成一组样品。

从皮带运输机上取样时,应在皮带运输机机尾的出料处用接料器定时抽取砂 4 份、石 8 份各自组成一组样品。

从火车、汽车、货船上取样时,应从不同部位和深度抽取大致相等的砂 8 份、石 16 份各自组成一组样品。

除筛分析外,当其余检验项目存在不合格项时,应加倍取样进行复检。当复检仍有一项不满足标准要求时,应按不合格品处理。

每组样品应妥善包装,避免细料散失,防止污染,并附样品卡片,标明样品的编号、取样时间、代表数量、产地、样品量、要求检验项目及取样方式等。

3. 数量验收

砂或石的数量验收,可按质量计算,也可按体积计算。测定质量,可用汽车地量衡或船舶吃水线为依据;测定体积,可按车皮或船舶的容积为依据。采用其他小型运输工具时,可按量方确定。

4. 运输和存放

砂或石在运输、装卸和堆放过程中,应防止颗粒离析、混入杂质,并按产地、种类和规格分别堆放。碎石或卵石的堆粒高度不宜超过 5 m,对于单粒级或最大粒径不超过 20 mm 的连续粒级,其堆料高度可增加到 10 m。

二、普通混凝土用骨料检测

1. 砂的筛分析检测

1)检测目的

测定砂的颗粒级配,计算砂的细度模数,评定砂的粗细程度;掌握《建设用砂》(GB/T 14684—2022)的测试方法,正确使用所用仪器与设备,并熟悉其性能。

2)主要仪器设备

①标准筛;

②天平;

③鼓风烘箱;

④摇筛机;

⑤浅盘、毛刷等。

3)试样制备

按规定取样,筛除大于 9.50 mm 的颗粒,并算出其筛余百分率,并用四分法分取不少于 4 400 g 试样,将试样缩分至 1 100 g,放在烘箱中于(105±5) ℃下烘干至恒重,待冷却至室温后,平均分为 2 份备用。

4)检测步骤

①准确称取试样 500 g,精确到 1 g。

②将标准筛按孔径由大到小的顺序叠放,加底盘后,将称好的试样倒入最上层的4.75 mm 筛内,加盖后置于摇筛机上,摇约 10 min。

③将套筛自摇筛机上取下,按筛孔大小顺序再逐个用手筛,筛至每分钟通过量小于试样总量 0.1%为止。通过的颗粒并入下一号筛中,并和下一号筛中的试样一起过筛,按这样的顺序进行,直至各号筛全部筛完为止。

④称取各号筛上的筛余量,精确至 1 g。

试样在各号筛上的筛余量(m_i)不应超过按公式(2-12)计算出的值。

$$m_i = \frac{A \times \sqrt{d}}{200} \tag{2-12}$$

式中:m_i——在一个筛上的筛余量,g;

A——筛面面积,mm²;

d——筛孔尺寸,mm;

200——换算系数。

5)检测结果计算与评定

①计算分计筛余百分率:各号筛上的筛余量与试样总量相比,精确至 0.1%。

②计算累计筛余百分率:每号筛上的筛余百分率与该号筛以上各筛余百分率之和,精确至 0.1%。筛分后,若各号筛的筛余量与筛底的量之和同原试样质量之差超过 1%时,须重新试验。

③砂的细度模数按式(2-13)计算,精确至 0.1。

$$M_x = \frac{A_2 + A_3 + A_4 + A_5 + A_6 - 5A_1}{100 - A_1}$$

(2-13)

式中：M_x——细度模数；

$A_1, A_2, \cdots, A_6$——分别为 4.75 mm、2.36 mm、1.18 mm、0.60 mm、0.30 mm、0.15 mm 筛的累计筛余百分率,%。

④累计筛余百分率取两次试验结果的算术平均值,精确至 1%。细度模数取两次试验结果的算术平均值,精确至 0.1;如两次试验的细度模数之差超过 0.20 时,须重新检测。

2. 砂的表观密度测定

1)检测目的

测定砂的表观密度,为计算砂的空隙率和混凝土配合比设计提供依据;掌握《建设用砂》(GB/T 14684—2022)的测试方法,正确使用所用仪器与设备,并熟悉其性能。

2)主要仪器设备

①容量瓶；

②天平；

③鼓风烘箱；

④浅盘、滴管、毛刷、温度计等。

3)试样制备

试样按《建设用砂》(GB/T 14684—2022)规定取样,并将试样缩分至 660 g,放在烘箱中于 (105±5) ℃下烘干至恒重,待冷至室温后,分成大致相等的 2 份备用。

4)检测步骤

①称取试样 300 g,精确至 0.1 g,记为 m_1。将试样装入容量瓶,注水至接近 500 mL 的刻度处,用手旋转摇动容量瓶,使砂样充分摇动,排除气泡,塞紧瓶盖,静置 24 h。然后用滴管加水至容量瓶 500 mL 刻度处,塞紧瓶塞,擦干瓶外水分称出其质量 m_2,精确至 0.1 g。

②倒出瓶内水和试样,洗净容量瓶,再向瓶内注水至 500 mL 刻度线处,塞紧瓶塞,擦干瓶外水分,称其质量(m_3),精确至 0.1 g。

在砂的表观密度试验过程中应测量并控制水的温度在 15～25 ℃范围内,试验的各项称量可在 15～25 ℃的温度范围内进行。从试样加水静置的最后 2 h 起直至试验结束,其温度相差不应超过 2 ℃。

5)检测结果计算与评定

①砂的表观密度按式(2-14)计算,精确至 10 kg/m³；

$$\rho_0 = \left(\frac{m_1}{m_1 + m_3 - m_2} - \alpha_t \right) \times \rho_{H_2O}$$

(2-14)

式中：ρ_0——砂的表观密度,kg/m³；

m_1——干砂的质量,g；

m_2——试样、水和容量瓶的质量,g；

m_3——水和容量瓶的质量,g；

α_t——水温对表观密度影响的修正系数,详见表 2-42。

表 2-42   不同水温对砂表观密度影响的修正系数

水温/℃	15	16	17	18	19	20	21	22	23	24	25
α_t	0.002	0.003	0.003	0.004	0.004	0.005	0.005	0.006	0.006	0.007	0.008

②表观密度取两次试验结果的算术平均值,精确至 10 kg/m³;如两次试验结果之差大于 20 kg/m³,须重新检测。

3. 砂的堆积密度测定

1)检测目的

测定砂的堆积密度,为混凝土配合比设计和估计运输工具的数量或存放堆场的面积等提供依据;掌握《建设用砂》(GB/T 14684—2022)的测试方法,正确使用所用仪器与设备。

2)主要仪器设备

①鼓风烘箱;

②容量筒;

③天平;

④标准漏斗;

⑤直尺、浅盘、毛刷等。

3)试样制备

按规定取样,用浅盘装取试样约 3 L,置于温度为(105±5) ℃的烘箱中烘干至恒重,待冷却至室温后,筛除大于 4.75 mm 的颗粒,分成大致相等的 2 份备用。

4)检测步骤

①松散堆积密度的测定:先用天平称量容量筒的质量(m_1),再取试样一份,将容量筒放在漏斗下面,然后用漏斗或料勺将试样从容量筒中心上方 50 mm 处缓慢装入,让试样以自由落体落下,当容量筒上部试样呈锥体,且容量筒四周溢满时,即停止加料,试验过程应防止触动容量筒。用直尺沿筒口中心线向两边刮平,称出试样和容量筒总质量(m_2),精确至 1 g。

②紧密堆积密度的测定:取试样一份分两次装入容量筒。装完第一层后(约计稍高于 1/2),在筒底垫一根直径为 10 mm 的圆钢,按住容量筒,左右交替击地面各 25 次。然后装入第二层,装满后用同样的方法进行颠实(所垫放圆钢的方向与第一层的方向垂直)。再加试样直至超过筒口,然后用钢尺或直尺沿中心线向两个相反的方向刮平,称出试样与容量筒的总质量(m_2),精确至 0.1 g。

5)检测结果计算与评定

①砂的松散或紧密堆积密度按式(2-15)计算,精确至 10 kg/m³。

$$\rho_0' = \frac{m_2 - m_1}{V_0'} \tag{2-15}$$

式中:ρ_0'——砂的堆积密度,kg/m³;

m_1——容量筒的质量,g;

m_2——容量筒和砂的总质量,g;

V_0'——容量筒的容积,L。

②堆积密度取两次测定结果的算术平均值,精确至 10 kg/m³。

4. 石子的筛分析检测

1)检测目的

测定碎石或卵石的颗粒级配,以便于选择优质粗集料,达到节约水泥和改善混凝土性能的目的;掌握《建设用卵石、碎石》(GB/T 14685—2022)的测试方法,正确使用所用仪器与设备,并熟悉其性能。

2)主要仪器设备

①方孔筛:孔径为 2.36 mm、4.75 mm、9.50 mm、16.0 mm、19.0 mm、26.5 mm、31.5 mm、37.5 mm、53.0 mm、63.0 mm、75.0 mm 及 90.0 mm 的筛各一个,并附有筛底和筛盖。

②鼓风烘箱。能使温度控制在(105±5)℃。

③摇筛机。

④台秤:称量 10 kg,感量 10 g。

⑤其他:浅盘等。

3)试样制备

按规定取样,用四分法缩取不少于表 2-43 的试样数量,经烘干或风干后备用。

表 2-43 粗集料筛分析试验取样规定

最大粒径/mm	9.5	16.0	19.0	26.5	31.5	37.5	63.0	≥75.0
最少试样质量/kg	1.9	3.2	3.8	5.0	6.3	7.5	12.6	16.0

4)检测步骤

①按表 2-43 的规定称取试样一份,精确到 1 g。将试样倒入按孔径大小从上到下组合的套筛上。

②将套筛放在摇筛机上,摇 10 min;取下套筛,按筛孔大小顺序再逐个进行手筛,筛至每分钟通过量小于试样总量的 0.1% 为止。通过的颗粒并入下一号筛中,并和下一号筛中的试样一起过筛,直至各号筛全部筛完。当筛余颗粒的粒径大于 19.0 mm,在筛分过程中允许用手指拨动颗粒。

③称出各号筛的筛余量,精确至 1 g。

注:筛分后,如所有筛余量与筛底的试样之和与原试样总量相差超过 1%,则须重新检测。

5)检测结果计算与评定

①计算分计筛余百分率(各筛上的筛余量占试样总量的百分率),精确至 0.1%。

②计算各号筛上的累计筛余百分率(该号筛的分计筛余百分率与该号筛以上各分计筛余百分率之和),精确至 0.1%。

③根据各号筛的累计筛余百分率,评定该试样的颗粒级配。粗集料各号筛上的累计筛余百分率应满足国家规范规定的粗集料颗粒级配的范围要求。

5. 石子的表观密度测定

1)检测目的

测定石子的表观密度,为评定石子质量和混凝土配合比设计提供依据;掌握《建设用卵石、碎石》(GB/T 14685—2022)的测试方法,正确使用所用仪器与设备,并熟悉其性能。

石子的表观密度测定方法有液体比重天平法和广口瓶法。

2)主要仪器设备

(1)液体比重天平法:

①鼓风烘箱;

②吊篮;

③台秤;

④方孔筛;

⑤盛水容器(有溢水孔);

⑥温度计、浅盘、毛巾等。

（2）广口瓶法：

①广口瓶；

②天平；

③方孔筛、鼓风烘箱、浅盘、温度计、毛巾等。

3）试样制备

按规定取样，用四分法缩分至不少于表 2-44 规定的数量，经烘干或风干后筛除小于 4.75 mm 的颗粒，洗刷干净后，分为大致相等的 2 份备用。

表 2-44　粗集料表观密度试验所需试样数量

最大粒径/mm	<26.5	31.5	37.5	63.0	75.0
最少试样质量/kg	2.0	3.0	4.0	6.0	6.0

4）检测步骤

（1）液体比重天平法。

①取试样一份装入吊篮，并浸入盛有水的容器中，液面至少高出试样表面 50 mm。浸水 24 h 后，移放到称量用的盛水容器内，然后上下升降吊篮以排除气泡（试样不得露出水面）。吊篮每升降一次约 1 s，升降高度为 30～50 mm。

②测定水温后（吊篮应全浸在水中），准确称出吊篮及试样在水中的质量，精确至 5 g，称量时盛水容器中水面的高度由容器的溢水孔控制。

③提起吊篮，将试样倒入浅盘，置于烘箱中烘干至恒重，冷却至室温，称出其质量，精确至 5 g。

④称出吊篮在同样温度水中的质量，精确至 5 g。称量时盛水容器内水面的高度由容器的溢水孔控制。

注：测定时各项称量可以在 15～25 ℃范围内进行，但从试样加水静止的 2 h 起至测定结束，其温度变化不得超过 2 ℃。

（2）广口瓶法。

①将试样浸水饱和，然后装入广口瓶中，注入饮用水，用玻璃片覆盖瓶口，摇晃广口瓶以排除气泡。

②气泡排尽后，向瓶内加饮用水至凸出瓶口边缘，然后用玻璃片沿瓶口迅速滑行，使其紧贴瓶口水面。擦干瓶外水分后，称取试样、水、广口瓶及玻璃片的总质量（m_2），精确至 1 g。

③将广口瓶中试样倒入浅盘，然后在（105±5）℃的烘箱中烘干至恒重，冷却至室温后称其质量（m_1），精确至 1 g。

④将广口瓶洗净并重新注入饮用水，并用玻璃片紧贴瓶口水面，擦干瓶外水分，称取水、广口瓶及玻璃片总质量（m_3），精确至 1 g。

5）检测结果计算与评定

①石子的表观密度按式（2-16）计算，精确至 10 kg/m³。

$$\rho_0 = \left(\frac{m_1}{m_1 + m_3 - m_2} - \alpha_t \right) \times \rho_{H_2O} \tag{2-16}$$

式中：ρ_0——石子的表观密度，kg/m³；

m_1——干石子的质量，g；

m_2——试样、水、广口瓶及玻璃片的质量,g;

m_3——水、广口瓶及玻璃片的质量,g;

α_t——水温对表观密度影响的修正系数,详见表2-42。

②表观密度取两次测定结果的算术平均值,精确至10 kg/m³;如两次测定结果之差大于20 kg/m³,须重新测定。对材质不均匀的试样,如两次测定结果之差大于20 kg/m³,可取4次测定结果的算术平均值。

6. 石子的堆积密度测定

1)检测目的

石子的堆积密度的大小是粗骨料级配优劣和空隙多少的重要标志,也是进行混凝土配合比设计的必要资料,还可用以估计运输工具的数量及存放堆场面积等。掌握《建设用卵石、碎石》(GB/T 14685—2022)的测试方法,正确使用所用仪器与设备,并熟悉其性能。

2)主要仪器设备

①台秤:称量10 kg,感量10 g;

②磅秤:称量50 kg或100 kg,感量50 g;

③容量筒;

④垫棒、直尺等。

3)试样制备

按规定取样,烘干或风干后,拌匀并把试样分为大致相等的两份备用。

4)检测步骤

①松散堆积密度的测定:称量容量筒的质量(m_1),取试样一份,用取样铲从容量筒口中心上方50 mm处缓慢倒入,让试样自由落下,当容量筒上部试样呈锥体并向四周溢满时,停止加料。除去凸出容量筒表面的颗粒,以适当的颗粒填入凹陷处,使表面稍凸部分和凹陷部分体积相等。称出试样和容量筒的总质量(m_2),精确至10 g。

②紧密堆积密度的测定:称量容量筒的质量(m_1),将容量筒置于坚实的平地上,取试样一份,用取样铲将试样分三次自距容量筒上口50 mm高度处装入筒中,装完第一层后,在筒底放一根直径16 mm的垫棒,将筒按住,左右交替颠击地面各25次,再装第二层。第二层装满后用同样方法颠实(筒底所垫钢筋的方向与第一层时的方向垂直),然后装入第三层。第三层装满后用同样方法颠实(筒底所垫钢筋的方向与第一层时的方向平行)。试样装填完毕后,再加试样直至超过筒口,用钢尺或直尺沿筒口边缘刮去高出的试样,并用适合的颗粒填平凹陷部分,使表面稍凸部分与凹陷部分的体积大致相等。称出试样和容量筒的总质量(m_2),精确至10 g。

5)检测结果计算与评定

①石子的松散或紧密堆积密度按式(2-17)计算,精确至10 kg/m³。

$$\rho_0' = \frac{m_2 - m_1}{V_0'} \tag{2-17}$$

式中:ρ_0'——石子的堆积密度,kg/m³;

m_1——容量筒的质量,g;

m_2——容量筒和石子的总质量,g;

V_0'——容量筒的容积,L。

②堆积密度取两次测定结果的算术平均值,精确至10 kg/m³。

7. 石子的压碎指标测定

1）检测目的

通过测定碎石或卵石抵抗压碎的能力，以间接地推测其相应的强度，评定石子的质量。掌握《建设用卵石、碎石》(GB/T 14685—2022)的测试方法，正确使用所用仪器与设备，并熟悉其性能。

2）主要仪器设备

①压力试验机；

②压碎值测定仪；

③方孔筛；

④天平；

⑤台秤；

⑥垫棒等。

3）试样制备

按规定取样，风干后筛除大于 19.0 mm 及小于 9.50 mm 的颗粒，并去除针、片状颗粒，拌匀后分成大致相等的 3 份备用（每份 3 000 g）。

4）检测步骤

①置圆模于底盘上，称取试样 3 000 g（精确到 1 g），分两层装入圆模内，每装完一层试样后，在底盘下面垫放一直径为 10 mm 的圆钢，左右交替颠击地面各 25 次，两层颠实后，平整模内试样表面，盖上压头。当圆模装不下 3 000 g 试样时。以装至距圆模上口 10 mm 为准。

②将装有试样的圆模置于压力机上，开动压力试验机，按 1 kN/s 的速度均匀加荷 200 kN 并稳荷 5 s，然后卸荷，取下受压圆模，倒出试样，用孔径 2.36 mm 的筛子筛除被压碎的细粒，称取留在筛上的试样质量，精确至 1 g。

5）结果计算与评定

①压碎指标值按式(2-18)计算，精确至 0.1％。

$$Q = \frac{m_1 - m_2}{m_1} \times 100\% \qquad (2\text{-}18)$$

式中：Q——压碎指标值，％；

　　m_1——试样的质量，g；

　　m_2——压碎试验后筛余的试样质量，g。

②压碎指标值取三次试验结果的算术平均值，精确至 1％。

🔆 **做中学**

2002 年 4 月，宁波华绣巷 23 户居民投诉开发商，他们的房屋顶部出现浇板混凝土脱落（图 2-36），受力钢筋严重膨胀。随后宁波市房屋安全鉴定办公室鉴定后，于 2002 年 4 月 10 日提供了鉴定报告，认定被鉴定房屋的危险等级为 B 级，开发商最终承认，这栋房子建造时使用了未经淡化的海砂。试分析混凝土脱落的原因。

知识拓展
——轻骨料

分析：案例中未经淡化的海砂氯盐含量高，由于混凝土氯离子浓度的增加，钢筋与氯离子之间产生较大的电极电位，诱导着锈蚀电化学反应，促进钢筋锈蚀，但在反应中氯离子并不被消耗。因此，对海砂氯离子含量的控制应更加严格。

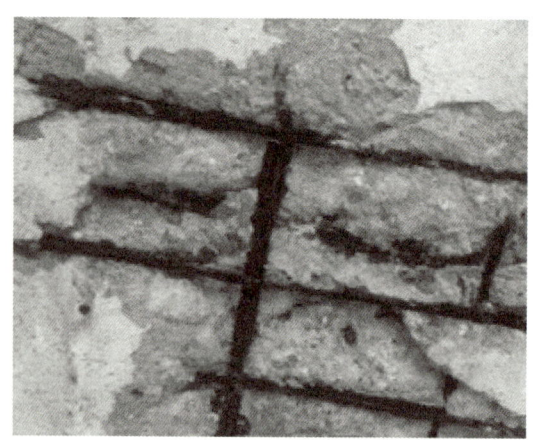

图 2-36　房屋天花混凝土脱落

思政小故事

钢渣骨料的危害

将工业废渣应用于土木工程中,是土木工程可持续发展的一个重要途径。需要强调的是,工业废渣综合利用的前提是至少要确保土木工程质量与安全。很遗憾的是,在没有足够的基础研究和相关标准的情况下,我国很多地区滥用钢渣作混凝土的骨料,目前已经在很多地区出现了钢渣骨料膨胀导致硬化混凝土损伤的问题,有些问题非常严重。

游离氧化钙 f-CaO 是导致钢渣骨料安定性不良的突出因素。从最近几年暴露出的工程问题来看,绝大多数是钢渣粗骨料混凝土使用半年到 2 年内,明显出现混凝土表面"爆裂"或开裂。钢渣中游离氧化镁 f-MgO 矿物的活性很低,反应非常缓慢,因此可以判断引发这些工程事故的主要原因是钢渣粗骨料中的 f-CaO 发生反应造成膨胀。游离氧化钙 f-CaO 与水反应生成 $Ca(OH)_2$,体积增大 1.98 倍,该部分氧化钙经过 1 600 ℃高温煅烧,结晶良好,水化速率缓慢,这是导致钢渣体积稳定性不良的主要物质;游离氧化镁 f-MgO 遇水反应生成 $Mg(OH)_2$,过程较慢,体积增大 2.48 倍。此外,钢渣中的硫化亚铁、硫化亚锰也可以导致体积膨胀,硫含量大于 3%时,其水化分别生成$Fe(OH)_2$和$Mn(OH)_2$,体积分别增大 1.4 倍和 1.3 倍。

钢渣骨料在水泥混凝土中应用的危险性很大,应尽量避免。随着游离 MgO 的缓慢反应,相信已出现问题的钢渣骨料混凝土的问题会更严重,暂时没有出现问题的钢渣混凝土也可能在将来出现问题。如果钢渣骨料在压蒸(至少 2.0 MPa 且不少于 3 h)条件下发生开裂或破坏的颗粒非常少,那么说明这种钢渣骨料中安定性不良的组分含量很少,可能是安全的,但是取样是否具有代表性是值得注意的问题。因此,为确保工程质量,应合理选用骨料种类,尽量避免钢渣骨料使用在水泥混凝土中。

单元习题

一、填空题

1.石子的颗粒级配分为＿＿＿＿＿和＿＿＿＿＿两种。采用＿＿＿＿＿配制的混凝土和易性好,不易发生离析。

2.集料中有害杂质包括＿＿＿＿＿、＿＿＿＿＿、＿＿＿＿＿。

3.普通混凝土用砂按_____模数的大小分为_____、_____、_____。

4.用连续级配骨料配制的砼拌合物工作性良好,不易产生_____现象,所需要的水泥用量比采用间断级配时_____。

二、单项选择题

1.混凝土施工质量验收规范规定,粗集料的最大粒径不得大于钢筋最小间距的( )。

A.1/2　　　　　B.1/3　　　　　C.3/4　　　　　D.1/4

2.混凝土用砂的细度模数在( )范围内。

A.1.6~3.7　　　B.3.1~3.7　　　C.2.3~3.0　　　D.1.6~2.2

3.砼中细骨料最常用的是( )。

A.山砂　　　　　B.海砂　　　　　C.河砂　　　　　D.人工砂

4.细集料为混凝土的基本组成之一,其粒径一般在( )。

A.0.08~2.5 mm　　　　　　　B.0.15~4.75 mm

C.0.315~5 mm　　　　　　　D.0.16~10 mm

5.压碎指标是表示( )强度的指标。

A.普通混凝土　　B.石子　　　　　C.轻骨料混凝土　D.轻骨料

6.石子级配中,( )级配的空隙率最小。

A.连续　　　　　B.间断　　　　　C.单粒级　　　　D.没有一种

三、判断题

1.在拌制混凝土时砂越细越好。( )

2.级配好的集料空隙率小,其总表面积也小。( )

3.当采用合理砂率时,能使混凝土获得所要求的流动性、良好的黏聚性和保水性,而水泥用量最大。( )

4.卵石混凝土比同条件配合比拌制的碎石混凝土的流动性好,但强度则低一些。( )

四、简答题

1.什么叫碱-骨料反应?若混凝土骨料中含有活性骨料,有可能发生碱-骨料反应时,可采取哪些预防措施?

2.普通混凝土由哪些材料组成?它们在混凝土中各起什么作用?

参考答案

学习单元 4　混凝土

知识目标

熟悉混凝土的材料组成及类别;

掌握和易性的含义及影响因素;掌握砼的强度、强度等级及影响因素;

掌握混凝土拌合物和易性、强度的检测方法;

掌握混凝土拌合物的和易性、强度的调整方法。

能力目标

能够判别不同类型的混凝土及合理选用组成材料;

能正确取样并检测水泥混凝土的和易性,会判断水泥混凝土是否达到设计要求;

能正确取样并检测水泥混凝土的强度,能根据检测结果判断水泥混凝土是否达到设计要求;

能够结合实际工程调整混凝土拌合物的和易性和强度。

 思政目标

树立质量意识,弘扬工匠精神;

培养科学严谨、精益求精、一丝不苟的工作态度;

培养良好的思想政治素质和爱岗敬业、团队协作的职业素养。

知识树

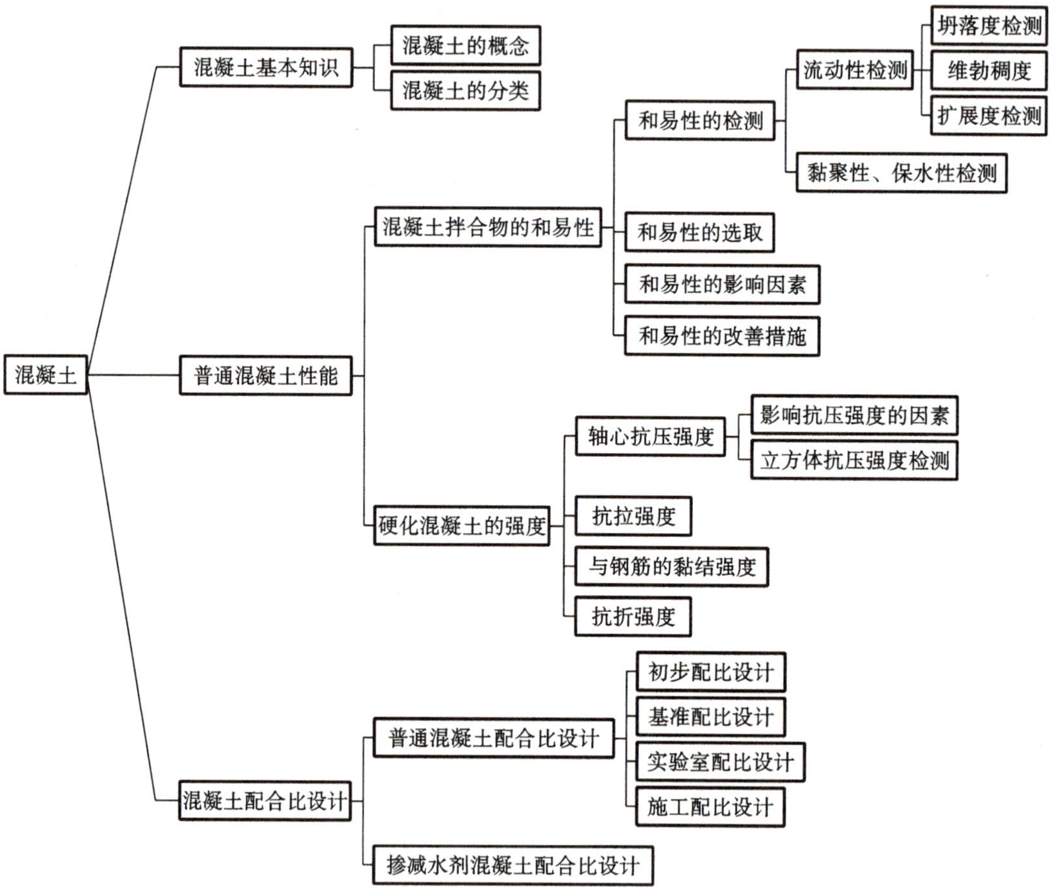

```
混凝土
├── 混凝土基本知识
│    ├── 混凝土的概念
│    └── 混凝土的分类
├── 普通混凝土性能
│    ├── 混凝土拌合物的和易性
│    │    ├── 和易性的检测
│    │    │    ├── 流动性检测
│    │    │    │    ├── 坍落度检测
│    │    │    │    ├── 维勃稠度
│    │    │    │    └── 扩展度检测
│    │    │    └── 黏聚性、保水性检测
│    │    ├── 和易性的选取
│    │    ├── 和易性的影响因素
│    │    └── 和易性的改善措施
│    └── 硬化混凝土的强度
│         ├── 轴心抗压强度
│         │    ├── 影响抗压强度的因素
│         │    └── 立方体抗压强度检测
│         ├── 抗拉强度
│         ├── 与钢筋的黏结强度
│         └── 抗折强度
└── 混凝土配合比设计
     ├── 普通混凝土配合比设计
     │    ├── 初步配比设计
     │    ├── 基准配比设计
     │    ├── 实验室配比设计
     │    └── 施工配比设计
     └── 掺减水剂混凝土配合比设计
```

任务提出

本单元的任务是完成总情境中工作一中的任务四:检测混凝土的强度及和易性,为确定实验室配合比做准备。

任务分析

混凝土是由胶凝材料、粗细骨料加水拌合后,经一定时间硬化而成的人造石材。根据工程需要,除了这几种组分外,通常还需要掺加外加剂或其他掺合料。

一、混凝土拌合物的和易性

1. 和易性的概念

和易性,是指混凝土拌合物易于各工序施工操作(搅拌、运输、浇筑、捣实),并能获得质量均匀、成型密实的混凝土的性能。和易性是一项综合性的技术指标,包括流动性、黏聚性和保水性等三方面的性能。

流动性,是指混凝土拌合物在自重或机械振捣作用下,能流动并均匀密实地填满模板的性能。流动性的大小,反映混凝土拌合物的稀稠,直接影响着浇捣施工的难易和混凝土的质量。

混凝土的分类

黏聚性,是指混凝土拌合物内组分之间具有一定的凝聚力,在运输和浇筑过程中不致发生分层离析现象,使混凝土保持整体均匀的性能。

保水性,是指混凝土拌合物具有一定的保持内部水分的能力,在施工过程中不致产生严重的泌水现象。保水性差的混凝土拌合物,在施工工程中,一部分水易从内部析出至表面,在混凝土内部形成泌水通道,使混凝土的密实性变差,降低混凝土的强度和耐久性。

混凝土拌合物的流动性、黏聚性、保水性,三者之间互相关联又互相矛盾。如黏聚性好,则保水性往往也好,但是流动性可能较差;当增大流动性时,黏聚性和保水性往往变差。因此,所谓拌合物的和易性良好,就是要使这三方面的性能,在某种具体工作条件下得到统一,达到均为良好的状况。

2. 和易性的测定方法

由于混凝土拌合物的流动性、黏聚性和保水性有着各自独立的内涵,尽管许多混凝土研究工作者做了很大的努力,目前仍未能找到一种迅速且能够全面反映混凝土拌合物和易性的简单测定方法。由于流动性是影响混凝土施工工艺最主要的因素,因此对混凝土和易性的评定通常是对其流动性进行测定,再辅以目测和经验评定其黏聚性和保水性。目前,最常用的有坍落度与坍落扩展度法和维勃稠度法两种。

1)坍落度

将混凝土拌合物按规定的试验方法分三层装入标准坍落度筒(圆台形筒)内,装捣刮平后,将筒垂直向上提起,这时锥形混凝土拌合物因自重而产生坍落,量测筒高与坍落后混凝土试体最高点之间的高度差,以毫米计,即为该混凝土拌合物的坍落度值(图 2-37)。坍落度越大,表示混凝土拌合物的流动性越大。

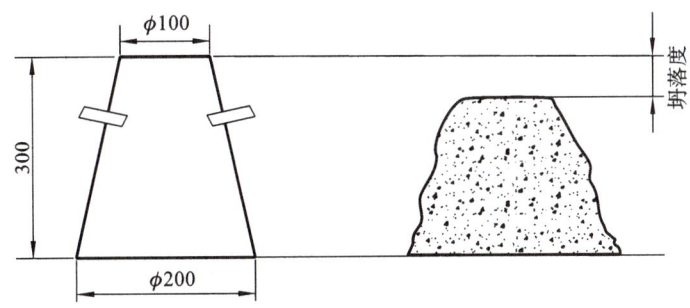

图 2-37　混凝土坍落度测定示意图

在测定坍落度的同时,用目测的方法以直观经验评定黏聚性和保水性。黏聚性的检查方法是用捣棒在已坍落的混凝土拌合物锥体一侧轻轻敲打,如果锥体逐渐下沉,则表示黏聚性良好;如果锥体突然倒塌、部分崩裂或出现离析现象,则表示黏聚性不好。保水性的检查则是观察混凝土拌合物中稀浆的析出程度,如果较多的稀浆从锥体底部流出,锥体部分也因失浆而骨料外露,则表明混凝土拌合物的保水性不好;如坍落筒提起后无稀浆或仅有少量稀浆自底部析出,则表示混凝土拌合物保水性良好。

混凝土拌合物的流动性,根据坍落度数值(mm)可分为 4 级:

(1)大流动性混凝土,拌合物坍落度等于或大于 160 mm;

(2)流动性混凝土,坍落度为 100~150 mm;

(3)塑性混凝土,坍落度为 50~90 mm;

(4)低塑性混凝土,坍落度为 10~40 mm。

当拌合物的坍落度小于 10 mm 时,则为干硬性混凝土,须用维勃稠度(s)表示其流动性。

当混凝土拌合物的坍落度大于 220 mm 时,由于粗骨料堆积的偶然性,坍落度试验不能很好地反映拌合物的流动性,此时应采用坍落扩展度法来评价其流动性。

坍落扩展度的测定方法是:在混凝土拌合物坍落度试验的基础上,用钢尺测量混凝土扩展后最终的最大直径和最小直径,在这两个直径之差小于 50 mm 的条件下,用其算术平均值作为坍落扩展度值;否则应重新试验。如果发现粗骨料在中央集堆或边缘有水泥浆析出,表示此混凝土拌合物抗离析性不好。

坍落度试验指标明确,操作简便,是目前施工工地测定和控制混凝土拌合物和易性的常用方法。但此法受操作技术影响较大,观察黏聚性及保水性时带有一定的主观因素,并且只适用于骨料最大粒径不大于 40 mm,坍落度值不小于 10 mm 的混凝土拌合物。最大粒径大于40 mm 的新拌混凝土,通常是筛除粒径 40 mm 以上颗粒后,采用以上方法测定。

2)维勃稠度

坍落度小于 10 mm 的干硬性混凝土拌合物的流动性,需用维勃稠度仪测定,以维勃稠度值——时间秒(s)数表示。此法适用于骨料最大粒径不超过 40 mm,维勃稠度在5~30 s 之间的混凝土拌合物。干硬性混凝土拌合物的流动性按维勃稠度值可分为半干硬性(5~10 s)混凝土、干硬性(11~20 s)混凝土、特干硬性(21~30 s)混凝土、超干硬性(≥31 s)混凝土四个等级。

3. 混凝土拌合物流动性的选择

混凝土拌合物流动性的选择应根据具体工程的施工工艺、结构类型、构件截面大小、钢筋疏密和捣实方法等确定。通常应注意以下几点:

(1)维勃稠度为 5~30 s 的干硬性混凝土,主要用于振动捣实条件较好的预制构件的生产和路面及机场道面。

(2)坍落度大于 10 mm 的混凝土,主要用于现浇混凝土。选择混凝土拌合物的坍落度,要根据结构类型、构件截面大小、配筋疏密、输送方式和施工捣实方法等因素来确定。当构件截面较小或钢筋较密,或者采用人工插捣时,坍落度可选大些。反之,如构件截面尺寸较大或钢筋较疏,或者采用机械振捣时,坍落度可选择小些。混凝土浇筑的坍落度宜按表 2-45 选用。

表 2-45 混凝土坍落度的选用

序号	结构种类	坍落度/mm
1	基础或者地面等的垫层、无筋的厚大结构或配筋稀疏的结构构件	10~30
2	板、梁和大型及中型截面的柱子等	30~50

续表

序号	结构种类	坍落度/mm
3	配筋密列的结构（薄壁、筒仓、细柱等）	50～70
4	配筋特密的结构	70～90

表 2-45 系指采用机械振捣的坍落度，当采用人工捣实时可适当增大。当施工工艺采用混凝土泵输送混凝土拌合物时，则要求混凝土拌合物具有高的流动性，可通过掺入高效减水剂使其坍落度达到 80～180 mm。

（3）当环境温度在 30 ℃以上时，由于水泥水化速度加快及水分挥发加速，混凝土流动性下降加快，在混凝土配合比设计时，应考虑将混凝土拌合物坍落度提高 15～25 mm，以保证现场混凝土的施工流动性。泵送混凝土要求具有较高的流动性，坍落度应在 100～150 mm。泵送高度较大或在炎热气候下施工时，可采用坍落度 150～180 mm 或更大的混凝土。对于商品混凝土，应考虑到运输途中的坍落度损失，坍落度宜适当选择大些。

应该指出，在选择坍落度时，原则上应在便于操作和保证捣固密实的条件下，尽可能选用较小的坍落度，以节约水泥并获得质量较高的混凝土。

4. 影响和易性的主要因素和改善措施

影响混凝土和易性的因素很多，主要有原材料的性质、原材料之间的相对含量（水泥浆量、水灰比、砂率）、环境因素及施工条件。

1）水泥浆量

水泥浆量是指单位体积混凝土内水泥浆的数量。在水灰比一定的条件下，水泥浆量越多，对砂石的润滑作用越好，拌合物的流动性越大。但水泥浆量过多，则会产生流浆现象，使拌合物黏聚性、保水性变差；水泥浆量过少，不能填满砂石间空隙，或不能很好地包裹骨料表面，同样会使拌合物流动性降低，黏聚性降低。故拌合物中水泥浆量既不能过多，也不能过少，以满足流动性要求为宜。

单位体积混凝土内水泥浆的含量，在水灰比不变的条件下，可以用单位体积用水量（1 m³ 混凝土拌合物用水量）来表示。因此，水泥浆量对拌合物流动性的影响，实质上就是单位用水量对拌合物流动性的影响。

2）水灰比

在水泥品种、水泥用量一定的条件下，水灰比越小，水泥浆就越稠，拌合物流动性越小。当水灰比过小时，混凝土过于干涩，会使混凝土施工困难，且不能保证混凝土的密实性；水灰比增大，混凝土流动性增大，但水灰比过大，会由于水泥浆过稀，而使黏聚性、保水性变差，并严重影响混凝土的强度和耐久性。水灰比的大小应根据混凝土的强度和耐久性要求合理选用。

需要指出的是，无论是水泥浆数量的影响，还是水灰比大小的影响，实质都是水量的影响。混凝土拌合物的流动性主要取决于混凝土拌合物单位用水量的多少。实践证明，在配制混凝土时，当混凝土拌合物的单位用水量一定时，即使水泥用量增减 50～100 kg/m³，拌合物的流动性也基本保持不变，这种关系称为混凝土的"固定用水量定则"。利用这个原则可以在用水量一定时，采用不同的水灰比配制出流动性相同但强度不同的混凝土。

3）砂率

砂率指混凝土中砂占砂、石总量的百分率，可用式（2-19）来表示。

$$\beta_s = \frac{m_s}{m_s + m_g} \times 100\% \tag{2-19}$$

式中:β_s——砂率,%;

   m_s——砂的质量,kg;

   m_g——石子的质量,kg。

砂率的变动会使骨料的空隙率和骨料总表面积有显著的变化,因而对混凝土拌合物的和易性有很大的影响。

细骨料影响流动性的原因,一般认为有两方面因素。首先,细骨料与水泥浆组成的砂浆在拌合物中起润滑作用,可减小粗骨料之间的摩擦力,所以在一定砂率范围之内,砂率越大,润滑作用越明显,流动性可提高。另一方面砂率过大,骨料的总表面积增大,需要包裹骨料的水泥浆增多,在水泥浆量一定的条件下,拌合物的流动性降低;砂率过小,虽然总表面积减小,但空隙率很大,填充空隙所用水泥浆量增多,在水泥浆量一定的条件下,骨料表面的水泥浆层同样不足,使流动性降低,而且严重影响拌合物的黏聚性和保水性,产生分层、离析、流浆、泌水等现象。

因此,在进行混凝土配合比设计时,为保证和易性,应选择最佳砂率(或称合理砂率)。合理砂率是指水泥量、水量一定的条件下,能使混凝土拌合物获得最大的流动性而且保持良好的黏聚性和保水性的砂率,如图 2-38(a)所示;或者是使混凝土拌合物获得所要求的和易性的前提下,水泥用量最小的砂率,如图 2-38(b)所示。

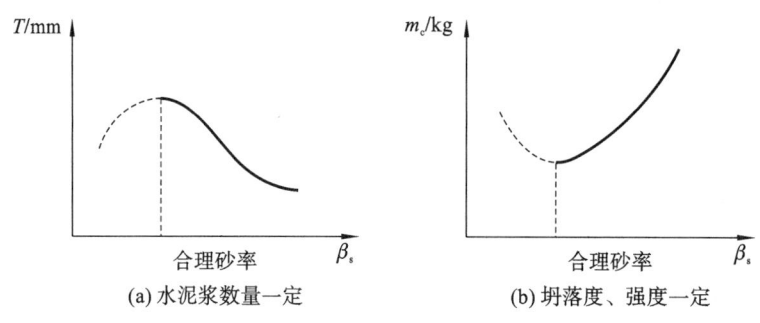

图 2-38 合理砂率

4)组成材料

(1)水泥。

不同水泥品种,其标准稠度需水量不同,对混凝土的流动性有一定的影响。如矿渣水泥的需水量大于粉煤灰水泥的需水量,在用水量和水灰比相同的条件下,矿渣水泥的流动性相应就小。另外,不同的水泥品种,其特性上的差异也导致混凝土和易性的差异。例如,在相同条件下,矿渣水泥的保水性较差,而火山灰质水泥的保水性和黏聚性好,流动性小。

水泥颗粒越细,其表面积越大,需水量越大,在相同的条件下,表现为流动性小,但黏聚性和保水性好。

(2)骨料。

由于骨料在混凝土中占据的体积最大,因此它的特性对拌合物和易性的影响也较大。具体来说,级配良好的骨料,其拌合物流动性较大,黏聚性和保水性较好;表面光滑的骨料,如河砂、卵石,其拌合物流动性较大,杂质含量多,针、片状颗粒含量多,则其流动性变差;骨料的最大粒径增大,由于其表面积减小,故其拌合物流动性较大。

学中做

在水和水泥用量相同的情况下,用(　)硅酸盐水泥拌制的混凝土拌合物和易性最好。

A. 普通　　　　B. 火山灰质　　　　C. 矿渣　　　　D. 粉煤灰

答案:D

5)环境因素、施工条件和时间

环境温度的变化会影响到混凝土的和易性。环境温度升高,水分蒸发及水化反应加快,坍落度损失也变快。因此,在施工中为保证混凝土拌合物的和易性,要考虑温度的影响,并采取相应措施。

拌合物拌制后,随着时间的延长而逐渐变得干稠,流动性减小。其原因是一部分水已用于水泥水化,一部分水被骨料吸收,一部分水蒸发,以及混凝土凝聚结构逐渐形成,因此混凝土拌合物的流动性变差。施工中应考虑混凝土拌合物流动性随时间延长而变化这一因素。

6)外加剂和掺合料

在拌制混凝土时,加入很少量的外加剂,如引气剂、减水剂等,能使混凝土拌合物在不增加水量的条件下,获得很好的和易性,增大流动性和改善黏聚性、降低泌水性。

掺入粉煤灰、硅灰、磨细沸石粉等矿物掺合料,也可改善拌合物的和易性。矿物掺合料是指在配制混凝土时加入的能改变混凝土性能的无机矿物细粉。它的掺量通常大于水泥用量的5%,细度与水泥细度相同或比水泥更细。掺合料与外加剂主要不同之处在于掺合料参与了水泥的水化过程,对水化产物有所贡献。在配制混凝土时加入较大量的矿物掺合料,可降低温度,改善和易性,增进后期强度,并可改善混凝土的内部结构,提高混凝土耐久性和抗腐蚀能力。

目前,工业废渣矿物掺合料直接在混凝土中应用的技术有了新的进展,尤其是粉煤灰、磨细矿渣粉、硅灰等具有良好活性的外掺料,在节约水泥、改善混凝土性能、扩大混凝土品种、减少环境污染等方面具有显著的技术经济效果和社会效益。在实际中,可采用如下措施调整混凝土拌合物的和易性。

(1)通过试验,采用合理砂率,并尽可能采用较低的砂率。

(2)改善砂、石的级配,在可能条件下,尽量采用较粗的砂、石。

(3)当混凝土拌合物坍落度太小时,保持水灰比不变,增加适量的水泥浆;当坍落度太大时,保持砂率不变,增加适量的砂石。

(4)有条件时尽量掺用外加剂和掺合料。

做中学

某混凝土搅拌站原混凝土配方均可生产出性能良好的泵送混凝土,后因供应的问题进了一批针、片状颗粒多的碎石,当班技术人员未引起重视,仍按原配方配制混凝土,后发觉混凝土坍落度明显下降,难以泵送,现场临时加水泵送。请对此过程予以分析。

分析:①混凝土坍落度下降的原因。因碎石针、片状颗粒增多,表面积增大,在其他材料及配方不变的条件下,其坍落度必然下降。②当坍落度下降难以泵送,简单地现场加水虽可解决泵送问题,但对混凝土的强度及耐久性都有不利影响,还会引起泌水等问题。

二、硬化混凝土的强度

混凝土凝结硬化后应具有足够的强度，以保证建筑物的安全。混凝土主要用于承受荷载或抵抗各种作用力，因此强度是混凝土最重要的力学性质。混凝土的强度包括抗压强度、抗拉强度、抗弯强度、抗剪强度和与钢筋的黏结强度等。其中，混凝土的抗压强度最大，抗拉强度最小，因此在结构工程中混凝土主要用于承受压力。

混凝土强度与混凝土的其他性能关系密切。一般来说，混凝土的强度越高，其刚性、不透水性、抵抗风化和某些介质侵蚀的能力也越高，通常用混凝土强度来评定和控制混凝土的质量。

1. 混凝土的立方体抗压强度

混凝土的抗压强度，是指其标准试件在压力作用下直到破坏时单位面积所能承受的最大压力。混凝土结构物常以抗压强度为主要参数进行设计，而且抗压强度与其他强度及变形有良好的相关性。因此，抗压强度常作为评定混凝土质量的指标，并作为确定强度等级的依据，在实际工程中提到的混凝土强度一般是指抗压强度。

根据《混凝土物理力学性能试验方法标准》(GB/T 50081—2019)制作 150 mm×150 mm×150 mm 的标准立方体试件，在标准养护条件(温度 20 ℃±2 ℃，相对湿度 95％以上)下，或在温度为 20 ℃±2 ℃的不流动的 $Ca(OH)_2$ 饱和溶液中养护到 28 d 龄期，所测得的抗压强度值为混凝土立方体抗压强度，以 f_{cu} 表示。

为了正确进行设计和控制工程质量，根据混凝土立方体抗压强度标准值(以 $f_{cu,k}$ 表示)，将混凝土划分成不同的强度等级。混凝土立方体抗压强度标准值，是指按标准方法制作和养护的标准立方体试件，在标准养护条件下养护至 28 d 龄期，用标准试验方法测得的抗压强度总体分布中的一个值，强度低于该值的百分率不超过 5％(即具有 95％保证率的立方体抗压强度)。混凝土强度等级采用 C 与立方体抗压强度标准值(以 N/mm² 即 MPa 计)表示，共划分成C15、C20、C25、C30、C35、C40、C45、C50、C55、C60、C65、C70、C75 及 C80 共 14 个等级。例如，C35 表示混凝土立方体抗压强度≥35 MPa 且＜40 MPa 的保证率为 95％，即混凝土立方体抗压强度标准值 $f_{cu,k}$＝35 MPa。

2. 混凝土的轴心抗压强度

确定混凝土强度等级采用立方体试件，但实际工程中钢筋混凝土构件形式极少是立方体的，大部分是棱柱体或圆柱体。为了使测得的混凝土强度接近于混凝土构件的实际情况，在钢筋混凝土结构计算中计算轴心受压构件(例如柱子、桥墩等)时，是以混凝土的轴心抗压强度为设计依据的，轴心抗压强度以 f_{cp} 表示。

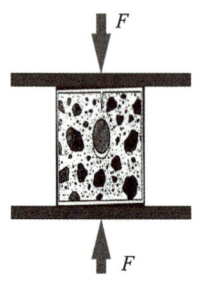

图 2-39　轴心抗压强度检测示意图

根据《混凝土物理力学性能试验方法标准》(GB/T 50081—2019)的规定，轴心抗压强度采用 150 mm×150 mm×300 mm 的棱柱体作为标准试件，用压力机检测，如图 2-39所示。如有必要，也可采用非标准尺寸的棱柱体试件，但其高宽比(h/a)应在 2～3 的范围内。轴心抗压强度值 f_{cp} 比同截面的立方体抗压强度值 f_{cu} 小，棱柱体试件高宽比(h/a)越大，轴心抗压强度越小，但当高宽比(h/a)达到一定值后，强度不再降低。在立方体抗压强度 f_{cu} 为 10～55 MPa 时，轴心抗压强度 f_{cp}＝$(0.70～0.80)f_{cu}$。

3. 混凝土的抗拉强度

混凝土是一种典型的脆性材料,抗拉强度较低,只有抗压强度的 1/20～1/10,且随着混凝土强度等级的提高,比值有所降低。由于混凝土受拉时呈脆性断裂,破坏时无明显残余变化,故在钢筋混凝土结构设计中,不考虑混凝土承受拉力,而是在混凝土中配以钢筋,由钢筋来承受结构的拉力。但混凝土抗拉强度对于混凝土抗裂性具有重要作用,它是结构设计中确定混凝土抗裂程度的主要指标,有时也用它来间接衡量混凝土与钢筋间的黏结强度,并预测由于干湿变化和温度变化而产生裂缝的情况。

用轴向拉伸试件测定混凝土的抗拉强度,荷载不易对准轴线,夹具处常发生局部破坏,致使测量很不准确,故我国目前采用由劈裂抗拉强度试验法间接得出混凝土的抗拉强度,称为劈裂抗拉强度(f_{ts})。标准规定,劈裂抗拉强度采用边长为 150 mm 的立方体试件,在试件的两个相对的表面上加上垫条。当施加均匀分布的压力时,就能在外力作用的竖向平面内,产生分布的拉应力(图 2-40),该应力可以根据弹性理论计算得出。这个方法不但大大简化了抗拉试件的制作,并且能较正确地反映试件的抗拉强度。劈裂抗拉强度按公式(2-20)计算:

$$f_{ts} = \frac{2F}{\pi A} = \frac{0.637F}{A} \tag{2-20}$$

式中:f_{ts}——混凝土劈裂抗拉强度,MPa;

　　　F——破坏荷载,N;

　　　A——试件劈裂面积,mm^2。

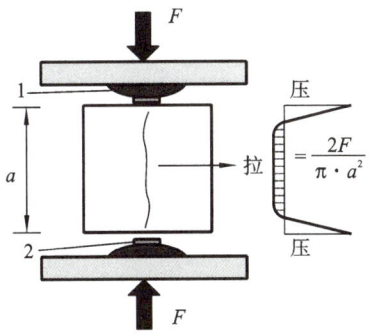

图 2-40　劈裂抗拉强度测定示意及应力分布图
1—钢垫条;2—木质垫层

试验证明,在相同条件下,混凝土用轴拉法测得的抗拉强度,较用劈裂法测得的劈裂抗拉强度略小,两者比值约为 0.9。混凝土的劈裂抗拉强度与混凝土标准立方体抗压强度(f_{cu})之间的关系,可用经验公式表达如下:

$$f_{ts} = 0.35 f_{cu}^{3/4} \tag{2-21}$$

混凝土劈裂抗拉强度以 150 mm×150 mm×150 mm 立方体试件的劈裂抗拉强度为标准值。采用 100 mm ×100 mm×100 mm 非标准试件测得的劈裂抗拉强度值,应乘以尺寸换算系数 0.85;当混凝土强度等级≥C60 时,宜采用标准试件,若采用非标准试件时,尺寸换算系数应由试验确定。

4. 混凝土与钢筋的黏结强度

在钢筋混凝土结构中,为使钢筋和混凝土能有效协同工作,混凝土与钢筋之间必须要有适当的黏结强度。这种黏结强度,主要来源于混凝土与钢筋之间的摩擦力、钢筋与水泥石之间的黏结力及变形钢筋的表面机械啮合力。黏结强度与混凝土质量有关,与混凝土抗压强度成正比。此外,黏结强度还受其他许多因素影响,如钢筋尺寸及变形钢筋种类、钢筋在混凝土中的位置(水平钢筋或垂直钢筋)、加载类型(受拉钢筋或受压钢筋),以及干湿变化、温度变化等。

目前,还没有一种较适当的标准试验能准确测定混凝土与钢筋的黏结强度。为了对比不同混凝土的黏结强度,美国材料实验室(ASTM C 234)提出了一种拔出试验方法:混凝土试件为边长 150 mm 的立方体,其中埋入 Φ18 mm 的标准变形钢筋,试验时以不超过 34 MPa/min 的加荷速度对钢筋施加拉力,直到钢筋发生屈服,或混凝土裂开,或加荷端钢筋滑移超过2.5 mm。记录出现上述三种中任一情况时的荷载值 F,用式(2-22)计算混凝土与钢筋的黏结强度。

$$f_N = \frac{F}{\pi dl} \tag{2-22}$$

式中:f_N——黏结强度,MPa;

　　d——钢筋直径,mm;

　　l——钢筋埋入混凝土中的长度,mm;

　　F——测定的荷载值,N。

5. 混凝土的抗折强度

《混凝土物理力学性能试验方法标准》(GB/T 50081—2019)规定,混凝土抗折强度试验采用 150 mm×150 mm×550 mm 的棱柱体标准试件,按三分点加荷方式加载测得其抗折强度,如图 2-41 所示,计算公式为:

$$f_{cf} = \frac{FL}{bh^2} \tag{2-23}$$

式中:f_{cf}——混凝土的抗折强度,MPa;

　　F——破坏荷载,N;

　　L——支座间距,mm;

　　b——试件截面宽度,mm;

　　h——试件截面高度,mm。

当采用 100 mm×100 mm×400 mm 非标准试件时,应乘以尺寸换算系数 0.85;当混凝土强度等级≥C60 时,宜采用标准试件。

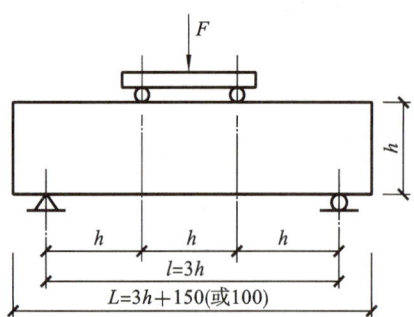

图 2-41 混凝土抗折强度示意图

6. 影响混凝土强度的主要因素

硬化后的混凝土在未受到外力作用之前,由于水泥水化造成的化学收缩和物理收缩引起砂浆体积的变化,在粗骨料与砂浆界面上产生了分布极不均匀的拉应力,从而导致界面上形成了许多微细的裂缝。另外,还因为混凝土成型后的泌水作用,某些上升的水分为粗骨料颗粒所阻止,因而聚集于粗骨料的下缘,混凝土硬化后就成为界面裂缝。通过对水泥石与骨料界面的研究发现,该界面并非仅仅是一个"面",而且也是具有 $100~\mu m$ 以下厚度的一个"层",称为"界面过渡区"。界面过渡区是混凝土整体结构中易损的薄弱环节,它对混凝土的耐久性、力学性能有着十分关键的影响。

当混凝土受力时,这些预存的界面裂缝会逐渐扩大、延长并汇合连通起来,形成可见的裂缝,致使混凝土结构丧失连续性而遭到完全破坏。强度试验也证实,正常配比的混凝土破坏主要是骨料与水泥的黏结界面发生破坏。所以,混凝土的强度主要取决于水泥石强度及其与骨料的黏结强度。而黏结强度又与水泥强度等级、水灰比及骨料的性质有密切关系,此外混凝土的强度还受施工质量、养护条件及龄期的影响。

1)原材料的因素

(1)水泥强度等级和水灰比。

水泥强度等级和水灰比是决定混凝土强度最主要的因素,也是决定性因素。

水泥是混凝土中的活性组分,在水灰比不变时,水泥强度等级愈高,则硬化水泥石的强度愈大,对骨料的胶结力就愈强,制成的混凝土强度也就愈高。在水泥强度等级相同的条件下,混凝土的强度主要取决于水灰比。因为从理论上讲,水泥水化时所要求的流动性,常需多加一些水,如常用的塑性混凝土,其水灰比均在 $0.4\sim0.8$ 之间。当混凝土硬化后,多余的水分就残留在混凝土中或蒸发后形成气孔或通道,大大减小了混凝土抵抗荷载的有效断面,而且可能在空隙周围引起应力集中。因此,在水泥强度等级相同的情况下,水灰比愈小,水泥石的强度愈高,与骨料的黏结力愈大,混凝土强度也愈高。但是,如果水灰比过小,拌合物过于干稠,在一定的施工振捣条件下,混凝土不能被振捣密实,出现较多的蜂窝、孔洞,反将导致混凝土强度严重下降。混凝土强度与水灰比、水泥强度之间的关系可用经验公式(又称鲍罗米公式)表示:

$$f_{cu,0} = \alpha_a f_{ce}\left(\frac{C}{W} - \alpha_b\right) \tag{2-24}$$

式中:$f_{cu,0}$——混凝土 28 d 龄期抗压强度,MPa;

　　　C/W——灰水比;

　　　f_{ce}——水泥 28 d 抗压强度实测值,MPa;

　　　α_a,α_b——回归系数。

鲍罗米公式,一般只适用于流动性混凝土和低流动性混凝土且强度等级在 C60 以下的混凝土。利用鲍罗米公式,可根据所用的水泥强度等级和水灰比估计混凝土 28 d 的强度,也可根据水泥强度等级和要求的混凝土强度等级确定所采用的水灰比。

(2)骨料。

当骨料级配良好、砂率适当时,由于组成了坚强密实的骨架,有利于混凝土强度的提高。如果混凝土骨料中有害杂质较多,品质低,级配不好,会降低混凝土的强度。

由于碎石表面粗糙有棱角,提高了骨料与水泥砂浆之间的机械啮合力和黏结力,所以在原材料坍落度相同的条件下,用碎石拌制的混凝土比卵石的强度要高。

骨料的强度影响混凝土的强度,一般骨料强度越高,所配制的混凝土强度越高,这在低水灰比和配制高强度混凝土时,特别明显。骨料粒形以三维长度相等或相近的球形或立方体形为好,若含有较多扁平或细长的颗粒,会增加混凝土的空隙率,扩大混凝土中骨料的表面积,增加混凝土的薄弱环节,导致混凝土强度下降。

(3)掺外加剂和掺合料。

掺减水剂,特别是高效减水剂,可大幅度降低用水量和水灰比,使混凝土的强度显著提高。

掺早强剂可显著提高混凝土的早期强度。

在混凝土中掺入高活性的掺合料(如优质粉煤灰、硅灰、磨细矿渣粉等),可以与水泥的水化产物进一步发生反应,产生大量的凝胶物质,使混凝土更趋于密实,强度进一步得到提高。

2)生产工艺因素

(1)养护条件。

养护条件是指混凝土浇筑成型后,必须保持适当的温度和足够的湿度,保证水泥水化的正常进行,使混凝土硬化后达到预定的强度及其他性能。因此,适当的温度和足够的湿度是混凝土强度顺利发展的重要保证。

环境温度对水泥水化有明显的影响。温度升高,早期水化速度加快,混凝土强度的发展也快;反之,在低温下混凝土强度发展延缓。但早期加快水化会导致水化物分布不均匀,水化物密实程度低的区域将成为水泥的薄弱环节,从而降低其整体的强度;水化物密实程度高的区域,水化物包裹在未水化的水泥颗粒的周围,会妨碍水化反应的继续进行,对后期强度的发展不利。温度对混凝土强度的影响见图2-42。当温度处于冰点以下时,由于混凝土中的水分大部分结冰,混凝土的强度不但停止发展,同时还会受到冻胀破坏作用,严重影响混凝土的早期强度和后期强度。一般情况下,混凝土受冻之后再融化,其强度仍可持续增长,但是受冻越早,强度损失越大。

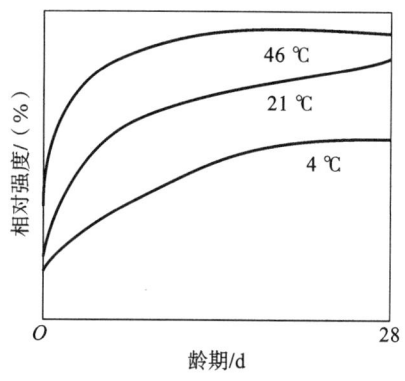

图 2-42　温度对强度发展的影响示意图

周围环境的湿度对混凝土的强度发展同样是非常重要的。水是水泥水化反应的必要成分,如果环境湿度不够,混凝土拌合物表面水分蒸发,内部水分向外迁移,混凝土会因失水干燥而影响水泥水化的正常进行,甚至停止水化。这不仅大大降低混凝土强度,而且使混凝土结构疏松,形成干缩裂缝,严重影响混凝土的耐久性。

《混凝土结构工程施工质量验收规范》(GB 50204—2015)中规定:应在混凝土浇筑完毕后的 12 h 以内对混凝土加以覆盖并保湿养护。混凝土浇水养护的时间,对采用硅酸盐水泥、普通硅酸盐水泥和矿渣硅酸盐水泥拌制的混凝土,不得少于 7 d;对掺用缓凝型外加剂或有抗渗要求的混凝土,不得少于 14 d。图 2-43 为潮湿养护时间对混凝土强度的影响。

为加速混凝土强度的发展,提高混凝土早期强度,在工程中还可采用蒸汽养护和压蒸养护。蒸汽养护是将混凝土放在低于 100 ℃ 常压蒸汽中进行养护。掺混合材料的矿渣水泥、火山灰质水泥及粉煤灰水泥在蒸汽养护的条件下,不但可以提高早期强度,其 28 d 强度也会略有提高。压蒸养护是将混凝土放在温度 175 ℃、8 个大气压的蒸压釜内进行养护。高温高压加速了活性混合材料的化学反应,使混凝土的强度得以提高。但压蒸养护需要的蒸压釜设备比较庞大,仅在生产硅酸盐混凝土制品时使用。

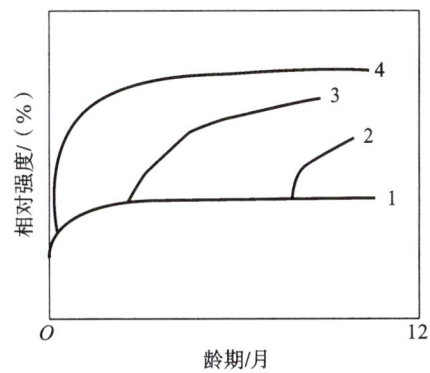

图 2-43　湿度对强度发展的影响示意图

1—空气中养护；2—九个月后水中养护；3—三个月后水中养护；4—标准湿度条件下养护

（2）施工条件。

混凝土施工过程中，应搅拌均匀、振捣密实、养护良好才能使混凝土硬化后达到预期的强度。采用机械搅拌比人工拌合的拌合物更均匀。一般来说，水灰比越小时，通过振动捣实效果也越显著。当水灰比值逐渐增大时，振动捣实的优越性会逐渐降低，其强度提高一般不超过10%。改进施工工艺，如采用分次投料搅拌工艺、高速搅拌工艺、二次振捣工艺等都会有效地提高混凝土强度。

（3）龄期。

龄期是指混凝土在正常养护条件下所经历的时间。在正常养护条件下，混凝土的强度随着龄期的增加而增长，在最初的 7～14 d 发展较快，28 d 以后增长缓慢。在适宜的温、湿条件下，其增长过程可达数十年之久。

试验证明，用中等等级的普通硅酸盐水泥（非 R 型）配制的混凝土，在标准养护条件下，混凝土强度的发展大致与龄期的对数成正比例关系，可按式（2-25）推算。

$$f_n = f_{28} \frac{\lg n}{\lg 28} \tag{2-25}$$

式中：f_n——n 龄期（d）时的混凝土抗压强度，MPa；

f_{28}——28 d 龄期时的混凝土抗压强度，MPa；

n——养护龄期，$n \geqslant 3$ d。

式（2-25）可用于估计混凝土的强度，如已知 28 d 龄期的混凝土强度，估算某一龄期的强度；或已知某龄期的强度，推算 28 d 的强度。但由于影响混凝土强度的因素很多，故只能作参考。

做中学

某市政工程队在夏季正午施工，铺筑路面水泥混凝土。浇筑后表面未及时覆盖，后发现混凝土表面形成众多微细龟裂纹，请分析原因，并提出预防措施。

分析：由于夏季正午天气炎热，混凝土中的水分蒸发过快，造成混凝土产生急剧收缩。混凝土的早期强度低，难以抵抗这种变形应力而表面易形成龟裂，属于塑性收缩。

预防措施：在夏季施工尽量选在晚上或傍晚，且浇筑混凝土后及时覆盖养护，增加环境湿度，在满足和易性的前提下尽量降低坍落度。若出现塑性收缩裂缝，可于初凝后终凝前两次抹光，然后进行下一道工序并及时覆盖洒水养护。

3）试验条件

试验过程中,试件的尺寸、形状、表面状态、含水程度及加荷速度都对砼的强度值产生一定的影响。

（1）试件的尺寸。

相同的混凝土其试件的尺寸越小,测得的强度越高。试件尺寸影响强度的主要原因,是试件尺寸大时,内部孔隙、缺陷等出现的概率也大,导致有效受力面积减小及应力集中,从而引起强度的降低。我国标准规定,采用 150 mm×150 mm×150 mm 的立方体试件作为标准试件,当采用非标准的其他尺寸试件时,所测得的抗压强度应乘以表 2-46 所列的换算系数。

表 2-46　混凝土试件不同尺寸的强度换算系数

骨料的最大粒径	试件尺寸	换算系数
31.5 mm	100 mm×100 mm×100 mm	0.95
40 mm	150 mm×150 mm×150 mm	1
63 mm	200 mm×200 mm×200 mm	1.05

（2）试件的形状。

当试件受压面积$(a \times a)$相同,而高度(h)不同时,高宽比(h/a)越大,抗压强度越小。这是由于试件受压时,试件受压面与试件承压板之间的摩擦力,对试件相对于承压板的横向膨胀起着约束作用,该约束有利于强度的提高。愈接近试件的端面,这种约束作用就愈大,试件破坏后,其上下部分各呈现一个较完整的棱锥体,这就是这种约束作用的结果。通常,称这种作用为环箍效应。

（3）表面状态。

混凝土试件承压面的状态,也是影响混凝土强度的重要因素。当试件受压面上有油脂类润滑剂时,试件受压时的环箍效应大大减小,试件将出现直裂破坏,测出的强度值也较低。

（4）加荷速度。

加荷速度越快,测得的混凝土强度值也越大,当加荷速度超过 1.0 MPa/s 时,这种趋势更加显著。因此,我国标准规定,混凝土抗压强度的加荷速度为 0.3~0.8 MPa/s,且应连续均匀地进行加荷。

由上述内容可知,即使原材料、施工工艺及养护条件都相同,试验条件的不同也会导致测定结果的不同。因此,混凝土抗压强度的测定必须严格遵守国家有关测定标准的规定。推而广之,任何一种材料的检测都必须按统一的检测标准进行,检测结果才具有可比性。

任务实施

一、混凝土拌合物和易性检测

1. 混凝土坍落度检测

本测定方法适用于坍落度值不小于 10 mm、骨料最大粒径不大于 40 mm 的混凝土拌合物。测定时需拌制拌合物约 15 L（如水泥:3.0 kg。砂:4.2 kg。石子:7.7 kg。水:1.5 kg）。

1）检测目的

测定新拌混凝土的坍落度值,评定和易性是否符合施工要求。掌握《普通混凝土拌合物性能试验方法标准》(GB/T 50080—2016)的测试方法,正确使用所用仪器与设备,并熟悉其性能。

2)主要仪器设备

(1)标准坍落度筒:如图 2-44,为金属制截头圆锥形,上下截面必须平行,锥体轴心垂直,筒外两侧对称焊有把手两只,近下端两侧对称焊有踏板两只,圆锥筒表面必须光滑。圆锥筒尺寸为:底部内径 200 mm±2 mm;顶部内径 100 mm±2 mm;高度 300 mm±2 mm。

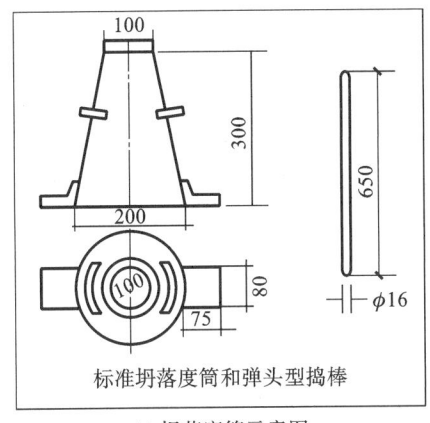

标准坍落度筒和弹头型捣棒

(a)坍落度筒示意图

(b)坍落度筒实物图

图 2-44　坍落度筒

(2)弹头型捣棒(直径 16 mm、长 650 mm 的钢棒,端部为弹头形)。

(3)磅秤。

(4)小铁铲、直尺、装料漏斗、钢尺、取样小铲等。

3)检测步骤

坍落度试验应按下列步骤进行:

(1)按比例配出 15 L 拌合材料(如水泥:3.0 kg。砂:4.2 kg。石子:7.7 kg。水:1.5 kg),将水泥和骨料倒在拌板上并用铁锹拌匀,再将中间扒一凹洼,边加水边进行拌合,直至拌合均匀。

(2)坍落度筒内壁和底板应润湿无明水;底板应放置在坚实水平面上,并把坍落度筒放在底板中心,然后用脚踩住两边的脚踏板,坍落度筒在装料时应保持固定的位置。

(3)混凝土拌合物试样应分三层均匀地装入坍落度筒内,每装一层混凝土拌合物,应用捣棒由边缘到中心按螺旋形均匀插捣 25 次,捣实后每层混凝土拌合物试样高度约为筒高的三分之一。

(4)插捣底层时,捣棒应贯穿整个深度;插捣第二层和顶层时,捣棒应插透本层至下一层的表面。

(5)顶层混凝土拌合物装料应高出筒口,插捣过程中,混凝土拌合物低于筒口时,应随时添加。

(6)顶层插捣完后,取下装料漏斗,应将多余混凝土拌合物刮去,并沿筒口抹平。

(7)清除筒边底板上的混凝土后,应垂直平稳地提起坍落度筒,并轻放于试样旁边。

4)试验结果处理和计算

当试样不再继续坍落或坍落时间达 30 s 时,用钢尺测量出筒高与坍落后混凝土试体最高点之间的高度差,作为该混凝土拌合物的坍落度值。

混凝土拌合物坍落度值测量应精确至 1 mm,结果应修约至 5 mm。

5)注意事项

(1)坍落度筒的提离过程宜控制在 3～7 s;从开始装料到提坍落度筒的整个过程应连续进行,并应在 150 s 内完成。

(2)将坍落度筒提起后混凝土发生一边崩坍或剪坏现象时,应重新取样另行测定;第二次试验仍出现一边崩坍或剪坏现象,应予记录说明。

在测定完毕混凝土拌合物坍落度后,应注意观察拌合物的下述性质,并记录。

黏聚性:用捣棒在已坍落的拌合物锥体侧面轻轻敲打,如果锥体逐步下沉,表示黏聚性良好;如果突然倒塌、部分崩裂或石子离析,则为黏聚性不好的表现。

保水性:当提起坍落度筒后如有较多的稀浆从底部析出,锥体部分的拌合物也因失浆而骨料外露,则表明保水性不好;如无这种现象,则表明保水性良好。

2. 混凝土扩展度检测

本试验方法宜用于骨料最大公称粒径不大于 40 mm、坍落度不小于 160 mm 的混凝土扩展度的测定。

1)主要仪器设备

(1)坍落度仪:应符合现行行业标准《混凝土坍落度仪》(JG/T 248)的规定。

(2)钢尺:量程不应小于 1 000 mm,分度值不应大于 1 mm。

(3)底板:应采用平面尺寸不小于 1 500 mm×1 500 mm、厚度不小于 3 mm 的钢板,其最大挠度不应大于 3 mm。

2)检测步骤

(1)试验设备准备、混凝土拌合物装料和插捣同坍落度试验步骤中(1)～(6)款一致。

(2)清除筒边底板上的混凝土后,应垂直平稳地提起坍落度筒,坍落度筒的提离过程宜控制在 3～7 s;当混凝土拌合物不再扩散或扩散持续时间已达 50 s 时,应使用钢尺测量混凝土拌合物展开扩展面的最大直径以及与最大直径呈垂直方向的直径。

3)试验结果处理和计算

当两直径之差小于 50 mm 时,应取其算术平均值作为扩展度试验结果,混凝土拌合物扩展度值测量应精确至 1 mm,结果修约至 5 mm;当两直径之差不小于 50 mm 时,应重新取样另行测定。

4)注意事项

扩展度试验从开始装料到测得混凝土扩展度值的整个过程应连续进行,并应在 4 min 内完成。

二、普通混凝土抗压强度检测

混凝土抗压强度是依据国家标准《混凝土物理力学性能试验方法标准》(GB/T 50081—2019)测定的。

1. 检测目的

测定混凝土立方体抗压强度,作为评定混凝土质量的主要依据。掌握国家标准《混凝土物理力学性能试验方法标准》(GB/T 50081—2019)的测试方法,正确使用所用仪器与设备,并熟悉其性能。

2. 主要仪器设备

(1)压力试验机:压力试验机应符合《液压式万能试验机》(GB/T 3159)的规定。测量精度为±1%,其量程应能使试件的预期破坏荷载值大于全量程的20%,且小于全量程的80%。试验机应具有加荷速度指示装置或加荷速度控制装置,并应能均匀、连续地加荷;上、下压板之间可各垫以钢垫板,钢垫板的承压面均应机械加工。

(2)振动台:振动频率为 50 Hz±3 Hz,空载振幅约为 0.5 mm。

(3)试模:由铸铁或钢制成,应具有足够的刚度并拆装方便。试模内表面应保证足够的平滑度,或经机械加工,其不平度应不超过 0.05%,组装后的各相邻面的不垂直度应不超过±0.05%。

(4)捣棒、金属直尺、小铁铲等。

3. 检测步骤

1)混凝土试件的制作与养护

(1)混凝土试件的尺寸和形状。

混凝土试件的尺寸应根据混凝土中骨料的最大粒径按表 2-47 选定。

表 2-47　混凝土试件尺寸选用表

试件尺寸	骨料最大粒径	
	立方体抗压强度试验	劈裂抗拉强度试验
100 mm×100 mm×100 mm	31.5 mm	19.0 mm
150 mm×150 mm×150 mm	37.5 mm	37.5 mm
200 mm×200 mm×200 mm	63 mm	—

边长为 150 mm 的立方体试件是标准试件,边长为 100 mm 和 200 mm 的立方体试件是非标准试件。当施工涉外工程或必须用圆柱体试件来确定混凝土力学性能时,可采用Φ150 mm×300 mm 的圆柱体标准试件或 Φ100 mm×200 mm 和 Φ200 mm×400 mm 的圆柱体非标准试件。

(2)混凝土试件的制作。

①成型前,应检查试模尺寸;试模内表面应涂一薄层矿物油或其他不与混凝土发生反应的脱模剂。

②取样或实验室拌制的混凝土应在拌制后尽可能短的时间内成型,一般不宜超过15 min。成型前,应将混凝土拌合物用铁锹至少再来回拌合三次。

③试件成型方法根据混凝土拌合物的稠度而定。坍落度不大于 70 mm 的混凝土宜采用振动台振实成型;坍落度大于 70 mm 的混凝土宜采用捣棒人工捣实成型。

采用振动台成型时,将混凝土拌合物一次装入试模,装料时应用抹刀沿各试模壁插捣,并使混凝土拌合物高出试模口;振动时试模不得有任何跳动,振动应持续到混凝土表面出浆为止,不得过振。

采用人工插捣成型时,将混凝土拌合物分两层装入试模,每层插捣次数在每 10 000 mm² 截面积内不得少于 12 次;插捣应按螺旋方向从边缘向中心均匀进行。在插捣底层混凝土时,捣棒应到达试模底部;插捣上层时,捣棒应贯穿上层后插入下层 20～30 mm;插捣时捣棒应保持垂直,不得倾斜。然后应用抹刀沿试模内壁插拔数次。插捣后应用橡皮锤轻轻敲击试模四周,直至插捣棒留下的孔洞消失为止。

④刮除试模上口多余的混凝土,待混凝土临近初凝时,用抹刀抹平。

(3)混凝土试件的养护。

①试件成型后应立即用不透水的薄膜覆盖表面,以防止水分蒸发。

②采用标准养护的试件,应在温度为(20±5)℃的环境中静置一昼夜至二昼夜,然后编号、拆模。拆模后应立即放入温度为(20±2)℃、相对湿度为95%以上的标准养护室中养护,或在温度为(20±2)℃的不流动的 $Ca(OH)_2$ 饱和溶液中养护。标养室内的试件应放在支架上,彼此间隔10~20 mm,试件表面应保持潮湿,并不得被水直接冲淋。

2)混凝土立方体抗压强度测定

(1)试件自养护地点取出后应及时进行试验,以免试件内部的温度发生显著变化。将试件擦拭干净,检查其外观。

(2)将试件安放在试验机的下压板或钢垫板上,试件的承压面应与成型时顶面垂直。试件的中心应与试验机下压板中心对准。开动试验机,当上压板与试件或钢垫板接近时,调整球座,使接触均衡。

(3)加荷应连续而均匀,加荷速度为:混凝土强度等级<C30 时,取 0.3~0.5 MPa/s;混凝土强度等级≥C30 且<C60 时,取 0.5~0.8 MPa/s;混凝土强度等级≥C60 时,取 0.8~1.0 MPa/s。当试件接近破坏而开始迅速变形时,应停止调整试验机油门,直至试件破坏,记录破坏荷载 F(N)。

3)测定结果

(1)混凝土立方体抗压强度 f_{cu} 按式(2-26)计算,精确至 0.1 MPa。

$$f_{cu} = \frac{F}{A} \tag{2-26}$$

式中: F——试件破坏荷载,N;

A——试件承压面积,mm^2。

(2)以三个试件抗压强度测定值的算术平均值作为该组试件的抗压强度值。三个测定值中的最大值或最小值中如有一个与中间值的差值超过中间值的15%时,则取中间值作为该组试件的抗压强度值;如最大值和最小值与中间值的差值均超过中间值的15%,则该组试件的试验结果无效。

(3)混凝土抗压强度以 150 mm×150 mm×150 mm 立方体试件的抗压强度为标准值。当混凝土强度等级<C60 时,用非标准试件测得的强度值均应乘以尺寸换算系数,其值:200 mm×200 mm×200 mm 试件为 1.05;100 mm×100 mm×100 mm 试件为 0.95。当混凝土强度等级≥C60 时,宜采用标准试件;采用非标准试件时,尺寸换算系数应由试验确定。

注意事项:

(1)混凝土各组成材料应符合技术要求。

(2)在采用人工拌制混凝土时,注意各组成材料的拌合顺序,拌合均匀。

(3)在做立方体试件时,试模安装牢固,注意振捣密实。

(4)在做立方体抗压强度试验时,注意加载速度应符合要求。

⚙ **做中学**

混凝土立方体抗压强度试件的标准尺寸为(   )。

A. 100 mm×100 mm×100 mm   B. 150 mm×150 mm×150 mm

C. 200 mm×200 mm×200 mm　　　　D. 70.7 mm×70.7 mm×70.7 mm

答案:B

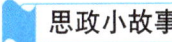 **思政小故事**

超高性能混凝土(UHPC)

UHPC 中的 UH 是词组(ultra-high)的缩写,是指最高量级,P(performance)的单词意思是性能、功效,C 指的是混凝土(concrete)。UHPC 便是指"超高性能混凝土"(ultra-high performance concrete)。

既然 UHPC 是超高性能混凝土,那它的性能究竟可以达到多高?"超高性能混凝土"主要以"三高"著称:强度高、耐久性高、工作性高。以混凝土最主要的抗压性能来看,普通混凝土的抗压强度在 25～40 MPa,我们日常生活中硬度很高的生铁,抗压强度一般在 200 MPa,而 UHPC 抗压强度最高可以达到 810 MPa,即使每个国家的工艺水平有较大差异,对 UHPC 也要求抗压强度达到 150 MPa 以上,抗剪力达到 25 MPa 以上。且 UHPC 高隔热、高防水,质地细腻,基本可以隔绝一切有害介质。

传统混凝土不可避免地,自身具有很多的缝隙。在高温或低温、阴雨连绵或是艳阳高照的情况下缝隙便会进一步放大,使用寿命短,而 UHPC 自身基本没有任何缝隙,即使受外力影响产生细微的缝隙,UHPC 也具有神奇的自愈能力。UHPC 最早多应用于桥梁建设,以此来减轻结构的自重,提升结构的使用寿命和耐久性。使用寿命可以达到 100 年以上。

与传统混凝土"粗、笨、厚、重"等特点不同,UHPC 依仗着自己强悍的物理特性,可以将结构极度地轻量化,具有强烈的视觉美感。设计师借助其优良的性能完全可以将天马行空的想象落到实处。UHPC 密度大,表面光洁度高,质地细腻,有温润如玉之感,普通混凝土在 UHPC 面前完全是个"糙汉子"。不仅如此,超低的孔隙率也使得 UHPC 不易被污染,清洁维护工作好做。

UHPC 被认为是 20 世纪最具创新性的水泥基工程材料之一。目前,法国、瑞士、丹麦、中国、日本和美国都是 UHPC 发展比较活跃的国家,这些国家致力于常见结构的有关技术和发展趋势研究,如单体建筑、桥面及其接缝连接、桥梁结构及修复、阳台、楼梯建造等。

混凝土的
变形性能

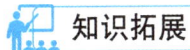 **知识拓展**

混凝土的耐久性能

混凝土的耐久性是指在所处环境及使用条件下,混凝土建筑物能满足各项设计功能要求,并能达到无须大修或全面补强加固而安全运行的能力。

用于建筑物和构筑物的混凝土,不仅应具有设计要求的强度,以保证其能安全承受荷载作用,还应具有足够的耐久性,以保证在所处环境和使用条件下使用年限的要求。

混凝土以其在性能、施工、经济等方面的显著优点成为当今世界上用途最广、用量最大的土木工程材料。长期以来,人们通常认为混凝土是一种具有优良耐久性的材料,形成了单纯追求混凝土强度的倾向,而对混凝土的耐久性关注不够。

随着混凝土建筑物使用时间的延长,很多钢筋混凝土结构发生了过早破坏,其原因不是混凝土强度不足,而是混凝土耐久性不足,这使人们日益意识到混凝土耐久性的重要性。近年来,随着混凝土结构的更广泛应用,其使用环境日益多样化,环境污染日益加剧,混凝土建筑物受环境侵蚀,危害性也日益增加,其耐久性和使用寿命问题,逐渐成为土木工程界普遍关注的问题。随着建筑物使用时间的增长,旧建筑物日益增多,结构的耐久性问题将更加引人关注。

据统计,结构的维修投资在发达国家逐年增加,有的已达到或超过新建工程的投资。如美国 20 世纪 90 年代初期用于旧建筑物维修加固上的投资就占建设投资的 50%,德国则达 80%。涉及维修加固的结构,除有一部分是由于工程事故或偶然灾害造成的损伤和破坏外,剩下的都是经常性或阶段性的修复加固。修复加固的目的主要是弥补结构由于环境因素而受到的损伤与破坏,提高其耐久性和使用寿命。美国每年上千亿美元的工程腐蚀损失中,与钢筋锈蚀相关的损失就达 40%;瑞典用于桥梁耐久性修复上的投资每年达 2 800 万美元之多。我国在"一五"期间,用于建设工程更新改造的投资仅为同期基本建设投资的 4.2%,"三五"期间达到 27%,"四五"和"七五"期间分别达到 31.7%和 54%。当大规模的建设活动达到顶峰后,在 21 世纪初我国出现混凝土结构的维修高潮,并持续相当一段时间,每年所需的维修费用可能高达数千亿元之巨。

在 21 世纪,混凝土材料仍然是最主要的土木工程材料,对用混凝土建造的结构工程来说,混凝土的耐久性与长期工作性能显得更加重要,甚至比强度更重要。在未来的几十年里,海底隧道、海上采油平台、水工建筑物、污水管道、核反应堆外壳、有害化学物的容器等恶劣环境下的结构物,对混凝土的使用寿命要求为几百年,而不是普通混凝土的 50 年,对材料的耐久性能和工作性能要求更高。因此,加强混凝土耐久性研究,提高建筑物的使用寿命显得特别迫切和必要。

混凝土的耐久性包含面很广,常考虑的有混凝土的抗渗性、抗冻性、抗侵蚀性、抗碳化性、抗碱-骨料反应及阻止混凝土中钢筋锈蚀等性能。

1. 混凝土的抗渗性

混凝土的抗渗性是指混凝土抵抗水、油等液体在压力作用下渗透的能力。混凝土的冻融破坏、钢筋锈蚀、碱-骨料反应都是以水渗透为前提的,因此抗渗性是混凝土最重要的耐久性能。

混凝土的抗渗性用抗渗等级 P_n 表示,它是以 28 d 龄期的标准试件,按规定方法进行试验,用每组 6 个试件中 4 个试件未出现渗水时的最大水压力来表示。混凝土的抗渗等级有 P4、P6、P8、P10、P12 五个等级,即相应表示混凝土能抵抗 0.4 MPa、0.6 MPa、0.8 MPa、1.0 MPa 及 1.2 MPa 的静水压力而不渗水。

影响混凝土抗渗性的主要因素是孔隙率和孔隙特征,混凝土孔隙率越低,连通孔越少,抗渗性越好。因此,提高混凝土抗渗性的根本措施有降低水灰比、选择良好的骨料级配、掺用引气剂和优质粉煤灰掺合料等方法。

除此之外,混凝土的抗渗性与混凝土的施工质量及混凝土的龄期有关。良好的浇筑、振捣和养护有利于提高混凝土的抗渗性;龄期越长,水泥水化越充分,混凝土的密实度越高,混凝土的抗渗性越好。

2. 混凝土的抗冻性

混凝土的抗冻性,是指混凝土在饱水状态下,能经受多次冻融循环而不破坏,同时也不严重降低所具有性能的能力。在寒冷地区,特别是接触水又受冻的环境下的混凝土,要求具有较高的抗冻性。

混凝土的抗冻性用抗冻等级 Fn 来表示。抗冻等级以 28 d 龄期的混凝土标准试件,在饱水后承受反复冻融破坏,以抗压强度损失不超过 25%,且质量损失不超过 5% 时所能承受的最多循环次数来表示。混凝土的抗冻等级有 F10、F15、F25、F50、F100、F150、F200、F250 和 F300 九个等级,分别表示混凝土能承受冻融循环的最多次数不少于 10、15、25、50、100、150、200、250 和 300 次。

混凝土受冻融破坏的原因是混凝土内部孔隙中的水在负温下结冰后体积膨胀形成静水压力,当这种压力产生的内应力超过混凝土的抗拉强度,混凝土就会产生裂缝,多次冻融循环使裂缝不断扩展直至破坏。混凝土的密实度、孔隙率和孔隙构造、孔隙的充水程度是影响抗冻性的主要因素。密实的混凝土和具有密闭孔隙的混凝土(如引气混凝土),抗冻性较高。掺入引气剂、减水剂和防冻剂,可有效提高混凝土的抗冻性。

3.混凝土的抗侵蚀性

环境介质对混凝土的腐蚀主要是对水泥石的腐蚀,主要有软水侵蚀和酸、碱、盐的侵蚀。水泥石腐蚀是内外因并存形成的。内因是水泥石中存在引起腐蚀的组分 $Ca(OH)_2$ 和 $3CaO \cdot Al_2O_3 \cdot 6H_2O$;水泥石本身结构不密实,有渗水的毛细管通道。外因是在水泥石周围有以液相形式存在的侵蚀性介质。提高混凝土抗侵蚀性的措施,主要是合理选择水泥品种、掺入适当的掺合料、降低水灰比、提高混凝土的密实度和改善孔结构等。

4.混凝土的碳化

混凝土是一种多孔材料,在其内部往往存在大量的毛细孔隙、气泡等缺陷,具有一定的透气性。混凝土的碳化,是指空气中的 CO_2 等酸性气体在湿度适宜的条件下与混凝土中的 $Ca(OH)_2$ 发生反应,生成碳酸钙和水,使混凝土碱度降低的过程,碳化也称中性化。

影响混凝土抗碳化能力的因素如下。

1)水泥品种和用量

硬化后的水泥石中所含 $Ca(OH)_2$ 越多,则能吸收 CO_2 的量也越大,碳化速度越慢,抗碳化能力越强。掺混合材料越少的水泥,其中 $Ca(OH)_2$ 越多,抗碳化能力越强。因此,矿渣水泥、粉煤灰水泥、火山灰质水泥要比硅酸盐水泥的碳化速度快。

2)混凝土的水灰比和强度

水灰比的大小,直接影响着混凝土的密实度和孔径分布。水灰比小、强度高,混凝土碳化缓慢。通常水灰比大约 0.6 时,碳化速度加快;强度等级越高,混凝土越密实,CO_2 的扩散速度降低,强度大于 50 MPa 的混凝土碳化非常缓慢,可不考虑由于碳化引起的钢筋锈蚀。

3)环境因素

环境因素主要指空气中 CO_2 的浓度及空气的相对湿度,CO_2 浓度增高,碳化速度加快,在相对湿度达到 50%~70% 的情况下,碳化速度最快,在相对湿度达到 100% 或者相对湿度在 25% 以下时碳化将停止进行。

4)施工质量

施工中振捣不密实、养护不足,混凝土产生蜂窝、裂纹,使碳化速度大大加快。

碳化对混凝土的影响:在理想的情况下,混凝土硬化后其 pH 值为 12~13,内部呈一种碱性环境,混凝土构件的钢筋在这种碱性环境中,表面形成一层钝化薄膜,钝化膜能保护钢筋免于生锈。但是碳化导致钢筋的碱性环境呈中性,当 pH 低于 10 时,钢筋表面的钝化膜呈不稳定状态,钢筋开始生锈,生锈后的体积比原体积大得多,产生膨胀,使混凝土保护层开裂,开裂的混凝度又加速了碳化的进行和钢筋的锈蚀,最后导致混凝土产生顺筋开裂而破坏。碳化作用还会产生收缩,使混凝土表面产生微细裂缝。

碳化对混凝土也有有利的影响,碳化放出的水分有助于水泥的水化作用,而且碳酸钙可填充水泥石孔隙,提高混凝土的密实度。

5.混凝土的碱-骨料反应

混凝土的碱-骨料反应,是指混凝土原料中的水泥、外加剂、混合材和水中的碱(Na_2O 或 K_2O)与骨料中的活性 SiO_2 或含有黏土的白云石质石灰石反应生成碱-硅酸盐凝胶或碱-碳酸盐凝胶,沉积在骨料与水泥胶体的界面上,吸水后体积膨胀(体积可增加 3 倍以上),使混凝土产生内部应力而开裂,导致混凝土失去设计性能。碱-骨料反应对混凝土的危害,一般发生在混凝土浇筑成型后数年甚至二三十年。

碱-骨料反应须具备以下条件,才会发生:

(1)水泥中含有较高的碱量,总碱量(按 $Na_2O+0.658K_2O$ 计)大于 0.6% 时,才会与活性骨料发生碱-骨料反应。

(2)骨料中含有活性 SiO_2 或含有黏土的白云石质石灰石并超过一定数量,它们常存在于流纹岩、安山岩、凝灰岩等天然岩石中。

(3)存在水分,在干燥状态下不会造成碱-骨料反应的危害。

混凝土碱-骨料反应一旦发生,不易修复,损失大。以碱-硅酸反应为例,其反应积累期为10~20 年,即混凝土工程建成投产使用 10~20 年就发生膨胀开裂。当碱-骨料反应发展至膨胀开裂时,混凝土力学性能明显降低,其抗压强度降低 40%,弹性模量降低尤为显著。

抑制碱-骨料反应的主要措施有:

(1)控制水泥总含碱量不超过 0.6%。

(2)控制混凝土中碱含量,由于混凝土中碱不仅是从水泥、混合材料、外加剂、水中来,甚至有时从骨料(例如海砂)中来,因此控制混凝土各种原材料总碱量比单纯控制水泥含碱量更为科学。

(3)选用非活性骨料。

(4)在水泥中掺活性混合材料,吸收和消耗水泥中的碱,淡化碱-骨料反应带来的不利影响。

(5)在担心混凝土工程发生碱-骨料反应的部位有效地隔绝水和空气,也可以取得缓和碱-骨料反应对工程的损害的效果。

混凝土的
非破损检验

从上述对混凝土耐久性的分析来看,耐久性的各个性能都与混凝土的组成材料、混凝土的孔隙率与孔隙构造密切相关,因此提高混凝土耐久性的措施主要有以下内容。

(1)根据混凝土工程所处的环境条件和工程特点选择合理的水泥品种。

(2)严格控制水灰比,保证足够的水泥用量。

混凝土的
强度测定

(3)选用杂质少、级配良好的粗、细骨料,并尽量采用合理砂率。

(4)掺引气剂、减水剂等外加剂,可减小水灰比,改善混凝土内部的孔隙构造,提高混凝土耐久性。

(5)掺入高效活性矿物掺料。大量研究表明,掺粉煤灰、矿渣、硅粉等掺合料能有效改善混凝土的性能,填充内部孔隙,改善孔隙结构,提高密实度,高掺量混凝土还能抑制碱-骨料反应。因而,掺入混凝土掺合材料,是提高混凝土耐久性的有效措施。

（6）在混凝土施工中，应搅拌均匀、振捣密实、加强养护，增加混凝土密实度，提高混凝土质量。

 **思政小故事**

混凝土的历史

1824 年，英国人阿斯普丁（Joseph Aspdin）获得了生产波特兰水泥的专利，1830 年前后混凝土问世。为克服混凝土材料抗拉强度低、脆性大、易开裂的缺点，19 世纪 50 年代开发了钢筋混凝土技术。法国人朗波（J. L. Lambot）1854 年在巴黎制造了钢筋混凝土小船，美国人厄特（Thaddeus Hyatt）制作和试验了大量钢筋混凝土梁，但钢筋混凝土并没有得到广泛应用。1867 年，法国人莫尼尔（Joseph Monier）获得了钢筋混凝土花盆的专利，并用这种材料建造了钢筋混凝土水箱和桥梁，之后钢筋混凝土的应用日益广泛。1887 年，科伦（M. Koenen）首先发表了钢筋混凝土的计算方法，为钢筋混凝土的设计提供了理论根据。钢筋混凝土的诞生极大地促进了混凝土的发展，被誉为混凝土发展的第一次革命。

1918 年艾布拉姆斯（D. A. Abrams）发表了著名的计算混凝土本身强度的水灰比理论，1925 年利兹发表了灰水比学说和恒定用水量学说，奠定了现代混凝土的理论基础。1928 年，法国的佛列西涅（Freyssinet）提出了混凝土的收缩和徐变理论，建立了预应力钢筋混凝土结构的科学基础。通过外部条件对混凝土进行改性，大大扩展了混凝土的应用范围，被誉为混凝土发展的第二次革命。20 世纪 60 年代高效减水剂的问世，不仅改善了混凝土的各种性能，而且为混凝土的施工工艺的发展创造了良好的条件，被誉为混凝土发展的第三次革命。

1990 年，美国提出了高性能混凝土的概念，混凝土的性能从单纯重视强度向重视混凝土的综合性能转变。目前各种外加剂、矿物掺合料和纤维在混凝土中的应用日趋广泛，混凝土在工业与民用建筑、水利、公路、铁路、桥梁及国防建设中得到广泛应用。

2014 年，我国水泥产量为 24.8 亿吨，约占世界水泥总产量的 60%。2014 年，我国混凝土总用量超过 40 亿立方米。混凝土是目前当之无愧的用量最大、应用范围最广的土木工程材料。

现代土木建筑工程中，工业与民用建筑、给水与排水工程、公路、水利与水电工程、地下工程及国防工程都广泛地使用混凝土。土木建筑行业的迅速发展，要求混凝土具有不同的性能，而混凝土科学研究的新成果，又促进了土木工程的不断革新。因此，混凝土已成为当代最重要的建筑材料之一，它是世界上用量最大的人工建筑材料。

单元习题

一、填空题

1. 混凝土拌合物的和易性包括_____、_____和_____等三个方面的含义。

2. 测定混凝土拌合物和易性的方法有_____法和_____法。

3. 普通混凝土的基本组成材料有_____、_____、_____和_____。水泥浆起_____、_____作用；骨料起_____作用。

4. 混凝土耐久性主要包括_____、_____、_____、_____等。

5. 混凝土的碳化会导致钢筋_____，使混凝土的强度及耐久性_____。

二、单项选择题

1. 流动性混凝土拌合物的坍落度是指坍落度在（　　）mm 的混凝土。

　　A. 10～40　　　　B. 50～90　　　　C. 100～150　　　　D. 大于 160

2.混凝土立方体抗压强度试件的标准尺寸为（　　）。

A. 100 mm×100 mm×100 mm　　　B. 150 mm×150 mm×150 mm

C. 40 mm×40 mm×160 mm　　　D. 70.7 mm×70.7 mm×70.7 mm

3.坍落度是表示塑性混凝土（　　）的指标。

A.流动性　　　B.黏聚性　　　C.保水性　　　D.软化点

4.普通混凝立方体抗压强度试件需进行标准养护,其养护温度为（　　）℃,相对湿度不小于（　　）%。

A. 20±2;95　　　B. 15±3;90　　　C. 15;95　　　D. 20;90

5.用标准方法测得某混凝土抗压强度为 27 MPa,该混凝土的强度等级为（　　）。

A. C30　　　B. C15　　　C. C20　　　D. C25

6.普通混凝土立方体强度测试,采用 100 mm×100 mm×100 mm 的试件,其强度换算系数为（　　）。

A. 0.90　　　B. 0.95　　　C. 1.05　　　D. 1.00

三、判断题

1.在拌制混凝土时砂越细混凝土的性能越好。（　　）

2.在混凝土拌合物中水泥浆越多和易性就越好。（　　）

3.混凝土的收缩、徐变与时间有关,且互相影响。（　　）

4.当采用合理砂率时,能使混凝土获得良好的和易性,但需要的水泥用量也最大。（　　）

5.影响混凝土拌合物流动性的主要因素归根结底是总用水量的多少,主要采用多加水的办法。（　　）

四、简答题

1.什么是砼的和易性? 其影响因素有哪些?

2.影响混凝土抗压强度的主要因素有哪些? 提高混凝土强度的措施有哪些?

3.提高混凝土耐久性的措施有哪些?

参考答案

4.某混凝土搅拌站原使用砂的细度模数为 2.5,后改用细度模数为 2.1 的砂。改砂后原混凝土配方不变,发觉混凝土坍落度明显变小。请分析原因。

5.某市政工程队在夏季正午施工,铺筑路面水泥混凝土。浇筑后表面未及时覆盖,后发现混凝土表面形成众多微细龟裂纹,请分析原因。

学习单元 5　外加剂

知识目标

理解混凝土外加剂的定义与分类;

熟悉混凝土外加剂在拌制混凝土过程中的作用;

掌握不同类型的外加剂的基本特性和应用场景。

能力目标

能够根据工程需求和环境条件,选择合适的混凝土外加剂类型及其掺量;

熟悉混凝土外加剂的质量标准,能正确检测外加剂的性能;

能够针对混凝土施工过程中出现的问题,提出合理的外加剂解决方案。

 思政目标

培养混凝土外加剂使用过程中的安全操作意识,预防安全事故的发生;

关注建筑材料的环境影响,推动绿色建筑和可持续发展;

培养精益求精、注重细节的工匠精神。

知识树

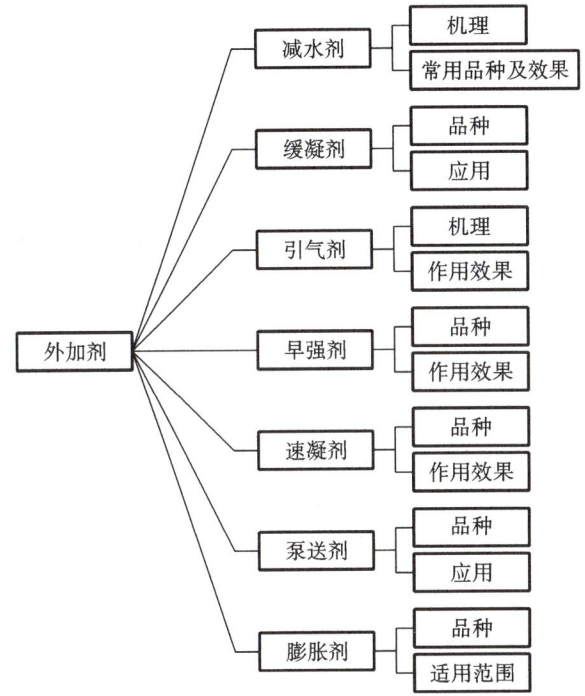

任务提出

本单元的任务是完成总情境中工作一中的任务五:选取合适的外加剂。

任务分析

外加剂是混凝土组成材料中除了胶凝材料、粗骨料、细骨料、水以外的第五组分,因其对混凝土性能提升贡献良多,被称为"幕后英雄"。那么,什么是外加剂呢? 在拌制混凝土过程中掺入的不超过水泥质量的 5%(特殊情况除外),且能使混凝土按需要改变性能的物质,称为混凝土外加剂。

混凝土外加剂按其主要作用可分为如下五类:

(1)改善混凝土拌合物流变性能的外加剂,包括各种减水剂、引气剂及泵送剂。

(2)调节混凝土凝结硬化性能的外加剂,包括缓凝剂、早强剂及速凝剂等。

(3)调节混凝土含气量的外加剂,包括引气剂、消泡剂、泡沫剂、发泡剂等。

(4)改善混凝土耐久性的外加剂,包括引气剂、防水剂、阻锈剂等。

(5)改善混凝土其他特殊性能的外加剂,包括膨胀剂、着色剂、防冻剂等。

在混凝土施工中,根据工程特性和环境条件合理选择外加剂,能够显著提高混凝土的工作性能和耐久性。对于冬季施工或抢修工程,由于时间紧迫且环境温度低,混凝土需要快速达到一定的强度以满足结构安全和使用要求,在这些情况下,早强剂是一种常用的外加剂。早强剂能够加速混凝土的硬化过程,提高早期强度,从而缩短施工周期,适应冬季低温条件。通过合理使用早强剂,我们可以在保证工程质量的同时,提高施工效率,降低工程成本。

混凝土外加剂种类繁多,除了早强剂外,还有减水剂、速凝剂、防水剂等多种类型。每种外加剂都有其独特的作用机理和应用场景。

一、减水剂

减水剂是指在混凝土坍落度基本相同的条件下,能减少拌合用水量的外加剂。

1. 减水剂的作用机理及使用效果

水泥加水拌合后,由于水泥颗粒表面电荷及不同矿物在水化过程中所带电荷不同,会产生絮凝结构,其中包裹着部分拌合水,致使混凝土拌合物的流动性较低。加入适量减水剂后,减水剂分子能定向吸附于水泥颗粒表面,使水泥颗粒表面带有同一种电荷(通常为负电荷),形成静电排斥作用,促使水泥颗粒相互分散,絮凝结构破坏,释放出被包裹的部分水,从而有效地增加混凝土拌合物的流动性。

减水剂中的亲水基极性很强,因此水泥颗粒表面的减水剂吸附膜能与水分子形成一层稳定的溶剂化水膜,这层水膜具有很好的润滑作用,能有效降低水泥颗粒间的滑动阻力,从而使混凝土流动性进一步提高。

根据使用条件的不同,混凝土掺用减水剂后可以产生以下三方面的效果:

(1)在混凝土配合比不变的条件下,可增大混凝土拌合物的流动性,改善施工条件或实现泵送及自流平且不致降低混凝土的强度。

(2)在保持流动性及水灰比不变的条件下,可以减少用水量及水泥用量,以节约水泥。

(3)在保持流动性及水泥用量不变的条件下,可以减少用水量,从而降低水灰比,使混凝土的强度与耐久性得到提高。

2. 减水剂的常用品种及其效果

减水剂是使用最广泛、效果最显著的一种外加剂,按其减水能力及功能情况,可分为普通减水剂、高效减水剂、早强减水剂、缓凝减水剂、缓凝高效减水剂及引气减水剂等;按其化学成分可分为木质素系、萘系、水溶树脂系等,如表 2-48 所示。

表 2-48 常用减水剂

种类	木质素系	萘系	水溶树脂系
类别	普通减水剂	高效减水剂	早强减水剂
主要品种	木质素磺酸钙(木钙粉,又称 M 型减水剂)、木钠、木镁等	NNO、FDO、FDN、UNF、JN、HN、MF 等	SM
适宜掺量	0.2%~0.3%	0.2%~1.2%	0.5%~2%
减水率	10%~11%	12%~25%	20%~30%
早强效果	—	显著	显著(7 d 可达 28 d 强度)
缓凝效果	1~3 h	—	—

续表

种类	木质素系	萘系	水溶树脂系
引气效果	1%~2%	部分品种<2%	—
适用范围	一般混凝土工程及大模板、滑模、泵送、大体积及夏季施工的混凝土工程	适用于所有混凝土工程,更适于配制高强混凝土及流态混凝土、泵送混凝土、冬季施工混凝土	因价格昂贵,宜用于有特殊要求的混凝土工程,如高强混凝土、早强混凝土、流态混凝土等

二、缓凝剂

缓凝剂是指能延长混凝土凝结时间,并对后期强度无明显影响的外加剂。其质量应符合《混凝土外加剂》(GB 8076—2008)的规定。

缓凝剂能使混凝土拌合物在较长时间内保持塑性状态,以利于浇灌成型,提高施工质量,而且可延缓水化放热时间,降低水化热。

缓凝剂的品种有:糖类及碳水化合物,如糖钙、淀粉等,常用掺量为水泥质量的0.1%~0.3%;木质素磺酸盐类,如木质素磺酸钙、木质素磺酸钠等,常用掺量为水泥质量的0.2%~0.3%;羟基羧酸及其盐类,如柠檬酸、酒石酸钾钠等,常用掺量为水泥质量的0.03%~0.1%;无机盐类,如锌盐、硼酸盐等,常用掺量为水泥质量的0.1%~0.2%。

缓凝剂常用于长时间运输的混凝土、高温季节施工的混凝土、泵送混凝土、滑模施工混凝土、大体积混凝土、分层浇筑的混凝土等。缓凝剂及缓凝减水剂不适用于5 ℃以下施工的混凝土,也不宜单独用于有早强要求的混凝土。柠檬酸、酒石酸钾钠等缓凝剂,不宜单独用于水泥用量较低、水灰比较大的贫混凝土。

三、引气剂

在搅拌混凝土过程中能引入大量均匀分布的、稳定而封闭的微小气泡的外加剂,称为引气剂。其质量应符合《混凝土外加剂》(GB 8076—2008)的规定。

1. 引气剂的作用机理

引气剂是表面活性剂。当搅拌混凝土拌合物时,会混入一些气体,引气剂分子定向排列在气泡上,形成坚固不易破裂的液膜,故可在混凝土中形成稳固、封闭的球形气泡,直径为0.05~1.0 mm,均匀分散,可使混凝土的很多性能得到改善。

2. 引气剂的作用效果

1)改善混凝土拌合物的和易性

引气剂使新拌混凝土中引入大量微小气泡,在水泥颗粒之间起着类似轴承滚珠的作用,能够减小拌合物的摩擦阻力从而提高流动性;同时气泡的存在阻止固体颗粒的沉降和水分的上升,从而减少了拌合物分层、离析和泌水,使混凝土的和易性得到明显改善。含气量每增加1%,混凝土拌合物的坍落度可增加10 mm左右。

2)提高混凝土的抗冻性和抗渗性

引气剂在混凝土内部引入大量微小的均匀分布的封闭气泡,一方面阻塞了混凝土中毛细管渗水通路,另一方面具有缓解水分结冰产生的膨胀压力的作用,从而提高了混凝土的抗渗性和抗冻性,混凝土耐久性大大提高。

3)降低弹性模量及强度

由于气泡的弹性变形,混凝土弹性模量降低,对提高混凝土的抗裂性有利。另外,气泡的存在,减少了浆体的有效面积,造成混凝土强度降低。通常混凝土含气量每增加 1%,混凝土抗压强度要损失 4%～6%,抗折强度降低 2%～3%。但是由于和易性的改善,可以通过保持流动性不变减少用水量,使强度不降低或部分得到补偿。

3. 引气剂的品种

引气剂主要有松香树脂类、烷基苯磺酸盐类和脂肪醇磺酸盐类,其中松香树脂类中的松香热聚物和松香皂应用最多。引气剂的掺量一般只有水泥质量的万分之几,含气量控制在 3%～6% 为宜。含气量太小,对混凝土耐久性改善不大;含气量太大,会使混凝土强度下降过多。

引气剂适用于配制抗冻混凝土、泵送混凝土、港口混凝土、防水混凝土以及骨料质量差、泌水严重的混凝土。抗冻性要求较高的混凝土必须掺入引气剂或引气减水剂,其掺量应根据混凝土含气量的要求,通过试验确定。引气剂不适宜用于蒸汽养护的混凝土及预应力混凝土。

四、早强剂

早强剂是指能提高混凝土的早期强度并对后期强度无明显影响的外加剂。其质量应符合《混凝土外加剂》(GB 8076—2008)的规定。

早强剂能促进水泥的水化与硬化,缩短混凝土养护周期,加快施工进度,提高模板和场地的周转率。早强剂可用于蒸汽养护混凝土及常温、低温和负温(最低气温不低于 −5 ℃)条件下施工的有早强或防冻要求的混凝土工程。混凝土早强剂主要有氯盐类、硫酸盐类和有机胺类三种,但越来越多的是使用由它们组成的复合早强剂。

1. 氯盐类早强剂

氯盐类早强剂主要有氯化钙和氯化钠,其中氯化钙是国内外应用最为广泛的一种早强剂。

氯化钙的早强作用机理是,氯化钙能与水泥中的 C_3A 作用生成不溶性的水化氯铝酸钙,氯化钙还与 C_2S 水化生成的 $Ca(OH)_2$ 作用生成不溶于氯化钙溶液的氯氧化钙,这些复盐的生成增加了水泥浆中固相的含量,形成坚固的骨架,促进混凝土强度增长;同时,上述反应的进行,降低了液相中的碱度,使 C_2S 的水化反应加快,也可提高混凝土的早期强度。

氯化钙不仅具有早强与促凝作用,还能产生防冻效果。其最大的缺点是含有氯离子,会使钢筋锈蚀,并导致混凝土开裂。因此,《混凝土外加剂应用技术规范》(GB 50119—2013)规定,氯化钙在钢筋混凝土中掺量≤1%,在无筋混凝土中掺量≥3%;在使用冷拉或冷拔低碳钢筋混凝土结构、大体积混凝土结构、骨料具有碱活性的混凝土结构、预应力结构中,不允许掺入氯盐早强剂。

为了抑制氯化钙对钢筋的腐蚀作用,常将氯化钙与阻锈剂 $NaNO_2$ 复合使用。

2. 硫酸盐类早强剂

硫酸盐类早强剂包括硫酸钠(Na_2SO_4)、硫代硫酸钠($Na_2S_2O_3$)、硫酸钙($CaSO_4$)、硫酸钾(K_2SO_4)、硫酸铝$[Al_2(SO_4)_3]$等,其中硫酸钠应用最广,亦称元明粉,是缓凝型早强剂。

硫酸钠掺量应有一个最佳控制量,一般在 1%～3% 之间,掺量低于 1% 时早强作用不明显,掺量过多则后期强度损失也大,另外还会引起硫酸盐腐蚀。

3. 有机胺类早强剂

有机胺类早强剂主要有三乙醇胺、三异丙醇胺等,其中常用的为三乙醇胺早强剂。

三乙醇胺是呈淡黄色的油状液体,呈碱性,易溶于水,属非离子型表面活性剂。

三乙醇胺不改变水泥的水化生成物,但能促进 C_3A 与石膏之间生成钙矾石的反应。当与无机盐类材料复合使用时,不但能催化水泥本身的水化,而且可在无机盐类与水泥反应中起催化作用,所以,在硬化早期,含有三乙醇胺的复合早强剂,其早强效果大于不含三乙醇胺的复合早强剂。

三乙醇胺的掺量一般为 0.02%～0.05%,可使 3 d 强度提高 20%～40%,对后期强度影响较小,抗冻、抗渗等性能有所提高,对钢筋无锈蚀作用,但会增大干缩。

4. 复合早强剂

以上三类早强剂在使用时,通常复合使用效果更佳。复合早强剂往往比单组分早强剂具有更优良的早强效果,掺量也可以比单组分早强剂有所降低。众多复合型早强剂中以三乙醇胺与无机盐类复合早强剂效果最好,应用最广。

🔆 学中做

在混凝土中合理使用外加剂具有良好的技术经济效果,在冬季施工或抢修工程中常用下列哪种外加剂?(　　)

A. 减水剂　　　　　B. 早强剂　　　　　C. 速凝剂　　　　　D. 防水剂

答案:B

五、速凝剂

速凝剂是指能使混凝土迅速凝结硬化的外加剂。速凝剂主要有无机盐类和有机盐类两类,我国常用的速凝剂是无机盐类,主要有红星Ⅰ型、711 型、728 型、8604 型等。

红星Ⅰ型速凝剂是由铝氧熟料(主要成分为铝酸钠)、碳酸钠、生石灰按质量 1∶1∶0.5 的比例配制而成的一种粉状物,适宜掺量为水泥质量的 2.5%～4.0%。711 型速凝剂是由铝氧熟料与无水石膏按质量比 3∶1 配合粉磨而成,适宜掺量为水泥质量的 3%～5%。

速凝剂掺入混凝土后,能使混凝土在 5 min 内初凝,10 min 内终凝,1 h 就可产生强度,1 d 强度提高 2～3 倍,但后期强度会下降,28 d 强度为不掺时的 80%～90%。速凝剂的速凝早强作用机理,是使水泥中的石膏变成 Na_2SO_4,失去缓凝作用,从而促使 C_3A 迅速水化,并在溶液中析出其水化产物晶体,导致水泥浆迅速凝固。

速凝剂主要用于矿山井巷、铁路隧道、引水涵洞、地下工程以及喷锚支护时的喷射混凝土或喷射砂浆工程中。

六、泵送剂

泵送剂是指能改善混凝土泵送性能的外加剂。泵送剂主要由减水剂、引气剂、缓凝剂和保塑剂等复合而成,其质量应符合《混凝土外加剂》(GB 8076—2008)标准。泵送剂适用于工业与民用建筑及其他构筑物的泵送施工混凝土,特别适用于大体积混凝土、高层建筑和超高层建筑,适用于滑模施工等,也适用于水下灌注混凝土。

七、膨胀剂

膨胀剂是指能与水泥、水拌合后经水化反应生成钙矾石、氢氧化钙,使混凝土产生一定体积膨胀的外加剂。

混凝土膨胀剂分为三类:硫铝酸钙类混凝土膨胀剂、硫铝酸钙-氧化钙类混凝土膨胀剂、氧化钙类混凝土膨胀剂。膨胀剂的适用范围如表 2-49 所示。

表 2-49　膨胀剂的适用范围

用途	适用范围
补偿收缩混凝土	地下、水工、海工、隧道等构筑物，大体积混凝土(除大坝外)、配筋路面板、屋面与厕浴间防水、构件补强、渗透修补、预应力混凝土等
填充用膨胀混凝土	结构后浇带、隧道堵头、钢管与隧道之间的填充等
灌浆用膨胀砂浆	机械设备的底座灌浆、地脚螺栓的固定、梁柱接头、构件补强、加固等
自应力混凝土	仅用于常温下适用的自应力钢筋混凝土压力管

膨胀剂的使用应注意以下问题：

含硫铝酸钙类、硫铝酸钙-氧化钙类膨胀剂的混凝土(砂浆)不得用于长期环境温度为 80 ℃以上的工程。

含氧化钙类膨胀剂的混凝土不得用于海水或有侵蚀性水的工程。

掺膨胀剂的大体积混凝土，其内部最高温度应符合有关标准的规定，混凝土内外温差宜小于 25 ℃。

任务实施

在混凝土中掺用外加剂，若选择和使用不当，会造成质量事故。

一、外加剂品种的选择

外加剂的品种应根据工程设计和施工要求选择，通过试验及技术经济比较确定；严禁使用对人体产生危害、对环境产生污染的外加剂。在选择外加剂时，应根据工程需要、现场的材料条件，参考有关资料，通过试验确定。

二、外加剂掺量的确定

混凝土外加剂均有适宜掺量。掺量过小，往往达不到预期效果；掺量过大，则会影响混凝土质量，甚至造成质量事故。因此，应通过试验试配，确定最佳掺量。

三、外加剂的掺加方法

外加剂的掺量很少，必须保证其均匀分散，一般不能直接加入混凝土搅拌机内。对于可溶于水的外加剂，应先配成一定浓度的溶液，随水加入搅拌机。对于不溶于水的外加剂，应与适量水泥或砂混合均匀后，再加入搅拌机内。另外，外加剂的掺入时间，对其效果的发挥也有很大影响，减水剂有同掺法、后掺法、分掺法等三种方法。同掺法，为减水剂在混凝土搅拌时一起掺入；后掺法，是搅拌好混凝土后间隔一定时间，然后再掺入；分掺法，是一部分减水剂在混凝土搅拌时掺入，另一部分在间隔一段时间后再掺入。实践证明，后掺法最好，能充分发挥减水剂的功能。

四、外加剂与水泥及混凝土的相容性

人们在使用外加剂时发现，不同厂家生产的符合国家标准质量要求的水泥和外加剂在配制混凝土时，性能会有很大差异，有些外加剂起不到应有的改善混凝土性能的效果，甚至出现了负面影响,如混凝土和易性差、凝结不正常,人们把这些问题归结为水泥与外加剂的相容性。

外加剂与水泥的相容性可描述为:将符合标准要求的某种外加剂,掺入符合要求的水泥中,外加剂在所配制的混凝土中若能产生应有的作用效果,则称该外加剂与该水泥相适应;若外加剂作用效果明显低于使用基准水泥的检验结果,或者掺入水泥中出现异常现象,则称该外加剂与该水泥适应性不良或不适应。

一般来说,影响外加剂与水泥适应性的主要因素有:

(1)水泥方面,如水泥的矿物组成、含碱量、混合材料种类、细度等;

(2)化学外加剂方面,如减水剂分子结构、极性基团种类、非极性基团种类、平均相对分子质量及相对分子质量分布、聚合度、杂质含量等;

(3)混凝土的配合比;

(4)环境条件方面,如温度、湿度等。

水泥与减水剂的相互作用既受到减水剂分子结构、极性基团的特性及平均相对分子质量等的影响,也受到水泥颗粒的吸附特性、水化特性等的影响,这些因素相互作用,共同对外加剂的使用效果产生影响。为避免混凝土外加剂出现不良反应,工程中使用外加剂,应符合《混凝土外加剂应用技术规范》(GB 50119—2013)的要求,并在使用前先进行相容性试验。

思政小故事

混凝土的"幕后英雄"

说起混凝土行业的"幕后英雄",我们不得不提到混凝土外加剂。它是混凝土中重要的原材料之一,它不仅可以改善混凝土工作性、物理力学性能与耐久性,确保混凝土的安全性与长期服役性能,也是一种绿色环保低碳产品。

混凝土外加剂的发展历程是一个漫长且不断进步的过程,在古代,虽然没有现代意义上的混凝土外加剂,但人们已经开始使用一些天然材料来改善混凝土的性能。例如,秦始皇在修建万里长城时,采用了糯米汁、猪血、豆腐汁等材料作为凝胶材料的增强剂,以提高其黏结力和耐久性。这些实践可以被视为使用混凝土外加剂的雏形。到了19世纪,随着工业革命的兴起,混凝土外加剂的应用逐渐受到重视。1824年波特兰水泥的问世,为混凝土外加剂的发展提供了基础。此后,人们开始尝试使用各种化学物质来改善混凝土的性能。例如,1895年已经将增水剂和塑化剂掺入道路铺设的混凝土中,有效地改善了混凝土的耐久性。进入20世纪,混凝土外加剂的研究和应用取得了显著进展。1910年,混凝土外加剂作为正式工业产品出现。20世纪30年代,美国开始使用引气剂,随后在1935年研制成以木质素磺酸盐为主要成分的塑化剂。这些早期外加剂的应用,为混凝土工程提供了更好的性能和耐久性。随着科技的进步,混凝土外加剂的种类和性能不断丰富。1962年,日本成功研制出萘系高效减水剂,名为Mighty;1964年,联邦德国也成功研制出三聚氰胺系高效减水剂,名为Melment。这些高效减水剂的出现,大大提高了混凝土的工作性能和强度。

在我国,混凝土外加剂的研究和应用相对较晚,但发展迅速。我国从20世纪50年代开始进行木质素磺酸盐和引气剂的研究和应用。随着改革开放的深入和建筑业的快速发展,我国的混凝土外加剂产业得到了快速发展,不仅产量规模庞大,生产种类也非常丰富。中国混凝土外加剂协会2007年度调查结果显示,当年全年混凝土外加剂总产量已达到424.79万吨,涵盖了减水剂、引气剂、膨胀剂、缓凝剂、速凝剂等多种类型。

可以说,混凝土行业对建筑施工领域的支撑,离不开外加剂的更新迭代,混凝土外加剂的发展历程是一个不断创新、不断进步的过程。近年来,我国对混凝土外加剂的研究越来越深入,不断扩大其应用领域,并向着绿色、环保、低碳的方向发展:改善混凝土拌合物流变性能的外加剂;可调节混凝土凝结时间和硬化性能的外加剂;改善混凝土抗侵蚀作用的外加剂;强化混凝土物理力学性能的外加剂;使混凝土具有特殊性能的外加剂……使用混凝土外加剂在改善混凝土的耐久性能、工作性能的同时,对减少混凝土和水泥用量,大规模无害化处置固体废弃物和工业尾矿等发挥了重要作用,是水泥与混凝土行业实现"双碳"目标的幕后英雄。

单元习题

一、单项选择题

1. 在高湿度空气环境中、水位升降部位、露天或经受水淋的结构,不允许掺用(   )。
A. 氯盐早强剂
B. 硫酸盐早强剂
C. 三乙醇胺复合早强剂
D. 三异丙醇胺早强剂

2. 采用泵送混凝土施工时,首选的外加剂通常是(   )。
A. 减水剂
B. 引气剂
C. 缓凝剂
D. 早强剂

3. 大体积混凝土施工时,常采用的外加剂是(   )。
A. 减水剂
B. 引气剂
C. 缓凝剂
D. 早强剂

4. 加气混凝土具有轻质、绝热、不燃等优点,但不能用于(   )工程。
A. 非承重内外填充墙
B. 屋面保温层
C. 高温炉的保温层
D. 三层或三层以下的结构墙

5. 使用冷拉钢筋的混凝土结构及预应力混凝土结构,不允许掺用(   )。
A. 氯盐类早强剂
B. 硫酸盐类早强剂
C. 有机胺类早强剂
D. 有机-无机化合物类早强剂

参考答案

二、简答题

1. 从技术经济及工程特点考虑,针对大体积混凝土、高强度混凝土、普通现浇混凝土、混凝土预制构件、喷射混凝土和泵送混凝土工程或制品,应选用何种外加剂? 简要说明理由。

2. 什么是减水剂? 简述减水剂的作用机理和掺入减水剂的技术经济效果。

3. 常用的早强剂有哪些? 试评价其优点、缺点。

学习单元 6　普通混凝土配合比设计

知识目标

掌握混凝土配合比设计步骤及方法;
掌握混凝土达到使用条件必须满足的四个基本要求。

能力目标

能根据设计图纸、工程特点、材料类型设计出满足工程项目施工要求的混凝土配合比;
能根据工程项目的特点,优化调整混凝土的配合比,以达到最佳的性价比。

思政目标

培养注重细节、精益求精的工匠精神；

培养混凝土使用的安全和质量意识。

任务提出

本单元的任务是完成总情境中工作一中的任务六：根据工程要求，完成混凝土配合比的设计。

现浇钢筋混凝土柱，混凝土设计强度等级为 C30，施工要求坍落度为 35～50 mm，混凝土为机械搅拌和机械振捣，该施工单位无历史统计资料。采用原材料情况如下：

水泥：强度等级 42.5 的普通水泥，水泥强度等级值的富余系数为 1.13，密度 $\rho_c = 3.1$ g/cm³。

砂：中砂，级配合格，细度模数 2.7，表观密度为 2 650 kg/m³，堆积密度为 1 450 kg/m³。

碎石：级配合格，最大粒径为 40 mm，表观密度为 2 700 kg/m³，堆积密度为 1 520 kg/m³。

水：自来水。

（1）求混凝土的初步配合比；

（2）若调整试配时，加入 4% 水泥浆后满足和易性要求，并测得拌合物的表观密度为 2 420 kg/m³，求混凝土的基准配合比；

（3）求混凝土的设计配合比；

（4）若施工现场砂子含水率为 4%，石子含水率为 1%，求混凝土的施工配合比。

任务分析

混凝土配合比设计的主要任务，是根据原材料的技术性质、工程要求、结构形式和施工条件等来确定混凝土各组分之间的配合比例。混凝土配合比设计必须满足以下四个基本要求：

（1）施工方面的混凝土拌合物和易性要求；

（2）混凝土结构设计方面的强度等级要求；

（3）工程所处环境对混凝土耐久性的要求，即抗渗、抗冻、抗腐蚀等方面的要求；

（4）符合经济原则，在保证混凝土质量的前提下，尽量节约水泥，降低混凝土成本。

普通混凝土配合比是指混凝土中水泥、粗细骨料和水等各项组成材料用量之间的比例关系。

配合比的表示方法有两种：一种是以每 1 m³ 混凝土中各项材料的质量表示，如水泥 350 kg，水 182 kg，砂 788 kg，石子 1 685 kg；另一种表示方法是以各材料间的质量比来表示（以水泥质量为 1），将上述质量换算成质量比——水泥∶砂子∶石子＝1∶2.25∶4.81，水灰比 0.52。当掺加外加剂或混凝土掺合料时，用水占胶凝材料总量的比值来表示，称为水胶比。

一、混凝土配合比设计的三个基本参数

普通混凝土配合比设计，实质是确定水泥、水、砂子、石子用量间的三个比例关系，即：

（1）水与水泥之间的比例关系，用水灰比表示；

（2）砂与石子之间的比例关系，用砂率表示；

（3）水泥浆与骨料之间的比例关系，用单位用水量来反映。

三个基本参数与混凝土基本要求密切相关,正确地确定这三个参数,能使混凝土满足配合比设计的基本要求。水灰比的大小直接影响混凝土的强度和耐久性,因此确定水灰比的原则是在满足和易性要求的同时满足强度和耐久性的要求。用水量的多少,是控制混凝土拌合物流动性大小的重要参数。在水灰比确定后,混凝土中单位用水量表示水泥浆与骨料之间的比例关系,确定单位用水量的原则是以拌合物达到要求的坍落度为准。砂率反映了砂石的配合关系,砂率的改变不仅影响拌合物的流动性,而且对黏聚性和保水性也有很大的影响,确定砂率的原则是选定合理砂率。

二、普通混凝土配合比设计的方法和步骤

混凝土的配合比首先根据选定的原材料及配合比设计的基本要求,通过经验公式、经验数据进行初步设计,得出"初步配合比";在初步配合比的基础上,经过试拌、检验、调整到和易性满足要求时,得出"基准配合比";在实验室进行混凝土强度检验、复核(如有其他性能要求,则应做相应的检验项目,如抗冻性、抗渗性等),得出"设计配合比(也叫实验室配合比)";最后根据现场原材料情况(如砂、石含水情况等)修正设计配合比,得出"施工配合比"。

1. 初步配合比的确定

1)确定配制强度($f_{cu,0}$)

混凝土的配制强度按公式(2-27)确定:

$$f_{cu,0} \geqslant f_{cu,k} + 1.645\sigma \tag{2-27}$$

式中:$f_{cu,0}$——混凝土配制强度,MPa;

$f_{cu,k}$——混凝土立方体抗压强度标准值,MPa;

σ——混凝土强度标准差,MPa。

施工单位的混凝土强度标准差σ应按下列规定计算:

①当施工单位有 25 组以上近期该种混凝土的试验资料时,可按数理统计方法按照公式(2-28)计算:

$$\sigma = \sqrt{\frac{\sum_{i=1}^{n}(f_{cu,i} - \overline{f})^2}{n-1}} = \sqrt{\frac{\sum_{i=1}^{n}f_{cu,i}^2 - n\overline{f}^2}{n-1}} \tag{2-28}$$

当混凝土强度等级为 C20 或 C25 时,如计算得到的 σ 小于 2.5 MPa,则取 $\sigma=2.5$ MPa;当混凝土强度等级等于或大于 C30 时,如计算得到的 σ 小于 3.0 MPa,则取 $\sigma=3.0$ MPa。

②当施工单位不具有近期的同一品种混凝土强度的试验资料时,其混凝土强度标准差 σ 可按表 2-50 选用。

表 2-50　混凝土的 σ 取值表(GB 50204—2015)

混凝土强度等级	低于 C20	C20～C35	高于 C35
σ/MPa	4.0	5.0	6.0

注:当现场条件与实验室条件有显著差异,或者配制强度等级不小于 C30 的混凝土,以及采用非统计方法评定时,应提高混凝土配制强度。

2)确定水灰比值(w/c)

混凝土强度等级小于 C60 时,按下列混凝土强度经验公式计算水灰比:

$$f_{cu,0} = \alpha_a \cdot f_{ce}\left(\frac{c}{w} - \alpha_b\right) \tag{2-29}$$

$$\frac{w}{c} = \frac{\alpha_{a} \cdot f_{ce}}{f_{cu,0} + \alpha_{a} \cdot \alpha_{b} \cdot f_{ce}}$$　　　　　(2-30)

注:①当无水泥 28 d 胶砂抗压强度实测值时,式中的 f_{ce} 值可按下式确定:

$$f_{ce} = \gamma_{c} \cdot f_{ce,g}$$

式中:$f_{ce,g}$——水泥强度等级值,MPa;

γ_{c}——水泥强度等级值的富余系数,可按实际统计资料确定,当缺乏实际统计资料时,可按表 2-51 选用。

表 2-51　水泥强度等级值的富余系数取值表

水泥强度等级	32.5	42.5	52.5
富余系数 γ_{c}	1.12	1.16	1.10

②f_{ce} 值也可根据 3 d 强度或快测强度推定 28 d 强度关系式推定得出。

为保证混凝土的耐久性,需要控制水灰比及水泥用量,即计算出的水灰比应满足相关规定。若计算水灰比大于规定水灰比值,则取规定的最大水灰比值。

🔅 学中做

混凝土配合比设计中,水灰比的值是根据混凝土的(　　)要求来确定的。

A.强度及耐久性　　B.强度　　　　　　C.耐久性　　　　　　D.和易性与强度

答案:A

3)确定单位混凝土用水量(m_{w0})

(1)干硬性和塑性混凝土用水量的确定。

水灰比在 0.40～0.80 范围内时,根据粗骨料的品种、最大粒径及施工要求的混凝土拌合物稠度,其用水量可按表 2-52 选取。

表 2-52　塑性和干硬性混凝土的用水量　　　　　　　　　单位:kg/m³

拌合物稠度		卵石最大粒径/mm				碎石最大粒径/mm			
项目	指标	10	20	31.5	40	16	20	31.5	40
坍落度/mm	10～30	190	170	160	150	200	185	175	165
	35～50	200	180	170	160	210	195	185	175
	55～70	210	190	180	170	220	205	195	185
	75～90	215	195	185	175	230	215	205	195
维勃稠度/s	16～20	175	160	—	145	180	170	—	155
	11～15	180	165	—	150	185	175	—	160
	5～10	185	170	—	155	190	180	—	165

注:①本表用水量系采用中砂时的平均取值。采用细砂时,每立方米混凝土用水量可增加 5～10 kg;采用粗砂时,则可减少 5～10 kg。掺用各种外加剂或掺合料时,用水量应相应调整。

②水灰比小于 0.40 的混凝土以及采用特殊成型工艺的混凝土用水量,应通过试验确定。

(2)流动性和大流动性混凝土用水量的确定。

①以表 2-52 中坍落度 90 mm 的用水量为基础,按坍落度每增大 20 mm,用水量增加 5 kg,计算出未掺外加剂时混凝土的用水量。

②掺外加剂时混凝土的用水量按式(2-31)计算。

$$m_{wa} = m_{w0}(1 - \beta) \tag{2-31}$$

式中:m_{wa}——掺外加剂混凝土每立方米的用水量,kg;

　　　m_{w0}——未掺外加剂混凝土每立方米的用水量,kg;

　　　β——外加剂的减水率,其值按试验确定。

4)计算混凝土的单位水泥用量(m_{c0})

根据已确定的单位混凝土用水量和已确定的水灰比(w/c)值,按式(2-32)计算。

$$m_{c0} = \frac{m_{w0}}{\left(\dfrac{w}{c}\right)} \tag{2-32}$$

水泥用量应满足混凝土耐久性对最小水泥用量的要求。同时为了保证混凝土的耐久性要求,对于设计使用年限为 50 年的混凝土结构,若计算所得的水胶比大于表 2-53 中规定的相应环境类别的最大水胶比,宜取规定的最大水胶比;若计算出的水泥用量小于规定的最小水泥用量值(表 2-54),则取规定的最小水泥用量值。

表 2-53　不同环境条件下最大水胶比和最低强度等级要求

环境类别	条件	最大水胶比	最低强度等级
Ⅰ	1.室内干燥环境; 2.无侵蚀性静水浸没环境	0.60	C20
Ⅱa	1.室内潮湿环境; 2.非严寒和非寒冷地区的露天环境; 3.非严寒和非寒冷地区与无侵蚀性的水或土壤直接接触的环境; 4.严寒和寒冷地区的冰冻线以下与无侵蚀性的水或土壤直接接触的环境	0.55	C25
Ⅱb	1.干湿交替环境; 2.水位频繁变动环境; 3.严寒和寒冷地区的露天环境; 4.严寒和寒冷地区冰冻线以上与无侵蚀性的水或土壤直接接触的环境	0.50(0.55)	C30(C25)
Ⅲa	1.严寒和寒冷地区冬季水位变动区环境; 2.受除冰盐影响环境; 3.海风环境	0.45(0.50)	C35(C30)
Ⅲb	1.盐渍土环境; 2.受除冰盐作用环境; 3.海岸环境	0.40	C40

注:①预应力构件最低混凝土强度等级宜按表中的规定提高两个等级;

②素混凝土构件的水胶比及最低强度等级的要求可适当放松;

③有可靠工程经验时,Ⅱ类环境中的最低混凝土强度等级可降低一个等级;

④处于严寒和寒冷地区Ⅱb、Ⅲa类环境中的混凝土应使用引气剂,并可采用括号中的有关参数。

表 2-54　混凝土最小水泥用量　　　　　　　　单位:kg/m³

最大水胶比	素混凝土	钢筋混凝土	预应力混凝土
0.60	250	280	300
0.55	280	300	300
0.50	320		
≤0.45	330		

学中做

混凝土施工规范中规定了最大水胶比和最小水泥用量,是为了保证(　　)。

A. 强度　　　　　　　　　　　　B. 耐久性

C. 和易性　　　　　　　　　　　D. 混凝土与钢材的相近线膨胀系数

答案:B

5)确定合理砂率(β_s)

合理砂率值主要应根据混凝土拌合物的坍落度、黏聚性及保水性等要求通过试验来确定,或者根据本单位对所用材料的使用经验找出合理砂率。

①坍落度为 10~60 mm 的混凝土砂率,可根据粗骨料品种、粒径及水胶比按表 2-55 选取。

②坍落度大于 60 mm 的混凝土砂率,可经试验确定,也可在表 2-55 的基础上按坍落度每增大 20 mm 砂率增大 1%的幅度予以调整。

③坍落度小于 10 mm 的混凝土其砂率应经试验确定。

表 2-55　混凝土的合理砂率　　　　　　　　单位:(%)

水胶比	卵石最大粒径/mm			碎石最大粒径/mm		
	10	20	40	16	20	40
0.40	26~32	25~31	24~30	30~35	29~34	27~32
0.50	30~35	29~34	28~33	33~38	32~37	30~35
0.60	33~38	32~37	31~36	36~41	35~40	33~38
0.70	36~41	35~40	34~39	39~44	38~43	36~41

注:①表中数值系中砂的选用砂率,对细砂或粗砂可相应地减小或增大砂率。

②只用一个单粒级粗骨料配制混凝土时,砂率应适当增大。

③对薄壁构件,砂率取偏大值。

④本表摘自 JGJ 55—2011《普通混凝土配合比设计规程》,适用于 10 mm≤T≤60 mm 的情形。当 T>60 mm 时,按坍落度每增大 20 mm 砂率相应增大 1%处理;对于坍落度小于 10 mm 的混凝土及掺用外加剂的混凝土,其砂率应根据试验确定。

6)确定 1 m³ 混凝土的砂石用量(m_{s0},m_{g0})

砂、石用量的确定可采用体积法或质量法求得。

(1)体积法(绝对体积法)。

假定 1 m³ 混凝土拌合物体积等于各组成材料绝对体积及拌合物中所含空气的体积之和,据此可列出下列方程组,求解 m_{s0},m_{g0}。

$$\frac{m_{c0}}{\rho_c} + \frac{m_{s0}}{\rho_s} + \frac{m_{g0}}{\rho_g} + \frac{m_{w0}}{\rho_w} + 0.01\alpha = 1 \tag{2-33}$$

$$\beta_s = \frac{m_{s0}}{m_{s0} + m_{g0}} \times 100\% \qquad\qquad (2\text{-}34)$$

式中：ρ_c——水泥的密度，kg/m³，可取 2 900～3 100 kg/m³；

$\quad\rho_s$，ρ_g——砂、石的表观密度，kg/m³；

$\quad\rho_w$——水的密度，kg/m³，可取 1 000 kg/m³；

$\quad\alpha$——混凝土含气量的百分数，在不使用引气型外加剂时 $\alpha = 1$。

（2）质量法（假定表观密度法）。

根据经验，如果原材料比较稳定时，所配制的混凝土拌合物的表观密度将接近一个固定值，因此，可假定 1 m³ 混凝土拌合物的质量为 m_{cp}，由以下方程组求解 m_{s0}，m_{g0}。

$$m_{c0} + m_{w0} + m_{s0} + m_{g0} = m_{cp} \qquad\qquad (2\text{-}35)$$

$$\beta_s = \frac{m_{s0}}{m_{s0} + m_{g0}} \times 100\%$$

m_{cp} 可根据积累的试验资料确定，在无资料时，其值可取 2 350～2 450 kg。

通过上述步骤，将水泥、水、砂和石的用量全部求出，得出初步配合比。

2. 基准配合比的确定

初步配合比多是借助经验公式或经验数据计算得到，不一定能满足实际工程的和易性要求。因此，应进行试配与调整，直到混凝土拌合物的和易性满足要求为止，此时得出的配合比即混凝土的基准配合比，它可作为检验混凝土强度之用。

混凝土试配时，每盘混凝土的最小搅拌量有如下规定：骨料最大粒径小于或等于31.5 mm时为 15 L；最大粒径为 40 mm 时为 25 L；当采用机械搅拌时，搅拌量不应小于搅拌机额定量的 1/4。

1）和易性调整

按初步配合比称取试配材料的用量，将拌合物搅拌均匀后，测定其坍落度，并观察其黏聚性和保水性。当不符合要求时，应进行调整。当坍落度低于设计要求时，可保持水灰比不变，增加适量水泥浆。当坍落度过大时，可在保持砂率不变的条件下增加骨料。若出现含砂不足，黏聚性和保水性不良，可适当增大砂率，反之应减小砂率。每次调整后再试拌，直到符合和易性要求为止。表 2-56 为拌合物和易性调整试验记录表。

表 2-56　混凝土拌合物和易性调整试验记录表

项目	计算用量		调整增加量		调整后实际总用量
	每立方米用量	试拌 1 L 用量	第 1 次	第 2 次	
水泥					
砂子					
石子					
水					
坍落度	第 1 次				调整后 坍落度
	第 2 次				
	平均值				

2）拌合物表观密度测定

（1）主要仪器。

①容量筒，对骨料最大粒径不大于 40 mm 的拌合物采用容积为 5 L 的容量筒，其内径与

内高均为(186 ± 2) mm,筒壁厚为 3 mm;

　　②台秤,称量 50 kg,感量 50 g;

　　③振动台、捣棒。

　　(2)检测步骤。

　　①用湿布把容量筒内外擦干净,称出筒的质量 m_1,精确至 50 g。

　　②混凝土拌合物的装料及捣实方法应根据拌合物的稠度而定。坍落度不大于 70 mm 的混凝土,用振动台振实为宜;坍落度大于 70 mm 的混凝土,用捣棒捣实为宜。

　　采用振动台振实时,应一次将混凝土拌合物灌到高出容量筒口。装料时可用捣棒稍加插捣,振动过程中如混凝土沉落到低于筒口,则应随时添加混凝土,振动直至表面出浆为止。

　　采用捣棒捣实时,应根据容量筒的大小决定分层与插捣次数。用 5 L 的容量筒时,混凝土拌合物应分两层装入,每层插捣 25 次。用大于 5 L 的容量筒时,每层混凝土的高度不应大于 100 mm,每层插捣次数应按每 10 000 mm² 截面不小于 12 次计算。各次插捣应由边缘向中心均匀地插捣,插捣底层时捣棒应贯穿整个深度,以后插捣每层时,捣棒应插透本层至下一层的表面,每一层插捣完后,用橡皮锤轻轻沿容器外壁敲打 5~10 次,进行振实,直至拌合物表面插捣孔消失并不见大气泡为止。

　　③用刮尺将筒口多余的混凝土拌合物刮去,表面如有凹陷应予填平。将容量筒外壁擦净,称出混凝土试样与容量筒总质量 m_2,精确至 50 g。

　　(3)检测结果。

　　混凝土拌合物表观密度 ρ_{0h} 按式(2-36)计算,精确至 10 kg/m³。

$$\rho_{0h} = \frac{m_2 - m_1}{V_0} \times 1\ 000 \tag{2-36}$$

式中:m_1——容量筒质量,kg;

　　　m_2——容量筒及试样总质量,kg;

　　　V_0——容量筒容积,L。

　　表 2-57 为混凝土拌合物表观密度测定记录。

表 2-57　混凝土拌合物表观密度测定记录

容量筒容积 V_0/L	容量筒质量 m_1/kg	(容量筒质量+混凝土质量) m_2/kg	混凝土表观密度 ρ_{0h} /(kg·m⁻³)

　　和易性合格后,按上述方法测出该拌合物的实际表观密度($\rho_{砼}$),并计算出各组成材料调整后的拌合用量 $m_{c0拌}$,$m_{w0拌}$,$m_{s0拌}$,$m_{g0拌}$,则拌合物总量为:

$$Q_{总} = m_{c0拌} + m_{w0拌} + m_{s0拌} + m_{g0拌}$$

　　由此可计算出 1 m³ 混凝土各组成材料用量,即基准配合比。其材料称量为:

$$m_{c基} = \frac{m_{c0拌}}{Q_{总}} \times \rho_{砼} \tag{2-37}$$

$$m_{w基} = \frac{m_{w0拌}}{Q_{总}} \times \rho_{砼} \tag{2-38}$$

$$m_{s基} = \frac{m_{s0拌}}{Q_{总}} \times \rho_{砼} \tag{2-39}$$

$$m_{g\text{基}} = \frac{m_{g0\text{拌}}}{Q_\text{总}} \times \rho_\text{砼}$$ (2-40)

3. 实验室配合比的确定

经过上述的试拌合调整所得出的基准配合比仅仅满足混凝土和易性要求,其强度是否符合要求,还需进一步进行强度检验。

检验混凝土强度时,应采用不少于三组的配合比。其中一组为基准配合比,另外两组配合比的水灰比值较基准配合比分别增大和减小 0.05,用水量应较基准配合比相同,砂率分别增大和减小 1%。当不同水灰比的混凝土拌合物坍落度与要求值的差超过允许偏差时,可通过增减用水量进行调整,需测定拌合物的表观密度,并以此结果作为代表相应配合比的混凝土拌合物的性能。

三组配合比混凝土分别成型、养护,测定其 28 d 龄期的抗压强度值 f_1,f_2,f_3,由三组配合比的灰水比和抗压强度值,绘制抗压强度与灰水比的关系图。从图中找出与配制强度 $f_{cu,0}$ 相对应的灰水比 c/w,称为实验室灰水比,该灰水比即是满足强度要求的灰水比,并按下列原则确定每立方米混凝土的材料用量。

①用水量(m_w)应在基准配合比用水量的基础上,根据制作强度试件时测得的坍落度或维勃稠度进行调整确定;

②水泥用量(m_c)应以用水量 m_w 乘以选定的灰水比计算确定;

③粗、细骨料用量(m_g,m_s)应在基准配合比的粗、细骨料用量的基础上,按选定的灰水比进行调整。

经强度复核之后的配合比,还应根据实测的混凝土拌合物的表观密度($\rho_\text{砼}$)和计算表观密度($\rho_{c,c}$)进行校正。校正系数(δ)按式(2-41)计算。

$$\delta = \frac{\rho_\text{砼}}{\rho_{c,c}} = \frac{\rho_\text{砼}}{m_c + m_s + m_g + m_w}$$ (2-41)

当混凝土表观密度实测值 $\rho_\text{砼}$ 与计算值 $\rho_{c,c}$ 之差不超过计算值的 2% 时,不需校正;当二者之差超过计算值的 2% 时,应将配合比中的各项材料用量乘以校正系数,即为混凝土的实验室配合比。

4. 施工配合比的确定

混凝土的实验室配合比是以干燥状态骨料为准,而工地上的砂、石材料都含有一定的水分,故现场材料的实际用量应按砂、石含水情况进行修正,修正后的配合比为施工配合比。

假设工地砂、石含水率分别为 $a\%$ 和 $b\%$,则施工配合比为:

$$m_c' = m_c$$
$$m_g' = m_g(1 + b\%)$$
$$m_s' = m_s(1 + a\%)$$
$$m_w' = m_w - m_s \cdot a\% - m_g \cdot b\%$$ (2-42)

三、掺减水剂混凝土配合比设计

在混凝土中掺入减水剂,一般有以下几个目的:改善混凝土拌合物的和易性;提高混凝土的强度;节约水泥用量。无论何种目的,掺减水剂混凝土配合比设计均是以基准混凝土(未掺外加剂的水泥混凝土)配合比为基础,进行必要的计算调整。

1. 掺减水剂为了改善混凝土拌合物和易性

混凝土中,各材料用量与基准混凝土相同。为使拌合物黏聚性和保水性良好,应适当增大砂率,根据改变后的砂率,重新计算出粗、细骨料用量,再经试配和调整确定设计配合比。

2. 掺减水剂为了提高混凝土强度

设基准混凝土配合比中各材料用量为:水泥 c_0,水 w_0,砂 s_0,石 g_0。其中,砂率为 β_s,混凝土计算表观密度为 $\rho_{0h,it}$,减水剂的减水率为 $a\%$,掺量为 $b\%$,则:

水泥用量 $c = c_0$;

用水量 $w = w_0(1 - a\%)$;

减水剂用量为 $c \times b\%$;

砂率适当减小,确定为 β_s';

砂石总用量 $s + g = \rho_{0h,it} - c - w$;

砂的用量 $s = (\rho_{0h,it} - c - w) \times \beta_s'$;

石的用量 $g = (\rho_{0h,it} - c - w) \times (1 - \beta_s')$。

以上通过计算得出掺减水剂混凝土配合比,再经试配与调整得出设计配合比。

3. 掺减水剂为了节约水泥用量

设基准混凝土配合比中各材料用量为:水泥 c_0,水 w_0,砂 s_0,石 g_0。其中,砂率为 β_s,混凝土计算表观密度为 $\rho_{0h,it}$,减水剂的减水率为 $a\%$,则:

水灰比 $w/c = w_0/c_0$,为维持与基准混凝土强度相同;

用水量 $w = w_0(1 - a\%)$,坍落度与基准混凝土相同,则可降低用水量;

水泥用量 $c = \dfrac{w}{\left(\dfrac{w_0}{c_0}\right)}$;

砂石总用量 $s + g = \rho_{0h,it} - c - w$;

砂的用量 $s = (\rho_{0h,it} - c - w) \times \beta_s$;

石的用量 $g = (\rho_{0h,it} - c - w) \times (1 - \beta_s)$。

同样,以上通过计算得出掺减水剂混凝土配合比,再经试配与调整得出设计配合比。

任务实施

对应本单元所设立的情境,某工程中设计强度等级为 C30 室内现浇钢筋混凝土柱,其配合比设计过程如下。

1. 确定混凝土的初步配合比

1)确定配制强度 $f_{cu,0}$

$$f_{cu,0} = f_{cu,k} + 1.645\sigma = (30 + 1.645 \times 5.0)\ \text{MPa} = 38.2\ \text{MPa}$$

2)确定水灰比(w/c)

水泥的实测强度值:

$$f_{ce} = \gamma_c \cdot f_{ce,g} = 1.13 \times 42.5\ \text{MPa} = 48.0\ \text{MPa}$$

利用强度经验公式计算水灰比:

$$\frac{w}{c} = \frac{\alpha_a \cdot f_{ce}}{f_{cu,0} + \alpha_a \cdot \alpha_b \cdot f_{ce}} = \frac{0.53 \times 48.0}{38.2 + 0.53 \times 0.20 \times 48.0} = 0.59$$

查表 2-53 得,在室内干燥环境中最大水灰比为 0.60,所以取水灰比为 0.59。

3)确定用水量(m_{w0})

查表 2-52,按坍落度要求 35~50 mm,碎石最大粒径为 40 mm,则 1 m³ 混凝土的用水量可

选用 $m_{w0} = 175$ kg。

　　4)确定水泥用量(m_{c0})

$$m_{c0} = \frac{m_{w0}}{\left(\dfrac{w}{c}\right)} = \frac{175}{0.59} \text{ kg} = 297 \text{ kg}$$

查表 2-54 得,最小水泥用量为 280 kg/m³,所以 1 m³ 混凝土水泥用量取 $m_{c0} = 297$ kg。

　　5)确定砂率(β_s)

由 $w/c = 0.59$,碎石最大粒径为 40 mm,查表 2-55,取合理砂率 $\beta_s = 35\%$。

　　6)计算砂石用量

(1)质量法:

假定混凝土拌合物的表观密度为 2 400 kg/m³,则:

$$297 + 175 + m_{s0} + m_{g0} = 2\,400$$

$$\beta_s = \frac{m_{s0}}{m_{s0} + m_{g0}} = 0.35$$

解得: $\qquad m_{s0} = 675$ kg, $m_{g0} = 1\,253$ kg

初步配合比为:$m_{w0} = 175$ kg, $m_{c0} = 297$ kg, $m_{s0} = 675$ kg, $m_{g0} = 1\,253$ kg

(2)体积法:

$$\frac{297}{3\,100} + \frac{175}{1\,000} + \frac{m_{s0}}{2\,650} + \frac{m_{g0}}{2\,700} + 0.01 \times 1 = 1$$

$$\frac{m_{s0}}{m_{s0} + m_{g0}} = 0.35$$

解得: $\qquad m_{s0} = 675$ kg, $m_{g0} = 1\,254$ kg

故初步配合比为: $\quad m_{w0} = 175$ kg, $m_{c0} = 297$ kg, $m_{s0} = 675$ kg, $m_{g0} = 1\,254$ kg

下面的计算以体积法的计算结果为准。

2. 基准配合比的确定

骨料最大粒径为 40 mm,按初步配合比,取样 25 L,各材料用量为:

水泥 297×0.025 kg $= 7.43$ kg;

水 175×0.025 kg $= 4.38$ kg;

砂 675×0.025 kg $= 16.88$ kg;

石 $1\,254 \times 0.025$ kg $= 31.35$ kg。

经试拌并进行和易性检验,测得黏聚性和保水性均较好,但坍落度为 10 mm,低于规定值要求的 35～50 mm。在保持水灰比不变的条件下增加水泥浆量 4%(增加水泥 0.30 kg,水 0.18 kg),测得坍落度为 36 mm,符合施工要求,并测得拌合物的表观密度 $\rho_{0h} = 2\,420$ kg/m³。

试拌后各种材料的实际用量为:

$$m_{c0拌} = (7.43 + 0.30) \text{ kg} = 7.73 \text{ kg}$$

$$m_{s0拌} = 16.88 \text{ kg}$$

$$m_{g0拌} = 31.35 \text{ kg}$$

$$m_{w0拌} = (4.38 + 0.18) \text{ kg} = 4.56 \text{ kg}$$

得出基准配合比:

$$m_{c基} = \frac{7.73}{7.73 + 4.56 + 16.88 + 31.35} \times 2\,420 = 309 \text{ kg}$$

$$m_{w基}=\frac{4.56}{7.73+4.56+16.88+31.35}\times 2\ 420=182\ kg$$

$$m_{s基}=\frac{16.88}{7.73+4.56+16.88+31.35}\times 2\ 420=675\ kg$$

$$m_{g基}=\frac{31.35}{7.73+4.56+16.88+31.35}\times 2\ 420=1254\ kg$$

3. 实验室配合比的确定

以基准配合比为基准,再配制两组混凝土,水灰比分别为 0.64 和 0.54,两组配合比混凝土中的用水量、砂、石均与基准配合比混凝土相同。经检验,两组配合比混凝土均满足和易性需求。按照上述三组配合比,分别将混凝土制成标准试件,养护 28 d,测得三组混凝土的强度分别为:

$w/c=0.64(c/w=1.56),f_1=37.0\ MPa$;

$w/c=0.59(c/w=1.69),f_2=39.8\ MPa$;

$w/c=0.54(c/w=1.85),f_3=43.6\ MPa$。

绘制灰水比(c/w)与强度线性关系图。由图可得,满足配制强度 $f_{cu,0}=38.2\ MPa$ 所对应的灰水比 c/w 为 1.62,此时各材料用量为:

$$m_w=182\ kg$$

$$m_c=(c/w)\times m_w=1.62\times182\ kg=295\ kg$$

砂、石用量按体积法确定:

$$\frac{295}{3\ 100}+\frac{182}{1\ 000}+\frac{m_s}{2\ 650}+\frac{m_g}{2\ 700}+0.01\times1=1$$

$$\frac{m_s}{m_s+m_g}=0.35$$

解得:　　　　　　　　　　$$m_s=669\ kg,m_g=1\ 242\ kg$$

实际测得拌合物的表观密度为:$\rho_{砼}=2\ 400\ kg/m^3$,计算表观密度为:

$$\rho_{c,c}=(295+182+669+1\ 242)\ kg/m^3=2\ 388\ kg/m^3$$

由于混凝土表观密度实测值与计算值之差的绝对值不超过计算值的 2%,故不需要修正。因此混凝土实验室配合比为:

$$m_c=295\ kg;m_w=182\ kg;m_s=669\ kg;m_g=1\ 242\ kg$$

4. 施工配合比的确定

$$m_c'=m_c=295\ kg$$

$$m_s'=m_s(1+a\%)=669\times(1+4\%)\ kg=696\ kg$$

$$m_g'=m_g(1+b\%)=1\ 242\times(1+1\%)\ kg=1\ 254\ kg$$

$$m_w'=m_w-m_s\cdot a\%-m_g\cdot b\%=(182-669\times4\%-1\ 242\times1\%)\ kg=143\ kg$$

◈ 做中学

某工程混凝土拌合物经试拌调整后,和易性满足要求,试拌材料用量为:水泥 4.5 kg,水 2.7 kg,砂 9.9 kg,碎石 18.9 kg。实测混凝土拌合物体积密度为 2 400 kg/m³。

①试计算 1 m³ 混凝土各项材料用量为多少。

②假定上述配合比,可以作为实验室配合比。如施工现场砂的含水率 4%,石子含水率为 1%,请设计出该工程的施工配合比。

答案：

①1 m³混凝土各项材料用量：$m_c=300$ kg；$m_w=180$ kg；$m_s=660$ kg；$m_g=1\,260$ kg。

②施工配合比：$m'_c=300$ kg；$m'_s=686.4$ kg；$m'_g=1\,272.6$ kg；$m'_w=141$ kg。

单元习题

一、填空题

1. 混凝土配合比设计的基本要求是满足 _____、_____、_____ 和 _____。

2. 混凝土配合比设计的三大参数是 _____、_____ 和 _____。

二、单项选择题

1. 混凝土配合比设计的三个主要技术参数是（　　）。

A. 单位用水量、水泥用量、砂率　　　　B. 水灰比、水泥用量、砂率

C. 单位用水量、水灰比、砂率　　　　　D. 水泥强度、水灰比、砂率

2. 混凝土配合比设计中，水灰比的值是根据混凝土的（　　）要求来确定的。

A. 强度及耐久性　　B. 强度　　　　　C. 耐久性　　　　　D. 和易性与强度

3. 砂率的意义是（　　）。

A. 砂的质量占砂、石、水泥总质量的百分率

B. 砂的质量占砂石总质量的百分率

C. 砂的质量与石子的质量比

D. 砂的质量占砂、水泥总质量的百分率

4. 在混凝土配合比设计中，选用合理砂率的主要目的是（　　）

A. 提高混凝土的强度　　　　　　　　　B. 改善混凝土的和易性

C. 节约水泥　　　　　　　　　　　　　D. 节省粗骨料

5. 混凝土施工规范中规定了最大水灰比和最小水泥用量，是为了保证（　　）。

A. 强度　　　　　　　　　　　　　　　B. 耐久性

C. 和易性　　　　　　　　　　　　　　D. 混凝土与钢材的相近线膨胀系数

6. 在原材料质量不变的情况下，决定混凝土强度的主要因素是（　　）。

A. 水泥用量　　　　B. 砂率　　　　　C. 单位用水量　　　　D. 水灰比

三、判断题

1. 水灰比对混凝土的和易性、强度和耐久性均有影响。（　　　　）

2. 在混凝土拌合物中，保持水灰比不变增加水泥浆量，可增大拌合物的流动性。（　　　　）

3. 普通混凝土的强度与水灰比呈线性关系。（　　　　）

4. 减水剂只能提高混凝土的强度。（　　　　）

5. 流动性大的混凝土比流动性小的混凝土强度低。（　　　　）

四、简答题

1. 什么是混凝土配合比？配合比的表示方法有哪些？

2. 为什么不宜用低强度等级水泥配制高强度等级的混凝土？

3. 某混凝土的实验室配合比为 1：2.1：4.0，$W/C=0.60$，混凝土的体积密度为 2 410 kg/m³。求 1 m³ 混凝土各材料用量。

参考答案

学习情境 3　建筑墙体材料

学习单元 1　墙体材料的认知

 **知识目标**

掌握烧结砖的质量等级、技术要求,了解烧结砖的生产原料和工艺;

掌握砌块的质量等级、技术要求;

掌握墙体材料在工程中的应用。

能力目标

能正确认知各种墙用砖;

能正确认知各种墙用砌块;

能够根据工程条件合理选用墙体材料。

思政目标

具备团队协作能力和吃苦耐劳的精神。

知识树

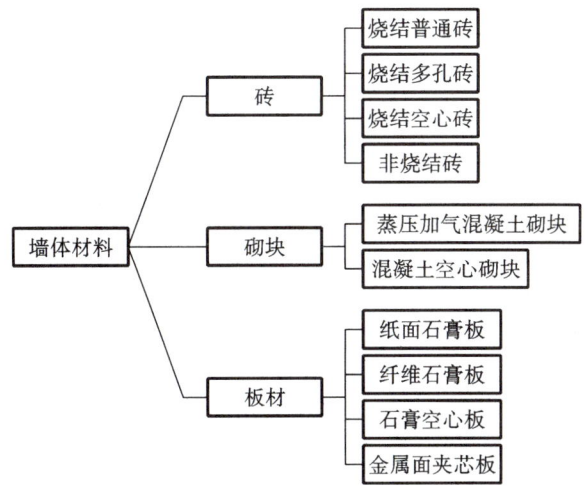

任务提出

本单元的任务是完成总情境中工作二中的任务一:选取砌筑材料并检测其性能是否合格。

请遵循经济、合理的原则,对图书馆墙体进行墙体材料的选用。

任务分析

墙体是建筑物的重要组成部分,在建筑结构中主要起到承重、围护、分隔空间等作用。在房屋建筑中,墙体占建筑物总造价的30%~40%。在一项建筑工程当中,选用不同的墙体材料、不同的墙体布置方案,对建筑物总体的自重、材料耗用量、工期和造价等方面都会有不同的影响。因此在建筑工程中,要根据墙体的作用合理选用墙体材料,还要满足节能、环保的要求。

目前墙体材料主要有砖、砌块、板材三类。起分隔空间作用的墙体,选用墙体材料主要从自重、隔声、抗渗等性能方面考虑;起围护、承重作用的墙体,选用墙体材料主要从强度、保温等性能方面考虑。

任务实施

一、墙用砖的认识

国家标准《烧结普通砖》(GB/T 5101—2017)规定,凡以黏土、页岩、煤矸石、粉煤灰等为主要材料,经成型、焙烧而成的实心或孔洞率不大于15%的砖,称为烧结普通砖。

烧结普通砖中的黏土砖,因其毁田取土,能耗大,块体小,施工效率低,砌体自重大和抗震性差等缺点,为实现材料的可持续发展,实现建筑节能,国家已在主要大、中城市及地区禁止使用。重视烧结多孔砖、烧结空心砖的推广应用,因地制宜地发展新型墙体材料,利用工业废料生产的粉煤灰砖、煤矸石砖、页岩砖等以及各种砌块、板材正在逐步发展起来,并将逐渐取代普通黏土砖。

1.烧结普通砖

1)烧结普通砖的分类

按使用的原料不同,烧结普通砖可分为烧结普通黏土砖(N)、烧结粉煤灰砖(F)、烧结煤矸石砖(M)、烧结页岩砖(Y)、烧结建筑渣土砖(Z)、烧结淤泥砖(U)、烧结污泥砖(W)和固体废弃砖(G)等八个品种。它们的来源及生产工艺略有不同,但各产品的性质和应用几乎完全相同。烧结普通砖如图3-1所示。

(a)烧结普通黏土砖

(b)烧结页岩砖

图3-1　烧结普通砖

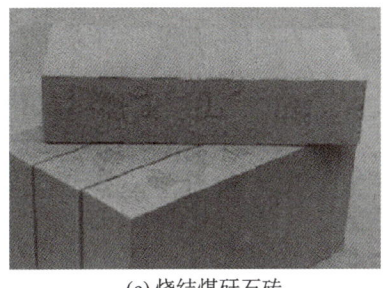

(c) 烧结煤矸石砖　　　　　　　　　(d) 烧结粉煤灰砖

续图 3-1

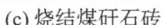

为了节约燃料,常将炉渣等可烧物的工业废渣掺入黏土中,用以烧制而成的砖称为内燃砖。按砖坯在窑内焙烧气氛及黏土中铁的氧化物的变化情况,可将砖分为红砖和青砖。

2)烧结普通砖的主要技术性质

根据国家标准《烧结普通砖》(GB/T 5101—2017),烧结普通砖的主要技术要求包括强度、尺寸偏差、外观质量、抗风化性能、泛霜、石灰爆裂及欠火砖、酥砖和螺纹砖(过火砖)等。

(1)强度。

烧结普通砖按抗压强度分为 MU10、MU15、MU20、MU25、MU30 五个强度等级,各个强度等级的抗压强度值如表 3-1 所示。

表 3-1　烧结普通砖强度等级　　　　　　　　　　　　　　　　单位:MPa

强度等级	抗压强度平均值 $\overline{f}$ ≥	强度标准值 f_k ≥
MU30	30.0	22.0
MU25	25.0	18.0
MU20	20.0	14.0
MU15	15.0	10.0
MU10	10.0	6.5

(2)尺寸偏差。

烧结普通砖的外形为直角六面体,公称尺寸为 240 mm×115 mm×53 mm。在烧结普通砖砌体中,加上灰缝 10 mm,每 4 块砖长、8 块砖宽或 16 块砖厚均为 1 m。1 m³ 砌体需用砖 512 块。

为保证砌筑质量,要求烧结普通砖的尺寸偏差必须符合国家标准 GB/T 5101—2017 的规定,见表 3-2。

表 3-2　烧结普通砖尺寸允许偏差　　　　　　　　　　　　　　　　单位:mm

公称尺寸	指标	
	样本平均偏差	样本极差 ≤
240	±2.0	6.0
115	±1.5	5.0
53	±1.5	4.0

(3)外观质量。

砖的外观质量包括两条面高度差、弯曲、杂质凸出高度、缺棱掉角、裂纹、完整面等内容,各项内容均应符合表 3-3 的规定。

表 3-3   烧结普通砖的外观质量   单位:mm

项目		指标
两条面高度差≤		2
弯曲≤		2
杂质凸出高度≤		2
缺棱掉角的三个破坏尺寸不得同时大于		5
裂纹长度≤	a.大面上宽度方向及其延伸至条面的长度	30
	b.大面上长度方向及其延伸至顶面的长度或条顶面上水平裂纹的长度	50
完整面不得少于		一条面和一顶面

(4)泛霜。

泛霜是指黏土原料中含有硫、镁等可溶性盐类时,随着砖内水分蒸发而在砖表面产生的盐析现象,一般为白色粉末,常在砖表面形成絮团状斑点,如图 3-2 所示。轻微泛霜即对清水砖墙建筑外观产生较大影响;中等程度泛霜的砖用于建筑中的潮湿部位时,7~8 年后因盐析结晶膨胀,砖砌体表面产生粉化剥落,在干燥环境使用约经 10 年以后也将开始剥落;严重泛霜对建筑结构的破坏性则更大。要求每块砖不准出现严重泛霜。

图 3-2   泛霜

(5)石灰爆裂。

如果烧结砖原料中夹杂有石灰石成分,在烧砖时可被烧成生石灰,砖吸水后生石灰熟化产生体积膨胀,导致砖发生胀裂破坏,这种现象称为石灰爆裂。石灰爆裂严重影响烧结砖的质量,并降低砌体强度。国家标准《烧结普通砖》(GB/T 5101—2017)规定:破坏尺寸大于 2 mm且小于或等于 15 mm 的爆裂区域,每组砖不得多于 15 处,其中大于 10 mm 的不得多于 7 处;不准出现最大破坏尺寸大于 15 mm 的爆裂区域;试验后抗压强度损失不得大于 5 MPa。

(6)抗风化性能。

抗风化性能是在干湿变化、温度变化、冻融变化等物理因素作用下,材料不破坏并长期保持原有性质的能力。抗风化性能是烧结普通砖的重要耐久性能之一,对砖的抗风化性要求应根据各地区风化程度的不同而定。烧结普通砖的抗风化性通常以其抗冻性、吸水率及饱和系数等指标判别。国家标准《烧结普通砖》(GB/T 5101—2017)指出:风化指数大于等于 12 700 时为严重风化区;风化指数小于 12 700 时为非严重风化区,部分属于严重风化区的砖必须进行冻融试验,某些地区的砖的抗风化性能符合规定时可不做冻融试验。烧结普通砖的抗风化性能应符合表 3-4 的规定。

表 3-4　抗风化性能

砖种类	严重风化区				非严重风化区			
	5 h 沸煮吸水率/(%) ≤		饱和系数 ≤		5 h 沸煮吸水率/(%) ≤		饱和系数 ≤	
	平均值	单块最大值	平均值	单块最大值	平均值	单块最大值	平均值	单块最大值
黏土砖、建筑渣土砖	18	20	0.85	0.87	19	20	0.88	0.90
粉煤灰砖	21	23			23	25		
页岩砖 煤矸石砖	16	18	0.74	0.77	18	20	0.78	0.80

3)烧结普通砖的性质与应用

烧结普通砖具有较高的强度,又因多孔结构而具有良好的绝热性、透气性和稳定性,还具有较好的耐久性及隔热、保温等性能,加上原料广泛,工艺简单,是应用历史最长、应用范围最为广泛的砌体材料之一。烧结普通砖广泛用于砌筑建筑物的墙体、柱、拱、烟囱、窑身、沟道及基础等构筑物,也可以在砌体中放置适当的钢筋或钢丝以代替混凝土构造柱和过梁。砖砌墙体如图 3-3 所示。

(a) 单面墙体　　　　　　　　　　　　(b) 别墅墙体

图 3-3　砖砌墙体

🔆 学中做

海南某地烧结黏土砖墙(图 3-4)和花岗岩石墙(图 3-5),几年后烧结黏土砖墙出现明显腐蚀,而花岗岩石墙无此现象,请分析原因。

分析:烧结黏土砖中含有硫、镁等可溶性盐类,会随着砖内水分蒸发而在砖表面产生盐析现象。

图 3-4 烧结黏土砖墙

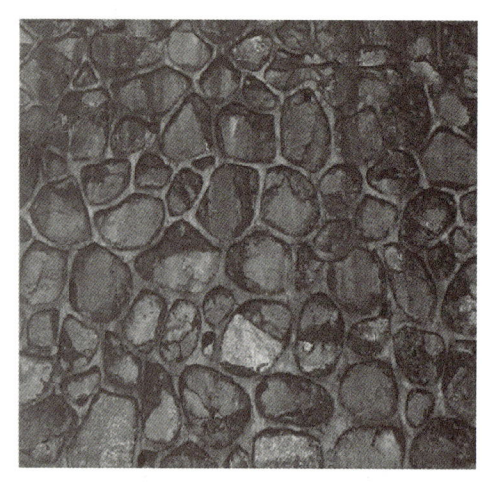

图 3-5 花岗岩石墙

2. 烧结多孔砖

高层建筑的发展,对普通黏土砖提出了减轻自重,进一步改善绝热和隔声性能等要求。烧结普通砖具有自重大、体积小、生产能耗高、施工效率低等缺点,用烧结多孔砖和烧结空心砖代替烧结普通砖,可使建筑物自重减轻 30% 左右,节约黏土 20%~30%,节省燃料 10%~20%,施工工效提高 40%,并能改善砖的隔热隔声性能。所以,推广使用多孔砖和空心砖是加快我国墙体材料改革,促进墙体材料工业技术进步的重要措施之一。

烧结多孔砖和烧结空心砖的生产工艺与烧结普通砖相同,但由于坯体有孔洞,增加了成型的难度,对原料的可塑性要求更高。

1)烧结多孔砖和多孔砌块

烧结多孔砖是以黏土、页岩、煤矸石、粉煤灰、淤泥(江河湖淤泥)及其他固体废弃物为主要原料,经焙烧制成主要用于建筑物承重部位的多孔砖(图 3-6)。

图 3-6 烧结多孔砖

烧结多孔砌块是以黏土、页岩、煤矸石、粉煤灰、淤泥(江河湖淤泥)及其他固体废弃物为主要原料,经焙烧而成,孔洞率大于或等于 33%,孔的尺寸小而数量多的砌块,主要用于承重部位。

根据国家标准《烧结多孔砖和多孔砌块》(GB 13544—2011)规定,多孔砖为大面有孔的直角六面体,其规格尺寸主要为 290 mm、240 mm、190 mm、180 mm、140 mm、115 mm、90 mm。砌块规格尺寸为 490 mm、440 mm、390 mm、340 mm、290 mm、240 mm、190 mm、180 mm、140 mm、115 mm、90 mm。其他规格尺寸由供需双方协商确定。烧结多孔砖有 190 mm×190 mm×90 mm(M 型)和 240 mm×115 mm×90 mm(P 型)两种规格,见图 3-7。多孔砖大面有孔,孔多而小,孔洞率在 28% 以上。规格大的砖和砌块应该设置手抓孔,手抓孔尺寸(30～40) mm×(75～85) mm。

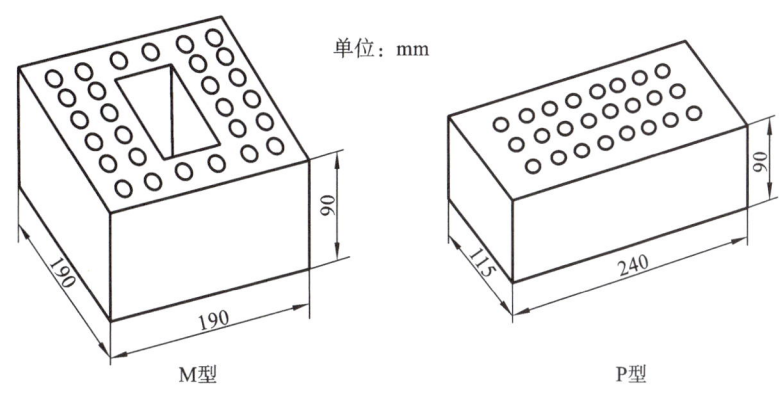

图 3-7　烧结多孔砖规格尺寸

2)强度等级

根据抗压强度分为 MU30、MU25、MU20、MU15、MU10 五个强度等级,各强度等级的强度值应符合国家标准的规定(表 3-5)。

表 3-5　烧结多孔砖强度等级(GB 13544—2011)　　　　　单位:MPa

强度等级	抗压强度平均值 $\overline{f}$ ≥	强度标准值 f_k ≥
MU30	30.0	22.0
MU25	25.0	18.0
MU20	20.0	14.0
MU15	15.0	10.0
MU10	10.0	6.5

3)其他技术要求

除了上述技术要求外,烧结多孔砖的技术要求还包括冻融、泛霜、石灰爆裂和抗风化性能等。

4)应用

烧结多孔砖强度较高,主要用于多层建筑物的承重墙体以及高层框架建筑的填充墙和分隔墙。

3. 烧结空心砖和空心砌块

烧结空心砖和空心砌块是以黏土、页岩、煤矸石、粉煤灰、淤泥(江河湖淤泥)、建筑渣土及其他固体废弃物为主要原料,经焙烧而成,主要用于建筑物非承重部位的空心砖和空心砌块。

烧结空心砖为顶面有孔洞的直角六面体(图 3-8),混水墙用空心砖和空心砌块,应在大面和条面上设有均匀分布的粉刷槽或类似结构,深度不小于 2 mm。

图 3-8 烧结空心砖

1)外形尺寸

空心砖和空心砌块的长度、宽度、高度尺寸应该符合下列要求：

长度规格尺寸(单位：mm)：390、290、240、190、180(175)、140。

宽度规格尺寸(单位：mm)：190、180(175)、140、115。

高度规格尺寸(单位：mm)：180(175)、140、115、90。

其他规格尺寸由供需双方协商确定。

烧结空心砖外形如图 3-9 所示。

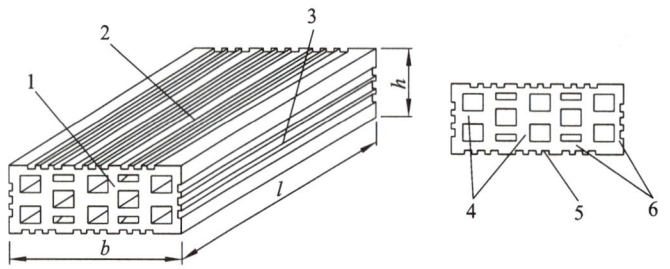

图 3-9 烧结空心砖外形

1—顶面；2—大面；3—条面；4—肋；5—粉刷槽；6—外壁

l—长度；b—宽度；h—高度

2)强度等级

根据空心砖大面的抗压强度,将烧结空心砖分为 MU10.0、MU7.5、MU5.0、MU3.5 四个强度等级,各强度等级的强度值应符合国家标准的规定(表 3-6)。

表 3-6 烧结空心砖强度等级(GB/T 13545—2014)

强度等级	抗压强度/MPa		
	抗压强度平均值 $\bar{f}$ ≥	变异系数 $\delta \leqslant 0.21$ 强度标准值 f_k ≥	变异系数 $\delta > 0.21$ 单块最小抗压强度值 f_{min} ≥
MU10.0	10.0	7.0	8.0
MU7.5	7.5	5.0	5.8
MU5.0	5.0	3.5	4.0
MU3.5	3.5	2.5	2.8

3)密度等级

按砖的体积密度不同,把空心砖分成 800、900、1 000 和 1 100 四个密度等级。

4)其他技术要求

除了上述技术要求外,烧结空心砖的技术要求还包括冻融、泛霜、石灰爆裂、吸水率等。产品的外观质量、物理性能均应符合标准规定。

烧结多孔砖和烧结空心砖在运输、装卸过程中,应避免碰撞,严禁倾卸和抛掷。堆放时应按品种、规格、强度等级分别堆放整齐,不得混杂;砖的堆置高度不宜超过 2 m。

4. 非烧结砖

不经焙烧而制成的砖均为非烧结砖,如碳化砖、免烧免蒸砖、蒸养砖等。目前,应用较广的为蒸养(压)砖。这类砖是以含钙材料(石灰、电石渣)和含硅材料(砂子、粉煤灰、煤矸石灰渣、炉渣等)与水拌合,经压制成型,在自然条件下或人工水热合成条件(蒸养或蒸压)下,反应生成以水化硅酸钙为主要胶黏料的硅酸盐制品。其主要品种有蒸压灰砂砖、蒸压粉煤灰砖等。

1)蒸压灰砂砖

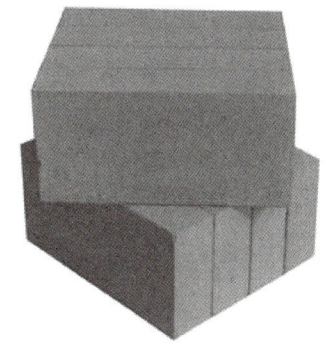

蒸压灰砂砖是以石灰和砂为主要原料,经磨细、混合搅拌、陈化、压制成型和蒸压养护制成的。一般石灰占 10%～20%,砂占 80%～90%,如图 3-10 所示。

蒸压养护是在 0.8～1.0 MPa 的压力和 175 ℃左右的温度条件下,经过 6 h 左右的湿热养护,使原来在常温常压下几乎不与 $Ca(OH)_2$ 反应的砂(晶态二氧化硅),产生具有胶凝能力的水化硅酸钙凝胶,水化硅酸钙凝胶与 $Ca(OH)_2$ 晶体共同将未反应的砂粒黏结起来,从而使砖具有强度。

图 3-10 蒸压灰砂砖

蒸压灰砂砖的规格与普通黏土砖相同。根据国家标准 GB/T 11945—2019《蒸压灰砂实心砖和实心砌块》的规定,根据抗压强度分为 MU30、MU25、MU20、MU15、MU10 五个等级。强度等级大于 MU15 的砖可用于基础及其他建筑部位。强度等级为 MU10 的砖可用于砌筑防潮层以上的墙体。

长期使用温度高于 200 ℃以及承受急冷、急热或有酸性介质侵蚀的建筑部位应避免使用灰砂砖。

2)蒸压粉煤灰砖

蒸压粉煤灰砖是以粉煤灰和石灰为主要原料,掺加适量石膏和炉渣,加水混合拌成坯料,经陈化、轮碾、加压成型,再通过常压或高压蒸汽养护而制成的一种墙体材料。其尺寸规格与普通黏土砖相同,如图 3-11 所示。

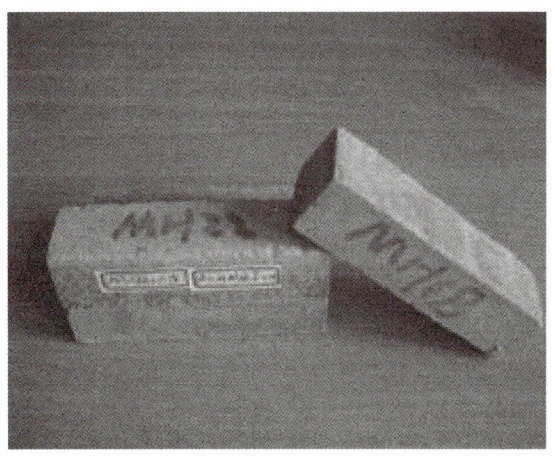

图 3-11 蒸压粉煤灰砖

根据 JC/T 239—2014《蒸压粉煤灰砖》的规定,蒸压粉煤灰砖的强度等级分为 MU30、MU25、MU20、MU15 和 MU10 五级。

蒸压粉煤灰砖可用于工业与民用建筑的墙体和基础。用蒸压粉煤灰砖砌筑的建筑物,应适当增设圈梁及伸缩缝或采取其他措施,以避免或减少收缩裂缝。

💡 学中做

1. 烧结普通砖的标准尺寸为(　　　)。

A. 240 mm×115 mm×53 mm
B. 190 mm×190 mm×90 mm

C. 240 mm×115 mm×90 mm
D. 100 mm×120 mm×150 mm

答案:A

2. 色浅、声哑、变形小且耐久性差的砖是(　　　)。

A. 酥砖
B. 欠火砖

C. 螺纹砖
D. 过火砖

答案:B

3. 凡孔洞率不大于 15% 的砖称(　　　)。

A. 烧结普通砖
B. 烧结多孔砖

C. 烧结空心砖
D. 烧结页岩砖

答案:A

二、墙用砌块的认识

砌块是用于砌筑的、形体大于砌墙砖的人造块材,一般为直角六面体,按产品主规格的尺寸可分为大型砌块(高度大于 980 mm)、中型砌块(高度为 380~980 mm)和小型砌块(高度大于 115 mm,小于 380 mm),如图 3-12 和图 3-13 所示。砌块高度一般不大于长度或宽度的 6 倍,长度不超过高度的 3 倍。根据需要也可生产各种异形砌块。

图 3-12　混凝土空心砌块

图 3-13　加气混凝土砌块

砌块是一种新型墙体材料,可以充分利用地方资源和工业废料,并可节省黏土资源和改善环境。其具有生产工艺简单,原料来源广,适应性强,制作及使用方便灵活,还可改善墙体功能等特点,因此发展较快。

砌块的分类方法很多,若按用途可分承重砌块和非承重砌块;按有无孔洞可分为实心砌块(无孔洞或空心率小于 25%)和空心砌块(空心率大于或等于 25%);按材质又可分为硅酸盐砌块、轻骨料混凝土砌块、混凝土砌块等。

1. 蒸压加气混凝土砌块

蒸压加气混凝土砌块是以钙质材料(水泥、石灰等)、硅质材料(砂、矿渣、粉煤灰等)以及加气剂(铝粉等),经配料、搅拌、浇筑、发气、切割和蒸压养护而成的多孔轻质块体材料。

1)规格尺寸

砌块的尺寸规格,一般有 A、B 两个系列,见表 3-7。

表 3-7　砌块的尺寸规格

项目	A 系列	B 系列
长度/mm	600	600
高度/mm	200、250、300	240、300
宽度/mm	100、125、150、200…(以 25 递增)	120、180、240、300…(以 60 递增)

2)砌块的强度等级与密度等级

根据国家标准(GB/T 11968—2020),砌块按抗压强度分为 A1.0、A2.0、A2.5、A3.5、A5.0、A7.5、A10.0 七个强度等级,见表 3-8;按干密度分为 B03、B04、B05、B06、B07、B08 六个级别,见表 3-9;按外观质量、尺寸偏差、干密度、抗压强度等分为优等品(A)、合格品(B)两个等级。

表 3-8　加气混凝土砌块的强度等级

强度等级	立方体抗压强度/MPa		强度等级	立方体抗压强度/MPa	
	平均值不小于	单组最小值不小于		平均值不小于	单组最小值不小于
A1.0	1.0	0.8	A5.0	5.0	4.0
A2.0	2.0	1.6	A7.5	7.5	6.0
A2.5	2.5	2.0	A10.0	10.0	8.0
A3.5	3.5	2.8			

表 3-9　加气混凝土砌块的干密度

干密度级别		B03	B04	B05	B06	B07	B08
干密度 /(kg/m³)	优等品≤	300	400	500	600	700	800
	合格品≤	325	425	525	625	725	825

3)应用

加气混凝土砌块质量轻,具有保温、隔热、隔音性能好,以及抗震性强、热导率低、传热速度慢、耐火性好、易于加工、施工方便等特点,是应用较多的轻质墙体材料之一,适用于低层建筑的承重墙、多层建筑的间隔墙和高层框架结构的填充墙,作为保温隔热材料也可用于复合墙板和屋面结构中。在无可靠的防护措施时,该类砌块不得用于处于水中、高湿度、有碱化学物质侵蚀等环境中,也不得用于建筑物的基础和温度长期高于 80 ℃的建筑部位。加气混凝土砌块填充墙如图 3-14 所示。

图 3-14　加气混凝土砌块填充墙

2. 混凝土空心砌块

混凝土空心砌块主要是以普通混凝土拌合物为原料,经成型、养护而成的空心块体墙材。其有承重砌块和非承重砌块两类。为减轻自重,非承重砌块可用炉渣或其他轻质骨料配制。常用混凝土空心砌块外形如图 3-15 所示。

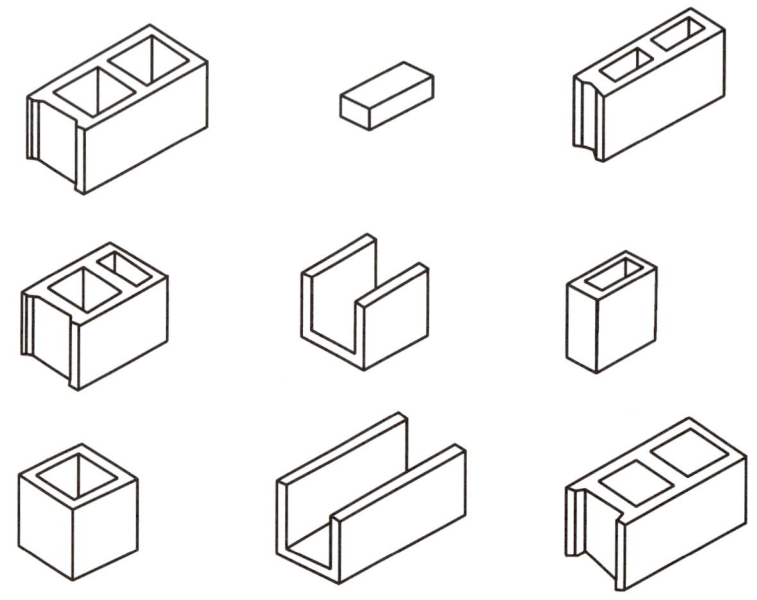

图 3-15 几种混凝土空心砌块外形示意图

1)混凝土小型空心砌块

(1)尺寸规格。

混凝土小型空心砌块主规格尺寸为 390 mm×190 mm×190 mm,一般为单排孔,也有双排孔,其空心率为 25%~50%。其他规格尺寸可由供需双方协商。

(2)强度等级。

按砌块抗压强度分为 MU5.0、MU7.5、MU10.0、MU15.0、MU20.0、MU25.0 六个强度等级,具体指标见表 3-10。

表 3-10 混凝土小型空心砌块的抗压强度(GB/T 8239—2014)

强度等级		MU5.0	MU7.5	MU10.0	MU15.0	MU20.0	MU25.0
抗压强度 /MPa	平均值≥	5.0	7.5	10.0	15.0	20.0	25.0
	单块最小值≥	4.0	6.0	8.0	12.0	16.0	20.0

(3)应用。

该类小型砌块适用于地震设计烈度为 8 度及 8 度以下地区的一般民用与工业建筑物的墙体。出厂时的相对含水率必须满足标准要求;施工现场堆放时,必须采取防雨措施;砌筑前不允许浇水预湿。

2)轻集料混凝土小型空心砌块

轻集料混凝土小型空心砌块是以陶粒、膨胀珍珠岩、浮石、火山渣、煤渣、自燃煤矸石等各种轻粗细集料和水泥按一定比例配制,经搅拌、成型、养护而成的空心率大于 25%、体积密度小于 1 400 kg/m³ 的轻质混凝土小型砌块。

该砌块的主规格为 390 mm×190 mm×190 mm,其他规格尺寸可由供需双方协商。强度等级为 MU2.5、MU3.5、MU5.0、MU7.5、MU10.0,其各项性能指标应符合国家标准的要求。

轻集料混凝土小型空心砌块是一种轻质高强、能取代普通黏土砖的很有发展前景的墙体材料,不仅可用于承重墙,还可以用于既承重又保温或专门保温的墙体,更适合于高层建筑的填充墙和内隔墙。

学中做

下面哪项不是加气混凝土砌块的特点?(   )

A.轻质   B.保温隔热   C.加工性能好   D.韧性好

答案:D

三、墙用板材的认识

墙体板材是指用于墙体的各种建筑板材。随着建筑结构体系的改革和大开间多功能框架结构的发展,各种轻质和复合墙体板材也蓬勃兴起。板材类墙体具有轻质、施工效率高、节能、房间布置灵活等优点。目前常用的板材有水泥类墙板、石膏类墙板和复合墙板等。

1. 纸面石膏板

纸面石膏板是以建筑石膏为主要原料,由石膏芯材及与其牢固结合在一起的护面纸组成。纸面石膏板具有重量轻、隔声、隔热、防火性能好、加工性能强、施工方法简便的特点。纸面石膏板的种类很多,常见的有如下几种,如图 3-16 所示。

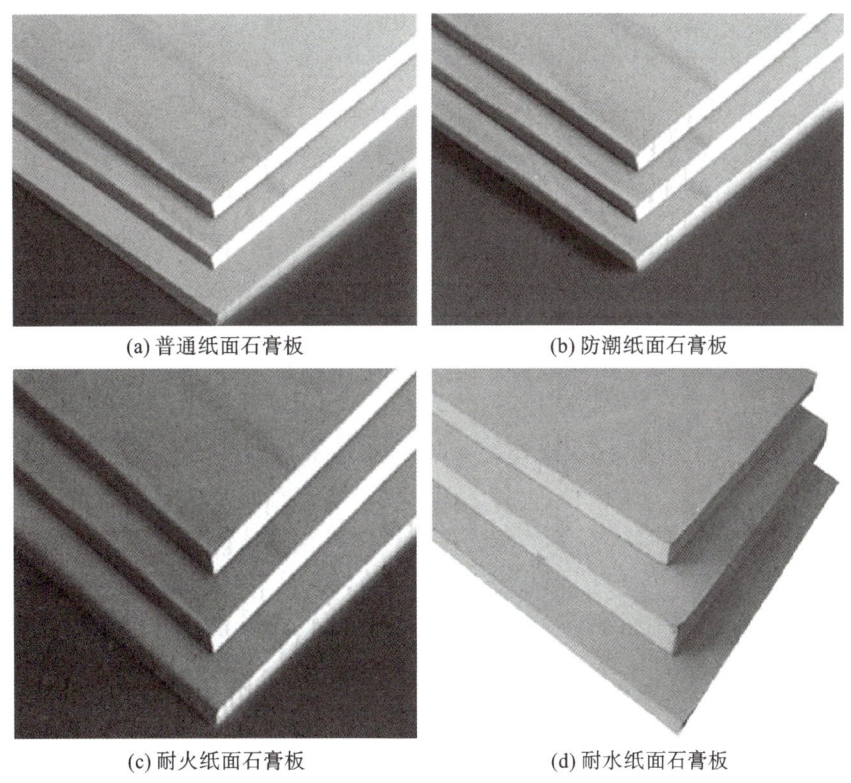

(a) 普通纸面石膏板   (b) 防潮纸面石膏板

(c) 耐火纸面石膏板   (d) 耐水纸面石膏板

图 3-16 纸面石膏板

1）普通纸面石膏板

普通纸面石膏板可做室内隔墙板。象牙白色板芯，灰色纸面，是最为经济与常见的品种。普通纸面石膏板适用于无特殊要求的使用场所，使用场所连续相对湿度不超过 65％。因为价格的原因，很多人喜欢使用 9.5 mm 厚的普通纸面石膏板来做吊顶或间墙，但是由于 9.5 mm 普通纸面石膏板比较薄、强度不高，在潮湿条件下容易发生变形，因此建议选用 12 mm 以上的石膏板。同时使用较厚的板材也是预防接缝开裂的一个有效手段。

2）耐水纸面石膏板

耐水纸面石膏板的板芯和护面纸均经过了防水处理，根据国标的要求，其纸面和板芯都必须达到一定的防水要求（表面吸水量不大于 160 g/m^2，吸水率不超过 10％）。耐水纸面石膏板适用于连续相对湿度不超过 95％的使用场所，如卫生间、浴室等。

3）耐火纸面石膏板

耐火纸面石膏板板芯内增加了耐火材料和大量玻璃纤维，其主要用于防火等级要求较高的房屋建筑当中。

4）防潮纸面石膏板

防潮纸面石膏板具有较高的表面防潮性能，表面吸水量小于 160 g/m^2，用于环境潮度较大的房间吊顶、隔墙和贴面墙。

2. 纤维石膏板

纤维石膏板是一种以建筑石膏为主要原料，以各种纤维为增强材料的新型建筑板材。纤维石膏板具有轻质、强度高、耐火、施工效率高、隔声、可锯等特点。纤维石膏板可作干墙板、墙衬、隔墙板（图 3-17）、瓦片及砖的背板、预制板外包覆层、天花板块、地板、防火门及立柱、护墙板等。

3. 石膏空心板

石膏空心板以熟石膏为胶凝材料，添加适当辅料（膨胀珍珠岩、膨胀蛭石、矿渣、粉煤灰、石灰等），经搅拌、成型、抽芯、干燥等工序制成，如图 3-18 所示。石膏空心板具有轻质、强度高、隔声、隔热、防水性好、加工性好等特点，在建筑工程中可用于非承重内隔墙，若用于潮湿的环境中，板表面需做防水处理。

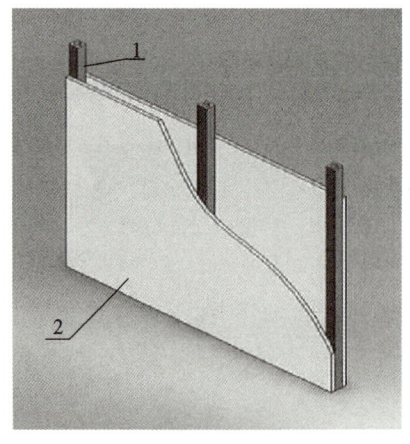

图 3-17　纤维石膏板隔墙

1—轻钢龙骨；2—纤维石膏板

图 3-18　石膏空心板

4. 金属面夹芯板

金属面夹芯板是指上下两层为金属薄板，芯材为有一定刚度的保温材料，如岩棉、硬质泡沫塑料等,在专用的自动化生产线上复合而成的具有承载力的结构板材。金属面夹芯板按建筑物的使用部位分有屋面板、墙板、隔墙板、吊顶板;按面板材料可分为彩钢夹芯板和铝合金夹芯板两大类。金属面夹芯板具有轻质、保温隔热、防火性好、施工方便等特点,在建筑工程中常用的活动板房及围墙均采用的是彩钢夹芯板,如图 3-19 所示。

(a) 活动板房　　　　　　　　　　　　　　(b) 围墙

图 3-19　彩钢夹芯板

单元习题

一、名词解释

1.烧结多孔砖;

2.烧结空心砖;

3.石灰爆裂;

4.混凝土小型空心砌块;

5.盐析。

二、单项选择题

1.砌筑有保温要求的非承重墙体时宜选用(　　　)。

A.烧结多孔砖　　　B.烧结空心砖　　　C.烧结普通砖　　　D.石灰岩

2.烧结普通砖的质量等级是根据(　　　)划分的。

A.强度等级和风化性能　　　　　　　B.尺寸偏差和外观质量

C.石灰爆裂和泛霜　　　　　　　　　D. A+B+C

3.下面哪项不是加气混凝土砌块的特点?(　　　)

A.轻质　　　B.保温隔热　　　C.加工性能好　　　D.韧性好

4.砌筑 1 立方米烧结普通砖砌体,理论上所需砖块数为(　　　)。

A.512　　　　B.532　　　　C.540　　　　D.596

5.烧结多孔砖的强度等级按(　　　)来确定。

A.孔洞率;　　　B.抗压强度;　　　C.黏结强度　　　D.抗剪强度

三、多项选择题

1.利用煤矸石和粉煤灰等工业废渣烧砖,可以(　　　)。

A.减少环境污染　　　　　　　　　B.节约大片良田黏土

C.节省大量燃料煤　　　　　　　　D.大幅提高产量

2.普通黏土砖评定强度等级的依据是(　　　)。

A.抗压强度的平均值　　　　　　　B.抗折强度的平均值

C. 抗压强度的单块最小值

3. 与烧结普通砖相比,烧结空心砖(　　)。

A. 保温性好,体积密度大　　　　　　B. 强度高,保温性好

C. 体积密度小,强度高　　　　　　　D. 体积密度小,保温性好

E. 强度较低

4. 普通混凝土小型空心砌块抗压强度检验的试验结果以五个试件抗压强度的(　　)表示。

A. 中间值　　　　　B. 算术平均值　　　　C. 单块最小值

5. 在烧结多孔砖的指标验收中,当外观质量、尺寸偏差、强度等级、抗风化性能和(　　)中,有一项不合格则该批产品就判为不合格。

A. 石灰爆裂　　　B. 泛霜　　　　C. 孔型孔洞率　　　D. 孔洞排列

四、简答题

1. 未烧透的欠火砖为何不宜用于地下?

2. 多孔砖与空心砖有何异同点?

参考答案

学习单元 2　墙用砖、砌块的检测

知识目标

掌握砖的外观质量和性能的检测步骤;

掌握砌块的外观质量和性能的检测步骤。

能力目标

能够独立检测墙用砖的外观质量和强度并对检测结果进行分析;

能够独立检测墙用砌块的外观质量和强度并对检测结果进行分析。

思政目标

具备团队协作能力和吃苦耐劳的精神。

任务提出

本单元的任务是完成总情境中工作二中的任务一:选取砌筑材料并检测其性能是否合格。按照相关规范和标准,对图书馆选取的墙体材料进行检测并判断其性能是否符合要求。

任务分析

砌墙砖的检测主要包括尺寸偏差、外观质量、强度等。砌块的检测主要包括尺寸偏差、外观质量、干表观密度等。

任务实施

墙体在建筑工程中占有较大比重,为保证墙体的施工质量,必须掌握墙体材料质量的检测

方法,才能正确地选用材料,保证工程质量。

一、检测墙用砖的主要指标

1.尺寸测量

测量工具为砖用卡尺(图 3-20),分度值为 0.5 mm。

1)测量方法

长度应在砖的两个大面的中间处分别测量两个尺寸;宽度应在砖的两个大面的中间处分别测量两个尺寸;高度应在两个条面的中间处分别测量两个尺寸。当被测处有缺损或凸出时,可在其旁边测量,但应选择不利的一侧。

2)结果评定

结果分别以长度、高度和宽度的最大偏差值表示,不足 1 mm 者按 1 mm 计。图 3-21 为尺寸量法。

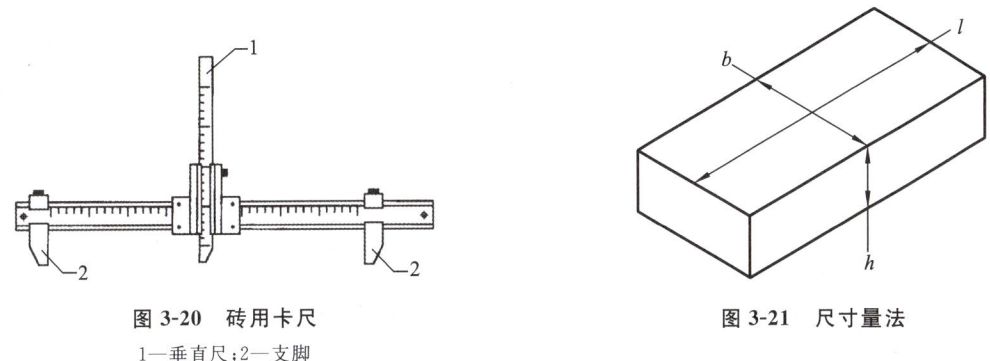

图 3-20　砖用卡尺
1—垂直尺;2—支脚

图 3-21　尺寸量法

2.外观质量检查

1)测量方法

测量工具为砖用卡尺,分度值为 0.5 mm;钢直尺,分度值为 1 mm。

(1)缺损。

缺损是指缺棱掉角在砖上造成的破损程度,以破损部分对长、宽、高三个棱边的投影尺寸来度量,称为破坏尺寸,如图 3-22 所示。缺损造成的破坏面,系指缺损部分对条、顶面(空心砖为条、大面)的投影面积,如图 3-23 所示。

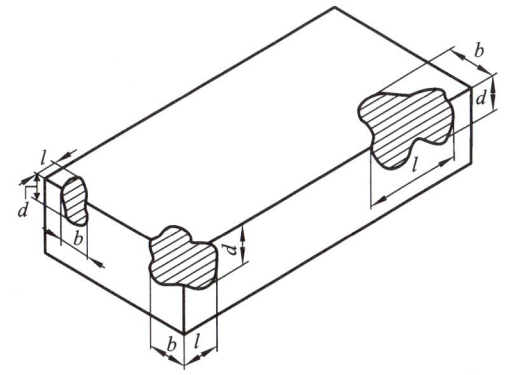

图 3-22　缺棱掉角破坏尺寸量法
l—长度方向的投影量;b—宽度方向的投影量;d—高度方向的投影量

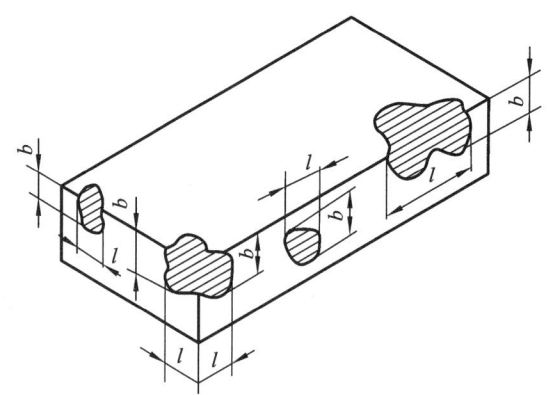

图 3-23　缺损在条、顶面上造成的破坏面量法

（2）裂纹。

裂纹分为长度方向、宽度方向和高度方向三种，以被测方向的投影长度表示。如果裂纹从一个面延伸至其他面上时，则累计其延伸的投影长度，如图 3-24 所示。裂纹长度以在三个方向上分别测得的最长裂纹作为测量结果。

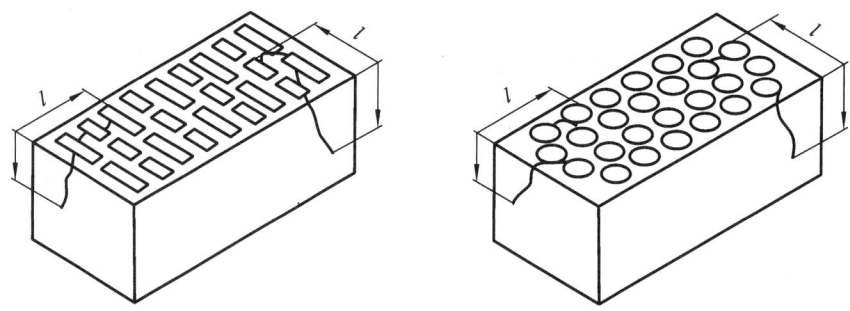

图 3-24　多孔砖裂纹通过孔洞时长度测量法

（3）弯曲。

弯曲分别在大面和条面上测量，测量时将砖用卡尺的两支脚沿棱边两端放置，择其弯曲最大处将垂直尺推至砖面，如图 3-25 所示。但不应将杂质或碰伤造成的凹处计算在内。以弯曲中测得的较大者作为测量结果。

（4）杂质凸出高度。

杂质在砖面上造成的凸出高度，以杂质距砖面的最大距离表示。测量时将砖用卡尺的两支脚置于凸出两边的砖平面上，以垂直尺测量，如图 3-26 所示。

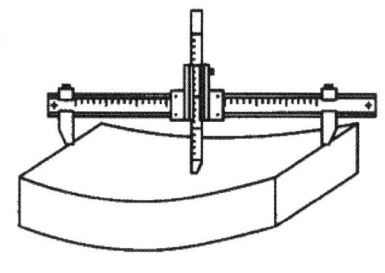

图 3-25　弯曲量法

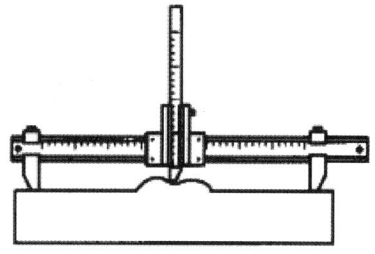

图 3-26　杂质凸出高度量法

2)结果评定

外观测量以毫米为单位,不足 1 mm 者,按 1 mm 计。

3. 抗压强度检测

1)试件制备

(1)烧结普通砖。

将试样切断或锯成两个半截砖,断开的半截砖长不得小于 100 mm,如图 3-27 所示。如果不足 100 mm,应另取备用试样补足。

在试样制备平台上,将已断开的半截砖放入室温的净水中浸 20～30 min 后取出,并以断口相反方向叠放,两者中间以厚度不超过 5 mm 的用 32.5 号普通硅酸盐水泥调制成的稠度适宜的水泥净浆黏结,上下两面用不超过 3 mm 的同种水泥浆抹平。制成的试件上下两面须相互平行,并垂直于侧面,如图 3-28 所示。

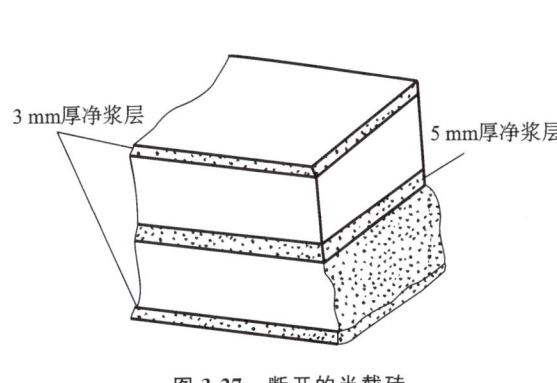

图 3-27　断开的半截砖

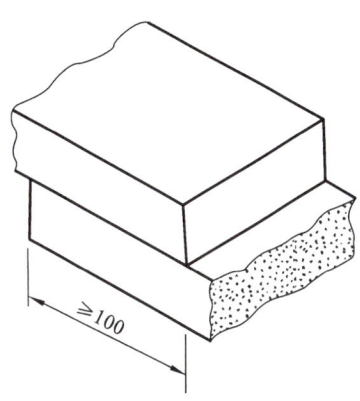

图 3-28　砖的抗压试件

(2)多孔砖、空心砖。

试件制作采用坐浆法操作。即将玻璃板置于试件制备平台上,其上铺一张湿的垫纸,纸上铺一层厚度不超过 5 mm 的用 32.5 号普通硅酸盐水泥制成的稠度适宜的水泥净浆,再将在水中浸泡 10～20 min 的试样受压面平稳地坐放在水泥浆上,在另一受压面上稍加压力,使整个水泥层与砖受压面相互黏结,砖的侧面应垂直于玻璃板。待水泥浆适当凝固后,连同玻璃板翻放在另一铺纸放浆的玻璃板上,再进行坐浆,用水平尺校正好玻璃板的水平。

(3)非烧结砖。

将同一块试样的两半截砖断口相反叠放,叠合部分不得小于 100 mm,即为抗压强度试件。如果不足 100 mm 时,则应剔除,另取备用试样补足。

2)试件养护

普通制样法制成的抹面试件应置于不低于 10 ℃ 的不通风室内养护 3 d,再进行试验。机械制样的试件连同模具在不低于 10 ℃ 的不通风室内养护 24 h 后脱模,再在相同条件下养护 48 h,再进行试验。非烧结砖试件,不需养护,直接进行试验。

3)试验步骤

(1)测量每个试件连接面或受压面的长、宽尺寸各两个,分别取其平均值,精确至 1 mm。

(2)将试件平放在加压板的中央,垂直于受压面加荷,应均匀平稳,不得发生冲击或振动。加荷速度以 4 kN/s 为宜,直至试件破坏为止,记录最大破坏荷载 P。

4)结果计算

(1)每块试样的抗压强度 R_p 按式(3-1)计算,精确至 0.1 MPa。

$$R_p = \frac{P}{LB} \tag{3-1}$$

式中:R_p——抗压强度,MPa;

P——最大破坏荷载,N;

L——受压面(连接面)的长度,mm;

B——受压面(连接面)的宽度,mm。

(2)试验结果以试样抗压强度的算术平均值和单块最小值表示,精确至 0.1 MPa。

5)结果评定

根据试验结果,按平均值-标准值方法(变异系数 $\delta \leqslant 0.21$ 时)或平均值-最小值方法(变异系数 $\delta > 0.21$ 时)评定砖的强度等级,变异系数按式(3-2)和式(3-3)计算。强度等级应符合表3-1 的要求。

$$\delta = \frac{s}{\overline{f}} \tag{3-2}$$

$$s = \sqrt{\frac{1}{9}\sum_{i=1}^{10}(f_i - \overline{f})^2} \tag{3-3}$$

式中:δ——砖强度变异系数,精确至 0.01;

s——10 块试样的抗压强度标准差,精确至 0.01 MPa;

$\overline{f}$——10 块试样的抗压强度平均值,精确至 0.01 MPa;

f_i——单块试样抗压强度测定值,精确至 0.01 MPa。

二、加气混凝土砌块主要指标检测的认识

1. 取样

同品种、同规格、同等级的砌块,以 10 000 块为一批,不足 10 000 块亦为一批,随机抽取 50 块砌块,进行尺寸偏差、外观检验。从外观与尺寸偏差合格的砌块中,随机抽取 6 块制作试件,进行干密度和强度级别检验。

2. 尺寸、外观检测

量具:钢直尺、钢卷尺、深度游标卡尺,最小刻度为 1 mm。

尺寸测量:长度、宽度、高度分别在两个对应面的端部测量,各量两个尺寸,如图 3-29 所示。测量值大于规格尺寸的取最大值,测量值小于规格尺寸的取最小值。

缺棱掉角:目测缺棱掉角个数,测量砌块破坏部分对砌块的长、高、宽三个方向的投影面积尺寸,如图 3-30 所示。

裂纹:目测裂纹条数,长度以所在面最大的投影尺寸为准,如图 3-31 中 l。若裂纹从一面延伸至另一面,则以两个面上的投影尺寸之和为准,如图 3-31 中 $b+h$ 和 $l+h$。

平面弯曲:测量弯曲面的最大缝隙尺寸,如图 3-32 所示。

爆裂、粘模和损坏深度:将钢直尺平放在砌块表面,用深度游标卡尺垂直于钢直尺,测量其最大深度。

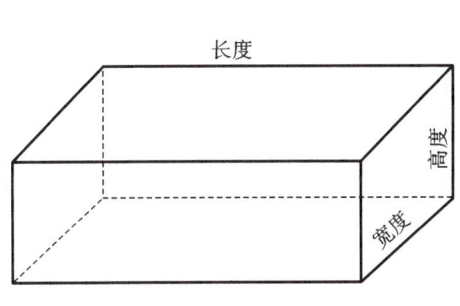

图 3-29 尺寸测量

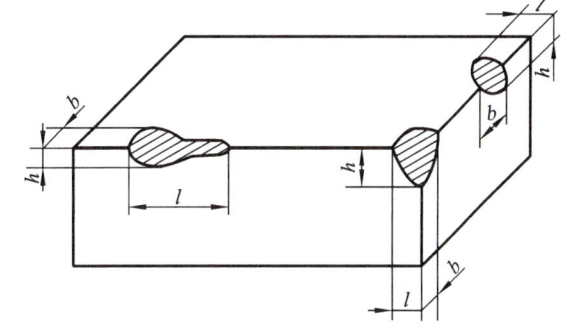

图 3-30 缺棱掉角测量方法示意图

l—长度方向的投影尺寸;h—高度方向的投影尺寸;
b—宽度方向的投影尺寸

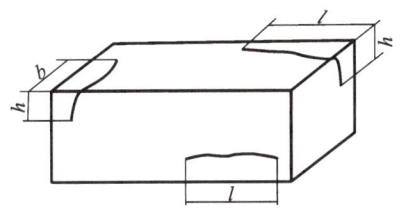

图 3-31 裂纹长度测量示意图

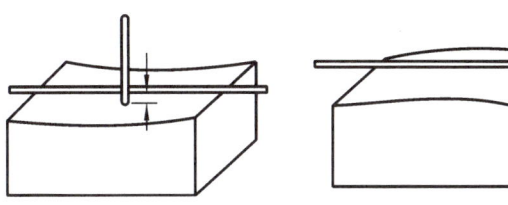

图 3-32 平面弯曲测量示意图

3. 干表观密度检测

(1)取样:取试件 3 组 9 块。

(2)计算体积:按试件轴线方向逐块量取长、宽、高的尺寸,精确至 1 mm,可计算出试件体积 V。

(3)烘干:将试件放入电热鼓风干燥箱内,在(60±5)℃下保温 24 h,然后在(80±5)℃下保温 24 h,再在(105±5)℃下烘干至恒重 m。

(4)干表观密度按式(3-4)计算。

$$\rho = \frac{m}{V} \tag{3-4}$$

式中:ρ——密度,kg/m³。

4. 抗压强度检测

(1)取样制取 100 mm×100 mm×100 mm 立方体试件 3 组 9 块,试件的质量含水率控制在 25%~45%。

(2)试验步骤。

①测量试件尺寸,精确至 1 mm,即可计算试件的受压面积 A;

②将试件放在压力机的下压板的中心位置,试件的受力方向应垂直于制品的发气方向;

③开启试验机,加载速度为(2.0±0.5) kN/s,直至试件破坏,读取破坏时荷载 P。

(3)结果计算。按式(3-5)计算:

$$f_{cc} = \frac{P}{A} \tag{3-5}$$

式中：f_{cc}——抗压强度，MPa；

P——破坏时荷载，N；

A——受压面积，mm²。

 思政小故事

长城的历史简介

在中国历史的长久岁月中，很多封建王朝为了巩固自己的统治，曾经对长城进行过多次修筑；我国古代千千万万劳动人民为它贡献了智慧，流尽了血汗，使它成为世界一大奇迹。不论是巨龙似的城垣，还是扼居咽喉的关隘，都体现了当时设防的战争思想，而且标志着当时建筑技术的高度成就。例如，明朝时期，随着封建经济的高度发展，建筑业也出现了规模巨大的生产流程和比较科学的烧制砖瓦作坊，因此砖的制品产量大增，砖瓦已不再是珍贵的建筑材料，所以明长城不少地方的城墙内外檐墙都以巨砖砌筑。在当时全靠手工施工，靠人工搬运建筑材料的情况下，采用重量不大、尺寸大小一样的砖砌筑城墙，不仅施工方便，而且提高了施工效率，提高了建筑水平。其次，很多关隘的大门，用青砖砌筑成大跨度的拱门，这些青砖有的已严重风化，但整个城门仍威严峙立，表现出当时砌筑拱门的高超技能。从关隘的城楼上的建筑装饰看，很多石雕砖刻的制作技术都极其复杂精细，反映了当时工匠匠心独运的艺术才华。

墙身是城墙的主要部分，平均高度为 7.8 米，有些地段高达 14 米。凡是山冈陡峭的地方构筑得比较低，平坦的地方构筑得比较高；紧要的地方比较高，一般的地方比较低。墙身是防御敌人的主要部分，其总厚度较宽，基础宽度均有 6.5 米，墙上地坪宽度平均也有 5.8 米，保证两辆辎重马车并行。墙身由外檐墙和内檐墙构成，内填泥土碎石。外檐墙是指外皮墙向城外的一面。构筑时，有明显的收分，收分一般为墙高百分之二十五。墙身的收分，能够增加墙体下部的宽度，增强墙身的稳定度，加强它的防御性能，而且使外墙雄伟壮观。内檐墙是指外皮墙向城内的一面，构筑时一般没有明显的收分，构筑成垂直的墙体。关于外檐墙的厚度，一般是以"垛口"处的墙体厚度为准，这里的厚度一般为一砖半宽，根据收分的比例，越往下越厚。砖的砌筑方法以扁砌为主。

墙的结构是根据当地的气候条件而定的，总观万里长城的构筑方法，有如下几种类型：①版筑夯土墙；②土坯垒砌墙；③青砖砌墙；④石砌墙；⑤砖石混合砌筑。用砖砌、石砌、砖石混合砌的方法砌筑城墙，在地势坡度较小时，砌筑的砖块或条石与地势平行；而当地势坡度较大时，则用水平跌落的方法来砌筑。

学习单元 3　建筑砂浆

知识目标

掌握砌筑砂浆的性质、组成、检测方法；

掌握抹灰砂浆的主要品种、性能要求及其配制方法；

了解预拌砂浆的品种及其在土木工程中的应用。

 **能力目标**

能根据不同的工程及不同的工程环境,合理地选择和使用砂浆;

能根据相关规范对砂浆性能进行检测并判断其质量;

能分析和处理施工中因砂浆使用不当导致的工程技术问题。

思政目标

培养精益求精的工匠精神;

树立砂浆选用的安全意识和质量意识。

 知识树

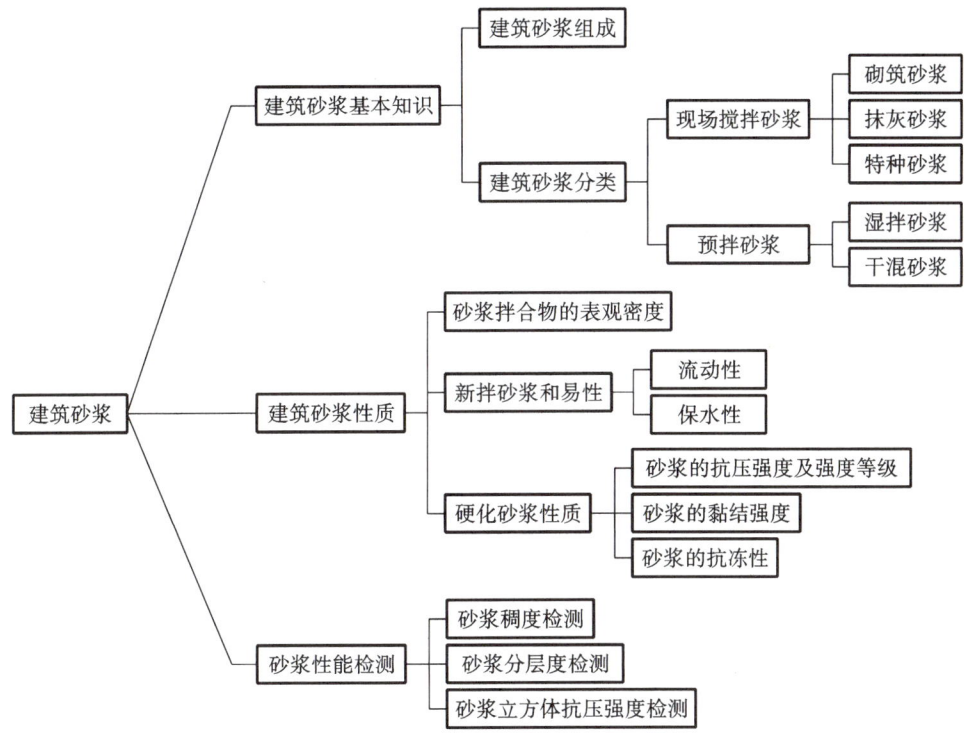

任务提出

本单元的任务是完成总情境中工作二中的任务二:选取砌筑砂浆品种与强度等级,并检测其各项性能是否合格。

任务分析

砂浆作为墙体工程中必不可少的黏结材料,其性能的优劣决定了墙体工程质量及耐久性,必须重视砂浆的质量性能。那么,砂浆的性能该如何保证呢?

建筑砂浆是指由胶凝材料、细骨料和水,有时也掺加掺合料和外加剂,按一定比例配制而成的土木工程材料,在土木工程中起黏结、衬垫和传递应力的作用,通常简称为砂浆。

砂浆在土木工程中的用途很广,主要有如下六个方面:

(1) 将块状的砖、石、砌块等胶结起来构成砌体;

(2) 建筑物内外表面(墙面、地面、天棚)抹灰;

(3) 在建筑物表面粘贴其他材料,如石材、瓷砖、锦砖等;

(4) 填补建筑物表面和内部的空隙,如填补构件、瓷砖间的空隙;

(5) 增加建筑物外观的美感,如装饰砂浆等;

(6) 赋予建筑物某种特殊功能,如防水、保温等。

根据所用的胶凝材料的不同,砂浆可分为水泥砂浆、石灰砂浆、石膏砂浆、水玻璃砂浆、混合砂浆、聚合物砂浆等。

根据用途的不同,砂浆可以分为砌筑砂浆、抹灰砂浆和特种砂浆(装饰砂浆、防水砂浆、保温砂浆、吸声砂浆、耐酸砂浆、防辐射砂浆和聚合物砂浆等)。

根据其生产方式的不同,砂浆可分为现场搅拌砂浆和预拌砂浆。

🔆 学中做

砂浆按其用途分为(　　　　)及其他特殊用途的砂浆。

A. 砌筑砂浆　　　　　B. 石灰砂浆　　　　　C. 抹灰砂浆

D. 混合砂浆　　　　　E. 水泥砂浆

答案:A、C

一、现场搅拌砂浆

现场搅拌砂浆是在施工现场将水泥、细骨料、掺合料、外加剂和水等原材料按一定比例配制的砂浆,是传统的砂浆生产方式。现在主要应用的是水泥砂浆和水泥混合砂浆。

1. 砌筑砂浆

砌筑砂浆是将砖、石、砌块等块材砌筑成砌体,起黏结、衬垫和传递应力作用的砂浆。

1)砌筑砂浆的原材料

砌筑砂浆所用原材料不应对人体、生物及环境造成有害的影响,并应符合现行国家标准《建筑材料放射性核素限量》(GB 6566—2010)的规定。

(1)水泥。

水泥的强度等级应根据设计要求进行选择。为合理利用资源、节约材料,在配制砂浆时宜选用低强度等级的通用硅酸盐水泥或砌筑水泥。M15 及以下强度等级的砌筑砂浆宜选用32.5级的通用硅酸盐水泥或砌筑水泥;M15 以上强度等级的砌筑砂浆宜选用 42.5 级通用硅酸盐水泥。

(2)掺合料。

掺合料是为改善砂浆和易性而加入的无机材料,如石灰膏、粉煤灰、电石膏等。为了使石灰膏、电石膏等材料的含水率有一个统一标准,石灰膏和电石膏试配时的稠度应为 120 mm±5 mm。

①石灰膏。

为了保证砂浆质量,需将生石灰熟化成石灰膏后方可使用。生石灰熟化成石灰膏时,应用孔径不大于 3 mm 的网过滤,熟化时间不得少于 7 d;磨细生石灰粉的熟化时间不得少于 2 d。

生石灰和生石灰粉的质量应满足行业标准《建筑生石灰》(JC/T 479—2013)的要求。

为了保证石灰膏质量,沉淀池中储存的石灰膏,应采取防止干燥、冻结和污染的措施。由于脱水硬化的石灰膏不但起不到塑化作用,还会影响砂浆强度,故严禁使用脱水硬化的石灰膏。

消石灰粉是未充分熟化的石灰,颗粒太粗,起不到改善砂浆和易性的作用,还会大幅降低砂浆强度,因而消石灰粉不得直接用于砌筑砂浆中。

②电石膏。

制作电石膏的电石渣应用孔径不大于 3 mm 的网过滤,检验时应加热至 70 ℃并保持 20 min,并应待乙炔挥发完后再使用。

③粉煤灰。

粉煤灰应符合《用于水泥和混凝土中的粉煤灰》(GB/T 1596—2017)的规定。粉煤灰不宜采用Ⅲ级粉煤灰,高钙粉煤灰使用时,必须检验其安定性是否合格,合格后方可使用。

④粒化高炉矿渣粉。

粒化高炉矿渣粉应符合《用于水泥、砂浆和混凝土中的粒化高炉矿渣粉》(GB/T 18046—2017)的规定。

⑤硅灰。

硅灰应符合《砂浆和混凝土用硅灰》(GB/T 27690—2023)的规定。

⑥天然沸石粉。

天然沸石粉应符合《混凝土和砂浆用天然沸石粉》(JG/T 566—2018)的规定。

(3)砂。

砂应符合混凝土用砂的技术要求且应全部通过 4.75 mm 筛孔,宜选用中砂,既能满足和易性要求,又能节约水泥。毛石砌体宜选用粗砂。砂的含泥量过大,不但会增加砂浆的水泥用量,还可能使砂浆的收缩值增大、耐水性降低,影响砌筑质量,因此砂的含泥量不应超过 5%。

(4)水。

配制砂浆用水,应符合现行行业标准《混凝土用水标准》(JGJ 63—2006)的规定。

(5)外加剂。

砂浆外加剂是在拌制砂浆过程中掺入的,用以改善砂浆性能的物质。外加剂应符合国家现行有关标准的规定,引气型外加剂还应有完整的型式检验报告。

(6)保水增稠材料。

保水增稠材料是改善砂浆可操作性及保水性能的非石灰类材料。保水增稠材料应在使用前进行试验验证,并应有完整的型式检验报告。

2)砌筑砂浆的性质

(1)砂浆拌合物的表观密度。

由砂浆拌合物捣实后的质量密度,可以确定每立方米砂浆拌合物中各组成材料的实际用量。砌筑砂浆拌合物的表观密度宜符合表 3-11 的规定。

表 3-11　砌筑砂浆拌合物的表观密度

砂浆种类	表观密度/(kg/m³)
水泥砂浆	≥1 900
水泥混合砂浆	≥1 800

（2）新拌砂浆的和易性。

和易性是指新拌砂浆拌合物的工作性，砂浆在硬化前应具有良好的和易性，即砂浆在搅拌、运输、摊铺时易于流动并不易失水的性质。和易性包括流动性和保水性。

①流动性。

砂浆的流动性是指砂浆在重力或外力的作用下流动的性能。砂浆的流动性用"稠度"来表示。砂浆稠度的大小用沉入量表示，用砂浆稠度仪测定，单位为毫米。沉入量大的砂浆流动性好。

砌筑砂浆稠度的选择与砌体基材、施工气候有关。一般情况下，吸水性强的砌体材料和高温环境下，应选择较大的稠度值；吸水性弱的砌体材料和寒冷环境下，应选择较小的稠度值。砂浆流动性选择可参考表 3-12。

表 3-12　砌筑砂浆的施工稠度

砌体种类	施工稠度/mm
烧结普通砖砌体、粉煤灰砖砌体	70～90
混凝土砖砌体、普通混凝土小型空心砌块砌体、灰砂砖砌体	50～70
烧结多孔砖砌体、烧结空心砖砌体、轻集料混凝土小型空心砌块砌体、蒸压加气混凝土砌块砌体	60～80
石砌体	30～50

②保水性。

砂浆的保水性是指新拌砂浆保持水分的能力。保水性好的砂浆在运输、存放和施工过程中，不易失去水分，能保持一定的稠度，使砂浆易于施工，形成均匀密实的连接层。保水性优良的砂浆，其黏结强度较好。

砂浆的保水性用分层度来表示，单位为毫米。保水性好的水泥砂浆，分层度不应大于30 mm，水泥混合砂浆一般不超过 20 mm。分层度过大，砂浆易产生离析和分层，不便于施工；但分层度过小，接近于零时，砂浆易发生干缩裂缝。因此，砂浆的分层度一般应控制在 10～30 mm。目前砂浆的保水性也多用保水率（%）表示，砌筑砂浆的保水率应符合表 3-13 的规定。

表 3-13　砌筑砂浆的保水率

砂浆种类	保水率/（%）
水泥砂浆	≥80
水泥混合砂浆	≥84

在拌制砂浆时，为提高砂浆的保水性，常加入一定的掺合料或保水增稠材料。为保证砂浆的保水性，应使用足够数量的胶凝材料和掺合料。砌筑砂浆中的水泥和石灰膏、电石膏等材料的用量可按表 3-14 选用。砌筑砂浆中保水增稠材料的掺量应经试配后确定。

表 3-14　砌筑砂浆的材料用量

砂浆种类	材料用量/（kg/m³）
水泥砂浆	≥200
水泥混合砂浆	≥350

注：①水泥砂浆中的材料用量是指水泥用量；
②水泥混合砂浆中的材料用量是指水泥和石灰膏、电石膏的材料总量。

砂浆的凝结时间,以贯入阻力达到 0.5 MPa 为评定的依据。水泥砂浆凝结时间不宜超过 8 h,水泥混合砂浆凝结时间不宜超过 10 h;掺入外加剂时应满足工程设计和施工的要求。

砂浆应随拌随用,水泥砂浆和水泥混合砂浆应分别在拌合后 3 h 和 4 h 内使用完毕;当施工期间最高温度超过 30 ℃时,应分别在拌合后 2 h 和 3 h 内使用完毕;对于掺缓凝剂的砂浆,其使用时间可根据具体情况延长。

学中做

1.砂浆的流动性指标为(　　)。

A.针入度　　　　B.坍落度　　　　C.维勃稠度　　　　D.沉入度

答案:D

2.砂浆的和易性包括(　　)。

A.流动性　　　　B.黏聚性　　　　C.保水性

D.泌水性　　　　E.离析性

答案:A、C

3)硬化砂浆的性质

(1)砂浆的抗压强度及强度等级。

砂浆在砌体中,主要是传递荷载,因此要求砂浆要有一定的抗压强度。砂浆抗压强度是以边长为 70.7 mm 的立方体试件,在标准成型和养护条件下,测定其 28 d 的抗压强度值而得到的。水泥砂浆的强度等级可分为 M5、M7.5、M10、M15、M20、M25、M30;水泥混合砂浆的强度等级可分为 M5、M7.5、M10、M15。砌体中选用的砂浆强度应和砌体材料相适应,通常选用的砂浆强度等级低于或等于砌体材料的强度等级。

砂浆的强度除了与水泥的强度和用量有关外,还与基层材料的吸水性有关。当基层为石材等致密的材料时,由于它们一般不吸水,砂浆强度取决于水泥强度和水灰比;当基层为砌筑砖、多孔混凝土或其他一些多孔材料时,由于基层能吸水,砂浆中保留水分的多少取决于砂浆的保水性,而与水灰比的关系不大,砂浆强度等级主要取决于水泥用量和水泥强度。

(2)砂浆的黏结强度。

砌体是通过砂浆将砌体材料胶结为一个整体的,因此为了提高砌体的整体性,保证砌体的强度,要求砂浆和砌体材料有足够的黏结力。

随着砂浆抗压强度的提高,砂浆与砌体材料的黏结力提高。砂浆与充分润湿、干净、粗糙的砌体材料的黏结力较大。施工操作水平以及养护水平较高时,砂浆的黏结力较大。

(3)砂浆的抗冻性。

受冻融影响较大的建筑部位,应在设计中提出抗冻性的要求,砌筑砂浆必须进行冻融试验。砌筑砂浆的抗冻性应符合表 3-15 的规定,且当设计对抗冻性有明确要求时,尚应符合设计规定。

表 3-15　砌筑砂浆的抗冻性

使用条件	抗冻指标	质量损失率/(%)	强度损失率/(%)
夏热冬暖地区	F15	≤5	≤25
夏热冬冷地区	F25		
寒冷地区	F35		
严寒地区	F50		

2. 抹灰砂浆

抹灰砂浆是指大面积涂抹于建筑物墙、顶棚、柱等表面的砂浆,具有保护和找平基层、满足使用要求和增加美观的作用。

与砌筑砂浆相比,抹灰砂浆的强度要求不高,但要求保水性好、与基底的黏结力好,并具有较强的抗干缩开裂能力。

1)抹灰砂浆的原材料

抹灰砂浆所用原材料不应对人体、生物及环境造成有害的影响,并应符合现行国家标准《建筑材料放射性核素限量》(GB 6566—2010)的规定。抹灰砂浆的组成材料要求与砌筑砂浆的基本相同,略有差异,详述如下。

(1)水泥。

为了节约资源,在配制抹灰砂浆时宜选用通用硅酸盐水泥或砌筑水泥。配制强度等级不大于 20 MPa 的抹灰砂浆,宜用 32.5 级通用硅酸盐水泥或砌筑水泥;配制强度等级大的抹灰砂浆,宜用强度等级不低于 42.5 级的通用硅酸盐水泥。

用通用硅酸盐水泥拌制抹灰砂浆时,可掺入适量的石灰膏、粉煤灰等;用砌筑水泥拌制抹灰砂浆时,不得再掺入粉煤灰等矿物掺合料。

(2)掺合料。

掺合料是为改善砂浆和易性而加入的无机材料,如石灰膏、建筑石膏、粉煤灰等。

①石灰膏。

为了保证砂浆质量,需将生石灰熟化成石灰膏方可使用。石灰膏在储灰池中熟化时间不应少于 15 d,且用于罩面抹灰砂浆时不应少于 30 d,并应用孔径不大于 3 mm 的网过滤;磨细生石灰粉熟化时间不应少于 3 d,并应用孔径不大于 3 mm 的网过滤。未熟化的生石灰粉及消石灰粉不得直接使用。生石灰的质量应满足《建筑生石灰》(JC/T 479—2013)的规定。

为了保证石灰膏质量,沉淀池中储存的石灰膏,应采用防止干燥、冻结和污染的措施。由于脱水硬化石灰膏不但起不到塑化作用,还会影响砂浆质量,故严禁使用脱水硬化的石灰膏。

②建筑石膏。

建筑石膏宜采用半水石膏,并应符合《建筑石膏》(GB/T 9776—2022)的规定。

③粉煤灰。

粉煤灰应符合《用于水泥和混凝土中的粉煤灰》(GB/T 1596—2017)的规定。

(3)砂。

砂宜选用中砂,并应符合《普通混凝土用砂、石质量及检验方法标准》(JGJ 52—2006)的规定,且应全部通过 4.75 mm 的筛孔。人工砂、山砂及细砂经试配证明能满足抹灰砂浆要求后方可使用。

(4)水。

抹灰砂浆的拌合用水应符合《混凝土用水标准》(JGJ 63—2006)的规定。

(5)纤维和外加剂。

为改善抹灰砂浆的施工性,减少裂缝、空鼓的出现,纤维、聚合物、缓凝剂等改性材料被应用于抹灰砂浆中。纤维、聚合物、缓凝剂等应具有产品合格证、产品性能检测报告。

2)抹灰砂浆的性质

(1)新拌砂浆的表观密度。

由砂浆拌合物捣实后的质量密度,可以确定每立方米砂浆拌合物中各组成材料的实际用量。

（2）新拌砂浆的和易性。

和易性是指新拌砂浆拌合物的工作性,砂浆在硬化前应具有良好的和易性。和易性包括流动性和保水性。

①流动性。

为保证抹灰层表面平整,避免开裂和脱落,常采用分层薄涂的方法,一般分为底层、中层和面层三层。不同层的抹灰砂浆稠度宜按表 3-16 选取。聚合物水泥抹灰砂浆的施工稠度宜为 50～60 mm,石膏抹灰砂浆的施工稠度宜为 50～70 mm。

表 3-16　抹灰砂浆的施工稠度

抹灰层	施工稠度/mm
底层	90～110
中层	70～90
面层	70～80

②保水性。

砂浆的保水性是指新拌砂浆保持水分的能力。

抹灰砂浆的保水性用分层度或保水率来表示。当采用分层度表示时,单位为毫米。为了提高抹灰砂浆的黏结力,且易于操作,其和易性要优于砌筑砂浆,因此抹灰砂浆的分层度小于 20 mm,但分层度过小,砂浆容易发生干缩裂缝,因此抹灰砂浆的分层度控制在 10～20 mm。

当采用保水率表示时,各种砂浆的保水率应符合表 3-17 的规定。

表 3-17　抹灰砂浆的保水率

砂浆种类	保水率/(%)
水泥抹灰砂浆、水泥粉煤灰抹灰砂浆	≥82
水泥石灰抹灰砂浆、掺塑化剂水泥抹灰砂浆	≥88
聚合物水泥抹灰砂浆	≥99

（3）抹灰砂浆的强度。

①砂浆的强度等级。

抹灰砂浆强度不宜比基体材料强度高出两个及以上强度等级,并应符合下列规定:

对于无粘贴饰面砖的外墙,底层抹灰砂浆宜比基体材料高一个强度等级或等于基体材料强度;

对于无粘贴饰面砖的内墙,底层抹灰砂浆宜比基体材料低一个强度等级;

对于有粘贴饰面砖的内外墙,中层抹灰砂浆宜比基体材料高一个强度等级且不宜低于 M15,并宜选用水泥抹灰砂浆;

孔洞填补和窗台、阳台抹面等宜采用 M15 或 M20 的水泥抹灰砂浆。

②砂浆的黏结强度。

由于抹灰砂浆的主要技术指标是保水性和与基层的黏结力,因此,抹灰砂浆的拉伸黏结强度平均值应大于或等于表 3-18 中的规定值,且最小值应大于或等于表 3-18 中规定值的 75%。当同一验收批抹灰砂浆拉伸黏结强度试验少于 3 组时,每组试件拉伸黏结强度均应大于或等于表 3-18 中的规定值。

表 3-18 抹灰层拉伸黏结强度的规定值

抹灰砂浆品种	拉伸黏结强度/MPa
水泥抹灰砂浆	0.20
水泥粉煤灰抹灰砂浆、水泥石灰抹灰砂浆、掺塑化剂水泥抹灰砂浆	0.15
聚合物水泥抹灰砂浆	0.30
石膏抹灰砂浆	0.40

3）抹灰砂浆的种类及选用

抹灰砂浆根据所用的材料可分为水泥抹灰砂浆、水泥粉煤灰抹灰砂浆、水泥石灰抹灰砂浆、掺塑化剂水泥抹灰砂浆、聚合物水泥抹灰砂浆及石膏抹灰砂浆等。抹灰砂浆的品种宜根据使用部位或基体种类按表 3-19 选用。

表 3-19 抹灰砂浆的品种选用

使用部位或基体种类	抹灰砂浆品种
内墙	水泥抹灰砂浆、水泥石灰抹灰砂浆、水泥粉煤灰抹灰砂浆、掺塑化剂水泥抹灰砂浆、聚合物水泥抹灰砂浆、石膏抹灰砂浆
外墙、门窗洞口外侧壁	水泥抹灰砂浆、水泥粉煤灰抹灰砂浆
温（湿）度较高的车间和房屋、地下室、屋檐、勒脚等	水泥抹灰砂浆、水泥粉煤灰抹灰砂浆
混凝土板和墙	水泥抹灰砂浆、水泥石灰抹灰砂浆、聚合物水泥抹灰砂浆、石膏抹灰砂浆
混凝土顶棚、条板	聚合物水泥抹灰砂浆、石膏抹灰砂浆
加气混凝土砌块（板）	水泥石灰抹灰砂浆、水泥粉煤灰抹灰砂浆、掺塑化剂水泥抹灰砂浆、聚合物水泥抹灰砂浆、石膏抹灰砂浆

3. 特种砂浆

除满足基本的砂浆性能要求外，还具有某种特殊功能的砂浆称为特种砂浆。常用的特种砂浆包括装饰砂浆、防水砂浆、保温砂浆、吸音砂浆、耐酸砂浆、防辐射砂浆和聚合物砂浆等品种。

1）装饰砂浆

装饰砂浆是指用作建筑物饰面的砂浆。它除了具有抹灰砂浆的功能外，还兼有装饰效果。装饰砂浆底层和中层多与抹灰砂浆相同，只改变面层的材料和处理方法。

装饰砂浆的组成材料包括胶凝材料、骨料和着色剂。胶凝材料可采用石膏、石灰、白水泥、彩色水泥、高分子胶凝材料、硅酸盐系列水泥等。骨料可采用石英砂、普通砂、彩釉砂、着色砂、大理石或花岗石加工而成的石渣等。着色剂应选用耐候性较好的矿物颜料，常用的着色剂有氧化铁红、氧化铁黄、氧化铁棕、氧化铁黑、氧化铁紫、铬黄、铬绿、甲苯胺红、群青、钴蓝、铁锰黑、炭黑等。

根据所用材料种类的不同，装饰砂浆可分为灰浆类和石渣类两类。

灰浆类装饰砂浆是用各种着色剂使水泥砂浆着色，或对水泥砂浆表面形态进行艺术处理，获得一定色彩、线条、纹理质感的表面装饰砂浆。常用的灰浆类装饰砂浆有拉毛灰、甩毛灰、假面砖、喷涂、弹涂、拉条。

石渣类装饰砂浆是用各种石渣,有时也可掺加着色剂,并对水泥砂浆表面形态进行特定的工艺处理得到的装饰砂浆,常用的石渣类装饰砂浆有水刷石、干粘石、水磨石、斩假石等。

2)防水砂浆

防水砂浆是用特定的施工工艺或在普通水泥中加入防水剂、膨胀剂等以提高砂浆的密实性来改善抗裂性,使硬化后的砂浆层具有防水、抗渗等性能。防水砂浆是用作防水层的砂浆,适用于不受振动和具有一定刚度的混凝土或砖石的表面,例如地下室和水池等。

根据使用材料的不同,防水砂浆可分为普通水泥防水砂浆、掺防水剂的防水砂浆和掺膨胀剂的防水砂浆三种。防水砂浆通常的配合比为水泥∶砂等于 1∶2.5(体积比),水灰比为 0.50左右。防水剂和膨胀剂的掺量按生产厂家推荐的最佳掺量掺入,根据砂浆试配结果确定适宜的配合比和外加剂掺量。

随着防水剂产品的不断增多和防水剂性能的不断提高,在普通水泥砂浆内掺入一定量的防水剂而制成的防水砂浆,是目前应用最广泛的防水砂浆品种。常用的防水剂有硅酸钠类、金属皂类、氧化物金属盐类及有机硅类等。

防水砂浆的防水效果除与材料有关外,还受施工操作的影响。根据使用的工具不同,施工方法可分为两种:第一种是利用高压喷枪将砂浆以 100 m/s 的高速喷到建筑物的表面,砂浆被高压空气压实,但由于施工条件的限制,目前应用还不广泛;第二种是人工多层抹压法,将砂浆分 4~5 层人工压实,这种防水层的做法,对施工操作的技术要求很高。

3)保温砂浆

保温砂浆也称隔热砂浆,是以水泥、石灰膏、石膏等胶凝材料与轻质骨料(珍珠岩矿砂、浮石、陶粒等)按一定的比例配制的砂浆。保温砂浆具有轻质、保温等特性,其导热系数为 0.07~0.10 W/(m·K)。一般用于屋顶隔热层、隔热墙壁、冷库以及工业窑炉、供热管道隔热层等处。

4)吸音砂浆

吸音砂浆是用水泥、石膏、砂、锯末等按一定比例配制的砂浆。轻骨料配成的保温砂浆一般也具有吸音性。如果在吸音砂浆内掺入玻璃纤维、矿物棉等松软的材料,能获得更好的吸音效果。吸音砂浆通常用于有吸声要求的室内墙面和顶棚的抹灰。

5)耐酸砂浆

耐酸砂浆是在硅酸钠水玻璃与氟硅酸钠溶液中加入石英砂、花岗岩砂、铸石,按适当的比例配制的具有耐酸性的砂浆。耐酸砂浆可用于耐酸地面和耐酸容器的内壁防护层。

6)防辐射砂浆

防辐射砂浆是在水泥中加入重晶石粉、重晶石砂,按适当的比例配制的防 X 射线的砂浆。配制砂浆时加入硼砂、硼酸可制成防中子辐射的砂浆。此类砂浆用于射线防护工程。

7)聚合物砂浆

聚合物砂浆是在水泥砂浆中加入有机物乳液配制而成的。聚合物砂浆一般具有黏结力强、干缩率小、脆性低、耐蚀性好等特性,适用于修补和防护工程。常用的聚合物乳液有氯丁橡胶乳液、丁苯橡胶乳液、丙烯酸树脂乳液等。

二、预拌砂浆

预拌砂浆是由专业生产厂家生产的湿拌砂浆和干混砂浆,用于建筑物的砌筑、抹灰、地面工程、装饰装修工程及其他特殊用途。

1. 预拌砂浆的优点

1）质量稳定

现场搅拌砂浆由于受原材料质量波动以及配合比波动的影响较大,产品质量不稳定。而预拌砂浆由专业生产厂家采用自动化设备生产,可以对原材料和配合比进行严格控制,保证砂浆质量的稳定。

2）性能优异

现场搅拌砂浆受场地和设备条件的限制,能够采用的原材料品种和数量非常有限,砂浆的性能只能满足一般的要求。而预拌砂浆采用自动化生产,可添加多种功能性掺合料和外加剂,砂浆的性能可满足较高要求。

3）品种齐全

现场搅拌砂浆的品种较为单一,主要是砌筑砂浆和抹灰砂浆。而预拌砂浆的产品范围很广,包括砌筑砂浆、抹灰砂浆、修补砂浆、瓷砖黏结剂、自流平砂浆、内外墙腻子、防水砂浆、堵漏砂浆等,几乎可满足建筑工程对砂浆的所有要求,并可根据工程需要对产品性能进行调节。

4）工效提高

预拌砂浆采用大规模的商业化生产,不仅提高了砂浆的生产效率,还便于通过采用泵送和机械喷涂工艺,提高施工效率。

5）文明施工

预拌砂浆采用散装和袋装形式运送到工地,工地现场不需要堆放各种原材料,避免了材料在运输堆放过程中造成的环境污染;采用新型搅拌和施工设备,减少了砂浆搅拌时的噪声、粉尘、污水等污染现象,实现了文明施工。

6）绿色环保

部分预拌砂浆中采用粉煤灰等固体废弃物作为原材料,减少废弃物对环境的污染;还可利用纳米技术,使内外墙具有吸收空气中废气的能力。预拌砂浆使用散装水泥,生产砂浆时水泥等原材料损耗少;预拌砂浆的工作性能好,使用过程中的砂浆损耗少,能够节约原材料。

2. 预拌砂浆的原材料

预拌砂浆的原材料主要有胶凝材料、集料、矿物掺合料和外加剂等四种。

胶凝材料包括硅酸盐水泥、掺混合材料的硅酸盐水泥、白色和彩色硅酸盐水泥、铝酸盐水泥、第三系列水泥、石膏、石灰等。

集料包括普通集料（如河砂、石灰石破碎砂等）、装饰集料（如大理石等）、轻质集料（如陶粒、浮石等）三类。集料通常需进行筛分和冲洗等处理,有时还需干燥处理。

矿物掺合料包括活性矿物掺合料（如粉煤灰等）和非活性矿物掺合料（如石灰石粉等）。

外加剂包括纤维素醚、可再分散乳胶粉、减水剂、缓凝剂、引气剂、速凝剂、早强剂、触变润滑剂、消泡剂、颜料和纤维等,其中纤维素醚和可再分散乳胶粉是预拌砂浆中最常用的外加剂品种。

可根据预拌砂浆需要的性能和使用部位,选择适当的原材料品种和掺量。原材料品种的多样性是预拌砂浆具有多样性的物质基础,选择适当品种和掺量的外加剂是预拌砂浆具有优异性能的保障。

3. 预拌砂浆的种类

按出厂时是否已经加水搅拌,预拌砂浆可分为湿拌砂浆和干混砂浆（也称干拌砂浆）两大类。

湿拌砂浆是指水泥、细集料、外加剂和水以及根据性能确定的其他各种组分,按一定比例,在搅拌站经计量、拌制后,采用搅拌运输车运至使用地点,放入专用容器储存,并在规定时间内使用完毕的湿拌拌合物。湿拌砂浆的性能应满足表 3-20 的要求。

表 3-20　湿拌砂浆的分类和性能要求

项目	湿拌砌筑砂浆	湿拌抹灰砂浆	湿拌地面砂浆	湿拌防水砂浆
强度等级	M5、M7.5、M10、M15、M20、M25、M30	M5、M7.5、M10、M15、M20	M15、M20、M25	M15、M20
稠度/mm	50、70、90	70、90、100	50	50、70、90
保塑时间/h	6、8、12、24	6、8、12、24	4、6、8	6、8、12、24
抗渗等级	—	—	—	P6、P8、P10

　　干混砂浆是指经干燥筛分处理的集料与水泥以及根据性能确定的其他各种组分,按一定比例在专业生产厂家混合而成,在使用地点按规定比例加水或配套液体拌合使用的拌合物。根据砂浆的用途,可将干混砂浆分为普通干混砂浆和特种干混砂浆。

　　普通干混砂浆包括砌筑砂浆、抹灰砂浆、地面砂浆和普通防水砂浆,其性能应满足表 3-21 的要求。

表 3-21　普通干混砂浆的分类和性能要求

项目	干混砌筑砂浆	干混抹灰砂浆	干混地面砂浆	干混普通防水砂浆
强度等级	M5、M7.5、M10、M15、M20、M25、M30	M5、M7.5、M10、M15、M20	M15、M20、M25	M15、M20
抗渗等级	—	—	—	P6、P8、P10

　　特种预拌砂浆是指有特殊要求的专用砂浆,包括瓷砖黏结砂浆、耐磨地坪砂浆、界面处理砂浆、特种防水砂浆、自流平砂浆、灌浆砂浆、保温黏结砂浆、外保温抹灰砂浆、聚苯颗粒保温砂浆、无机集料保温砂浆。

任务实施

一、砂浆稠度的试验

1. 仪器设备

(1)砂浆稠度仪:如图 3-33 所示,由试锥、容器和支座三部分组成。试锥由钢材或铜材制成,试锥高度为 145 mm,锥底直径为 75 mm,试锥连同滑杆的重量应为(300±2) g;盛浆容器由钢板制成,筒高为 180 mm,锥底内径为 150 mm;支座分底座、支架及刻度显示三个部分,由铸铁、钢及其他金属制成。

(2)钢制捣棒:直径 10 mm、长 350 mm,端部磨圆。

(3)秒表等。

2. 试验步骤

(1)用少量润滑油擦拭滑杆,再将滑杆上多余的油用吸油纸擦净,使滑杆能自由滑动。

(2)用湿布擦拭盛浆容器和试锥表面,将砂浆拌合物一次装入容器,使砂浆表面低于容器口 10 mm 左右。用捣棒自容器中心向边缘均匀地插捣 25 次,

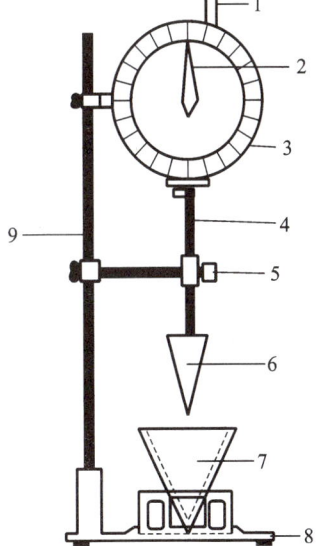

图 3-33　砂浆稠度测定仪

1—齿条测杆;2—指针;3—刻度盘;
4—滑杆;5—制动螺丝;6—试锥;
7—盛浆容器;8—底座;9—支架

然后轻轻地将容器摇动或敲击 5～6 下,使砂浆表面平整,然后将容器置于稠度测定仪的底座上。

(3)拧松制动螺丝,向下移动滑杆,当试锥尖端与砂浆表面刚接触时,拧紧制动螺丝,使齿条测杆下端刚接触滑杆上端,读出刻度盘上的读数(精确至 1 mm)。

(4)拧松制动螺丝,同时计时,10 s 时立即拧紧螺丝,将齿条测杆下端接触滑杆上端,从刻度盘上读出下沉深度(精确至 1 mm)。两次读数的差值即为砂浆的稠度值。

(5)盛浆容器内的砂浆,只允许测定一次稠度,重复测定时,应重新取样。

3. 试验结果处理与计算

(1)取两次试验结果的算术平均值,精确至 1 mm;

(2)如两次试验值之差大于 10 mm,应重新取样测定。

二、砂浆分层度试验

1. 仪器设备

(1)砂浆分层度筒(图 3-34):内径为 150 mm,上节高度为 200 mm,下节带底净高为 100 mm,用金属板制成,上、下层连接处需加宽到 3～5 mm,并设有橡胶垫圈。

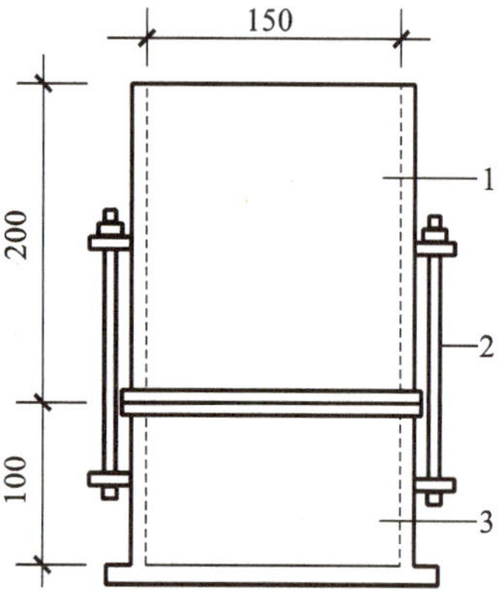

图 3-34　砂浆分层度测定仪
1—无底圆筒;2—连接螺栓;3—有底圆筒

(2)振动台:振幅(0.5±0.05) mm,频率(50±3) Hz;

(3)稠度仪、木锤等。

2. 试验步骤

(1)首先将砂浆拌合物按稠度试验方法测定稠度。

(2)将砂浆拌合物一次装入分层度筒内,待装满后,用木锤在容器周围距离大致相等的四个不同部位轻轻敲击 1～2 下,如砂浆沉落到低于筒口,则应随时添加,然后刮去多余的砂浆并用抹刀抹平。

(3)静置 30 min 后,去掉上节 200 mm 砂浆,剩余的 100 mm 砂浆倒出放在拌合锅内拌 2 min,再按稠度试验方法测其稠度。前后测得的稠度之差即为该砂浆的分层度值(mm)。

3. 试验结果处理与计算

(1)取两次试验结果的算术平均值作为该砂浆的分层度值;

(2)两次分层度试验值之差若大于 10 mm,应重新取样测定。

三、砂浆立方体抗压强度的试验

1. 仪器设备

(1)试模:尺寸为 70.7 mm×70.7 mm×70.7 mm 的带底试模。

(2)钢制捣棒:直径为 10 mm,长为 350 mm,端部应磨圆。

(3)压力试验机:精度为 1%,试件破坏荷载应不小于压力机量程的 20%,且不大于全量程的 80%。

(4)垫板:试验机上、下压板及试件之间可垫以钢垫板,垫板的尺寸应大于试件的承压面,其不平度应为每 100 mm 不超过 0.02 mm。

(5)振动台:空载中台面的垂直振幅应为(0.5±0.05)mm,空载频率应为(50±3)Hz,空载台面振幅均匀度不大于10%,一次试验至少能固定3个试模。

2. 试件制备

(1)采用立方体试件,每组试件3个。

(2)应用黄油等密封材料涂抹试模的外接缝,试模内涂刷薄层机油或脱模剂,将拌制好的砂浆一次性装满砂浆试模,成型方法根据稠度而定。当稠度≥50 mm时采用人工振捣成型,当稠度<50 mm时采用振动台振实成型。

①人工振捣:用捣棒均匀地由边缘向中心按螺旋方式插捣25次,插捣过程中如砂浆沉落低于试模口,应随时添加砂浆,可用油灰刀插捣数次,并用手将试模一边抬高5~10 mm各振动5次,使砂浆高出试模顶面6~8 mm。

②机械振动:将砂浆一次装满试模,放置到振动台上,振动时试模不得跳动,振动5~10秒或持续到表面泛浆为止,不得过振。

(3)待表面水分稍干后,将高出试模部分的砂浆沿试模顶面刮去并抹平。

3. 试件养护

试件制作后应在室温为(20±5)℃的环境下静置(24±2)h,当气温较低时,可适当延长时间,但不应超过两昼夜,然后对试件进行编号、拆模。试件拆模后应立即放入温度为(20±2)℃、相对湿度为90%以上的标准养护室中养护。养护期间,试件彼此间隔不小于10 mm,混合砂浆、湿拌砂浆试件上面应覆盖,以防有水滴在试件上。

4. 砂浆立方体试件抗压强度试验

(1)试件从养护地点取出后应及时进行试验。试验前将试件表面擦拭干净,测量尺寸,并检查其外观。据此计算试件的承压面积,如实测尺寸与公称尺寸之差不超过1 mm,可按公称尺寸进行计算。

(2)将试件安放在试验机的下压板(或下垫板)上,试件的承压面应与成型时的顶面垂直,试件中心应与试验机下压板(或下垫板)中心对准。开动试验机,当上压板与试件(或上垫板)接近时,调整球座,使接触面均衡受压。承压试验应连续而均匀地加荷,加荷速度应为每秒钟0.25~1.5 kN(砂浆强度不大于2.5 MPa时,宜取下限),当试件接近破坏而开始迅速变形时,停止调整试验机油门,直至试件破坏,然后记录破坏荷载。

5. 试验结果计算和处理

砂浆立方体抗压强度应按式(3-6)计算。

$$f_{m,cu} = K \frac{N_u}{A} \qquad\qquad (3\text{-}6)$$

式中:$f_{m,cu}$——砂浆立方体试件抗压强度,MPa,应精确至0.1 MPa;

N_u——试件破坏荷载,N;

A——试件承压面积,mm^2;

K——换算系数,取1.35。

6. 注意事项

当三个测值的最大值或最小值中有一个与中间值的差值超过中间值的15%时,把最大值及最小值一并舍去,取中间值作为该组试件的抗压强度值;如有两个测值与中间值的差值均超过中间值的15%时,则该组试件的试验结果无效。

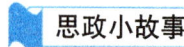 **做中学**

立方体抗压强度试件的制作采用机械振动时,将砂浆分( )次装满试模,放置到振动台上,振动时试模不得跳动,振动5～10 s或持续到表面泛浆为止,不得过振。

A.1　　　　　B.2　　　　　C.3　　　　　D.4

答案:A

思政小故事

"面目全非"的教学楼

上海市某中学教学楼为五层内廊式砖混结构,工程竣工验收时质量良好,但使用半年后,发现砖砌体裂缝,路面抹灰层起壳。继续观察一年后,建筑物裂缝严重,以致成为危房,不能使用。该工程砂浆采用硫铁矿渣代替建筑用砂,其含硫量较高,有的高达4.6%。

这是由于硫铁矿渣中的三氧化硫和硫酸根与水泥或石灰膏反应,生成硫铁酸钙或硫酸钙,产生体积膨胀。而其硫含量较多,在砂浆硬化后不断生成此类体积膨胀的水化产物,致使砌体产生裂缝,抹灰层起壳。

需要说明的是,该段时间上海的硫铁矿渣含硫较高,不仅此项工程出问题,其他许多采用硫铁矿渣的工程也出现类似的质量问题。

单元习题

一、填空题

1.根据用途的不同,砂浆可以分为_____、_____和_____;根据其生产方式的不同,砂浆可分为_____和_____。

2.砂浆的_____是指新拌砂浆保持水分的能力,砂浆的_____是指砂浆在重力或外力作用下流动的性能。

3.砂浆的流动性指标为_____,保水性指标为_____。

4.为保证抹灰层表面平整,避免开裂和脱落,抹灰砂浆常采用分层薄涂的方法,一般分为_____、_____和_____三层。

二、单项选择题

1.砂浆的流动性指标为( )。

A.沉入度(cm)　　B.分层度(cm)　　C.针入度(mm)　　D.坍落度(mm)

2.砂浆的凝结时间,以贯入阻力达到( )MPa为评定的依据。

A.0.3　　　　B.0.4　　　　C.0.5　　　　D.0.6

3.水泥砂浆凝结时间不宜超过( )h,水泥混合砂浆凝结时间不宜超过( )h,掺入外加剂时应满足工程设计和施工的要求。

A.10;8　　　　B.8;10　　　　C.3;4　　　　D.4;3

4.下列选项中不属于特种砂浆的是( )。

A.防水砂浆　　B.保温砂浆　　C.吸音砂浆　　D.干拌砂浆

5.砂浆强度检测时,试件拆模后应立即放入温度为( )℃、相对湿度为( )以上的标准养护室中养护。

A. 20±2;90　　　　B. 20±2;95　　　　C. 15±3;90　　　　D. 15±3;95

6.砂浆稠度试验中,两次试验结果分别为 75 mm.87 mm,该砂浆稠度为(　　)。

A. 75 mm　　　　B. 81 mm　　　　C. 87 mm　　　　D. 重新取样测定

三、简答题

1.砌筑砂浆的强度与哪些因素有关?

2.与砌筑砂浆相比,抹灰砂浆的性能要求有何不同之处?

参考答案

学习情境 4　建筑功能材料

学习单元 1　防水材料

📚 **知识目标**

掌握沥青的基本概念、特性及分类；

掌握防水卷材及防水涂料的分类、特性及应用；

掌握保温、隔热、吸声材料的分类、特性及应用。

🎯 **能力目标**

能够正确对沥青取样，检测沥青三大指标并对检测结果进行分析；

能够根据工程所处环境合理选用防水卷材和防水涂料；

了解保温、隔热、吸声材料的性能并能合理选用。

💡 **思政目标**

培养精益求精的工匠精神；

培养规范施工的质量意识；

培养探索新材料的创新意识。

🌳 **知识树**

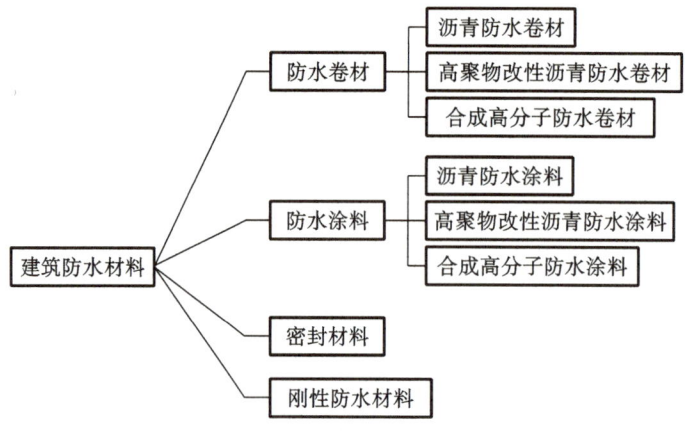

❓ **任务提出**

本单元的任务是完成总情境中工作三中的任务一：选取防水材料并检测其性质。为广州某图书馆建设工程屋顶选用防水卷材,请按相关规范检测其性能是否满足要求;底层墙身需做垂直防潮层,请根据工程部位合理选用防水涂料。

任务分析

凡建筑物或构筑物为了满足防潮、防渗水、防漏水功能所采用的材料称为建筑防水材料。建筑防水材料在建筑中的用量不大,使用比例很小,但防水材料作为防水工程的主体材料其作用和地位不容忽视。防水材料本身的性能和质量问题,是造成渗漏的一个重要原因。

建筑防水材料根据其特性分为柔性和刚性两类。柔性防水材料是指具有一定柔韧性和较大延伸率的防水材料,如防水卷材、有机涂料,它们构成柔性防水层。刚性防水材料是指具有较高强度和无延伸能力的防水材料,如防水砂浆、防水混凝土等,它们构成刚性防水层。

选用防水材料应注意以下几个方面:

(1)抗渗性:所选用的防水材料应满足抗渗性的要求。

(2)耐久性:在环境因素的影响下应满足耐久性的要求。

(3)强度:所选防水材料在外荷载作用下应具有足够的强度。

(4)塑性:柔性防水材料应具有良好的塑性。

(5)施工方便,所有材料应符合环保的要求。

一、沥青

沥青是由多种有机化合物构成的黑褐色复杂混合物,常温下呈液态、半固态或固态,是一种防水防潮和防腐的有机胶凝材料。沥青及其制品广泛用于建筑物的防水、防潮及路面工程。目前常用的主要是石油沥青(图 4-1)和煤沥青。

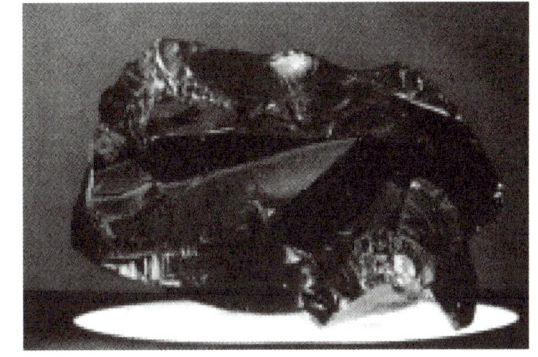

图 4-1　石油沥青

1. 石油沥青

石油沥青是原油加工过程中的一种产品,在常温下是黑色或黑褐色的黏稠的液体、半固体或固体。它是由许多高分子碳氢化合物及其非金属(如硫、氧、氮等)衍生物组成的复杂混合物。为了便于研究,将石油沥青组成物中化学成分、物理性质比较接近的归类为若干组,称为组分。沥青主要组分包括油分、树脂、地沥青质。沥青的组分不同其性质也会发生变化。

1)石油沥青组分

(1)油分。

油分为淡黄色至红褐色的油状液体,是沥青中分子量最小和密度最小的组分,密度介于 $0.7 \sim 1.0$ g/cm³ 之间。在 170 ℃ 较长时间加热,油分可以挥发。油分能溶于石油醚、二硫化碳、三氯甲烷、苯、四氧化碳和丙酮等有机溶剂中,但不溶于酒精。油分赋予沥青流动性。

(2)树脂(沥青脂胶)。

沥青脂胶为红褐色至黑褐色黏稠状物质(半固体),分子量比油分大($600 \sim 1\,000$),密度为 1.0~1.1 g/cm³。沥青脂胶中绝大部分属于中性树脂。中性树脂能溶于三氯甲烷、汽油和苯等有机溶剂,但在酒精和丙酮中难溶解或溶解度很低,它赋予沥青以良好的黏结性、塑性。

(3)地沥青质。

地沥青质为深褐色至黑色固体物质,分子量比树脂更大(1 000 以上),密度大于 1 g/cm³,不溶于酒精、汽油,但溶于三氯甲烷和二硫化碳,在石油沥青中含量为 10%~30%。它决定了石油沥青的温度稳定性和黏性,它的含量越多,则石油沥青的软化点越高,脆性越大。

石油沥青各组分的作用见表 4-1。

表 4-1 石油沥青各组分的作用

组分	作用
油分	赋予沥青流动性
树脂	增加沥青黏结力和延伸性
地沥青质	决定沥青的黏结力、黏度、温度稳定性

2)石油沥青的主要技术性质

(1)黏滞性(黏性)。

黏滞性是指沥青材料在外力作用下,其材料内部阻碍产生相对流动的能力。液态石油沥青的黏滞性用黏滞度表示。半固体或固体沥青的黏性用针入度表示。黏滞度和针入度是沥青划分牌号的重要指标。

石油沥青的针入度是在规定温度(25 ℃)条件下,以规定质量(100 g)的标准针,在规定时间(5 s)内贯入试样中的深度来表示,单位以 0.1 mm 计。针入度反映了石油沥青抵抗剪切变形的能力。针入度值越小,表明黏性越好。针入度测试如图 4-2 所示。

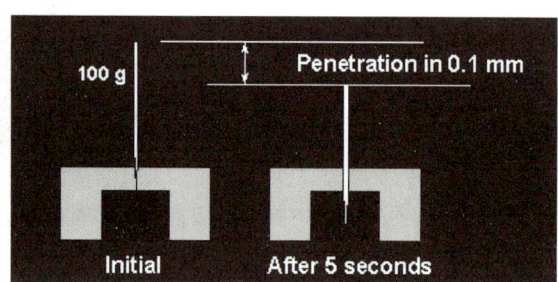

(a)针入度仪　　　　　　　　(b)针入度测试示意图

图 4-2　石油沥青针入度测试

黏滞度是将一定量的液体沥青,在某温度下经一定直径的小孔漏下 50 cm³ 所需的时间,以秒表示。常用符号"CdtT"表示黏滞度,其中 d 为小孔直径(mm),t 为试样温度,T 为流出 50 cm³ 沥青的时间。d 有 10 mm、5 mm、3 mm 三种,t 通常为 25 ℃ 或 60 ℃。

(2)塑性。

塑性指石油沥青在外力作用下产生变形而不破坏,除去外力后,仍能保持变形后的形状的性质。沥青的塑性对冲击振动荷载有一定吸收能力,并能减少摩擦时的噪声,故沥青是一种优良的道路路面材料。石油沥青的塑性用延度表示。延度愈大,塑性愈好。延度测定是把沥青

制成"8"字形标准试件,置于延度仪内 25 ℃水中,以 5
cm/min 的速度拉伸,用拉断时的伸长度来表示,单位
用厘米计。沥青延度测定示意图如图 4-3 所示。

（3）温度敏感性。

温度敏感性是指石油沥青的黏滞性和塑性随温
度升降而变化的性能。由于沥青是一种高分子非晶
体热塑性物质,故没有一定的熔点,温度敏感性以软
化点指标表示。由于沥青材料从固态至液态有一定

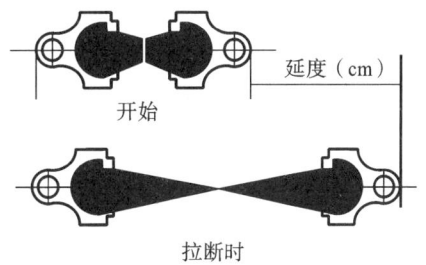

图 4-3　延度测定示意图

的变态间隔,故规定以其中某一状态作为从固态转变到黏流态的起点,相应的温度则称为沥青
的软化点。沥青软化点一般采用"环球法"测定。它是把沥青试样装入规定尺寸（直径 15.88
mm,高 6 mm）的铜环内,试样上放置一标准钢球（直径 9.5 mm,质量3.5 g）,浸入水或甘油
中,以规定的速度升温（5 ℃/min）,当沥青软化下垂至规定距离（25 mm）时的温度即为其软化
点,以摄氏度（℃）计。沥青的软化点越高、脆点越低,温度敏感性越小。沥青软化点测定示意
图如图 4-4 所示。

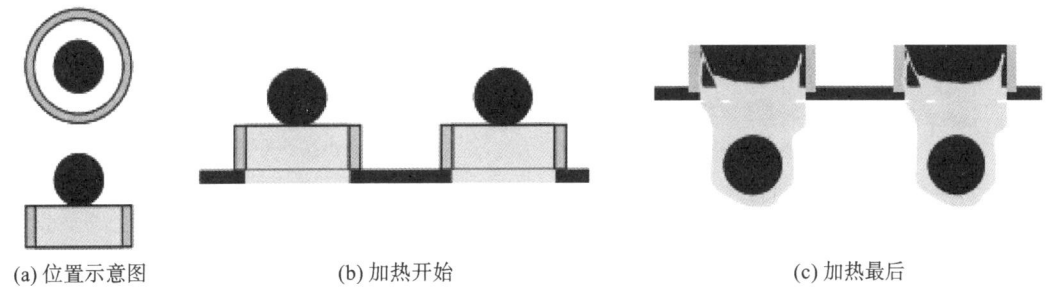

(a) 位置示意图　　　　　　(b) 加热开始　　　　　　　　　(c) 加热最后

图 4-4　沥青软化点测定示意图

不同的沥青软化点不同,在 25～100 ℃之间。软化点高,说明沥青的耐热性好,但软化点
过高,又不易加工;软化点低的沥青夏季容易发生变形、流淌等破坏。

当温度下降到一定程度时,沥青呈现硬脆性,一般称作"玻璃态"。在实际工程中选用时,
要考虑沥青具有较高的软化点和低脆化点（沥青由玻璃态向高弹态转变的温度）。为了提高沥
青的耐寒性和耐热性,常常对沥青进行改性,如在沥青中掺入橡胶、树脂等。

（4）大气稳定性。

石油沥青在热、阳光、氧气和潮湿等大气因素的长期综合作用下抵抗老化的性能,称为大
气稳定性,也是沥青材料的耐久性。在大气因素的综合作用下,沥青中各组分会发生不断递
变,低分子化合物将逐步转变成高分子物质,即油分和树脂逐渐减少,而地沥青质逐渐增多。
石油沥青随着时间的进展,流动性和塑性将逐渐减小,硬脆性逐渐增大,直至脆裂,这个过程称
为石油沥青的"老化",所以大气稳定性即为沥青抵抗老化的性能。

大气稳定性可以用加热蒸发损失百分数和加热前后针入度比来评定。测定方法为:先测
定沥青试样的质量和针入度,然后将试样置于烘箱中,在160 ℃下加热蒸发 5 h,待冷却后再测
定其质量和针入度。蒸发损失质量占原质量的百分数,即为蒸发损失百分数;蒸发后针入度与
原针入度比,为蒸发后针入度比。蒸发损失百分数越小,蒸发后针入度比越大,则表示沥青的
大气稳定性越好。

如图 4-5 所示为沥青老化路面处理过程。

(a) 清除老化部位

(b) 填入新填料   (c) 击实沥青料

图 4-5   沥青老化路面处理过程

(5)闪点与燃点。

沥青出现闪火时的温度称为闪点,开始燃烧时的温度称为燃点,闪点和燃点是保证沥青在施工的过程中安全稳定的两项重要指标。

3)石油沥青的技术标准

不同的工程部位对石油沥青各项指标的要求不同。土木工程中最常用的是建筑石油沥青和道路石油沥青。石油沥青的牌号主要根据其针入度、延度和软化点等质量指标划分,以针入度值表示。同一品种的石油沥青,牌号越高,则其针入度越大,脆性越小;延度越大,塑性越好;软化点越低,温度敏感性越大。

(1)建筑石油沥青。

建筑石油沥青,按沥青针入度划分为 40 号、30 号、10 号三个标号。建筑石油沥青的技术性能应符合《建筑石油沥青》(GB/T 494—2010)规定,见表 4-2。

表 4-2   建筑石油沥青技术要求

项目	质量指标		
	10 号	30 号	40 号
针入度(25 ℃,100 g,5 s)/0.1 mm	10～25	26～35	36～50
延度(25 ℃,5 cm/min)/cm,不小于	1.5	2.5	3.5
软化点(环球法)/℃,不低于	95	75	60
溶解度(三氯乙烯)/(%),不小于	99.0		
蒸发后质量变化(163 ℃,5 h)/(%),不大于	1		

续表

项目	质量指标		
	10 号	30 号	40 号
闪点(开口杯法)/℃,不低于	260		
蒸发后 25 ℃针入度比/(%),不小于	65		

(2)道路石油沥青。

我国道路石油沥青按针入度等级划分,其等级及技术要求见表 4-3。

表 4-3　道路石油沥青技术要求

项目	质量指标				
	200 号	180 号	140 号	100 号	60 号
针入度(25 ℃,100 g,5 s)/0.1 mm	200～300	150～200	110～150	80～110	50～80
延度(25 ℃)/cm,不小于	20	100	100	90	70
软化点/℃	30～48	35～48	38～51	42～55	45～58
溶解度/(%),不小于	99.0				
质量变化/(%),不大于	1.3	1.3	1.3	1.2	1.0
针入度比/(%)	报告				
闪点(开口)/℃,不低于	180	200	230	230	230

4)石油沥青选用

在选用沥青材料时,应根据工程性质(房屋、道路、防腐)及当地气候条件、所处工程部位(屋面、地下)来选用不同品种和牌号的沥青。

道路石油沥青牌号较多,主要用于道路路面或车间地面等工程,一般拌制成沥青混凝土、沥青拌合料或沥青砂浆等使用。

建筑石油沥青黏性较大,耐热性较好,但塑性较小,主要用于制造油毡、油纸、防水涂料和沥青胶。它们绝大部分用于屋面和地下防水、沟槽防水防腐蚀及管道防腐等工程。对于屋面防水工程,应注意防止过分软化。为避免夏季流淌,屋面用沥青材料的软化点应比当地气温下屋面可能达到的最高温度高 20 ℃以上。但软化点也不宜选择过高,否则冬季低温易发生硬脆甚至开裂。对一些不易受温度影响的部位,可选用牌号较大的沥青。普通石油沥青含蜡较多,其一般含量大于 5%,有的高达 20%以上(称多蜡石油沥青),因而温度敏感性大,故在工程中不宜单独使用,只能与其他种类石油沥青掺配使用。

学中做

请比较表 4-4 所示 A、B 两种建筑石油沥青的针入度、延度及软化点测定值,讨论南方夏季炎热地区屋面选用何种沥青较合适。

表 4-4　A、B 两种沥青对比表

编号	针入度/0.01 mm (25 ℃,100 g,5 s)	延度/cm (25 ℃,5 cm/min)	软化点(环球法)/℃
A	30	5	72
B	22	2.5	101

5)石油沥青的掺配

当单独使用一种牌号的沥青不能满足工程要求时,可使用两种或两种以上不同牌号的沥青进行掺配,但必须是同类沥青。两种沥青掺配可按式(4-1)、式(4-2)计算。

$$Q_1 = \frac{T_2 - T_0}{T_2 - T_1} \times 100\%$$ (4-1)

$$Q_2 = 100\% - Q_1$$ (4-2)

式中:Q_1—— 较软沥青用量,%;

Q_2——较硬沥青用量,%;

T_1——较软沥青软化点,℃;

T_2——较硬沥青软化点,℃;

T_0——掺配后沥青软化点,℃。

若需要掺配三种沥青时,可计算出两种沥青的配比,然后再与第三种沥青进行配比计算。根据计算的掺配比例和与其邻近的比例($\pm 5\% \sim \pm 10\%$)进行试配,测定掺配后沥青的软化点,根据所得数据,绘制出掺配比例与软化点的关系曲线,即可从曲线上获得所需的软化点的掺配比例。

2. 改性沥青

改性沥青是掺加橡胶、树脂、高分子聚合物、磨细的橡胶粉或其他填料等外掺剂(改性剂),或采取对沥青轻度氧化加工等措施,使沥青或沥青混合料的性能得以改善得到的新沥青。改性沥青可分为橡胶改性沥青、树脂改性沥青、橡胶和树脂改性沥青、矿物填充料改性沥青。

1)橡胶改性沥青

橡胶改性沥青是在沥青中掺入适量橡胶,使其性能得以改善得到的新产品。橡胶改性沥青具有以下特点:

(1)温度敏感性降低。在温度较低时,沥青变脆使路面发生应力开裂;在温度较高时,路面变软,受承载车辆作用而变形。而用胶粉改性后,沥青的感温性得到改善,抗流动性提高,橡胶改性沥青的黏度系数大于基质沥青,说明改性后的沥青有较高的抗流动变形能力。

(2)低温塑性较好。胶粉可提高沥青的低温延度,增加沥青的柔韧性。

(3)耐老化性能好。

根据所掺加橡胶品种的不同,橡胶改性沥青可分为氯丁橡胶改性沥青、丁基橡胶改性沥青、SBS 热塑性弹性体改性沥青等。

2)树脂改性沥青

用树脂改性石油沥青,可以改善沥青的耐寒性、耐热性、黏结性和不透气性,在生产卷材、密封材料和防水涂料等产品时均需应用。常用的树脂有古马隆树脂、聚乙烯、聚丙烯、酚醛树脂及天然松香等。

3)橡胶和树脂改性沥青

橡胶和树脂改性沥青使沥青兼具橡胶改性沥青、树脂改性沥青的性质。两者相容性较好,具有黏结性和不透气性。

4)矿物填充料改性沥青

在沥青中加入一定数量的矿物填充料,可以提高沥青的黏性和耐热性,减小沥青的温度敏感性,同时也减少了沥青的耗用量。常用矿物填充料有粉状和纤维状两种,常用的有滑石粉、石灰石粉、硅藻土、石棉绒和云母粉等。

由于沥青对矿物填充料的润湿和吸附作用,沥青可以单分子状态排列在矿物颗粒(或纤维)表面,形成结合牢固的沥青薄膜,称为"结构沥青"。结构沥青具有较高的黏性和耐热性等,但是矿物填充料的掺入量要适当,一般掺量为 20％～40％时,可以形成恰当的结构沥青膜层。

🔆 学中做

石油沥青的塑性指标是(　　　)。

A. 针入度　　　　　B. 延度　　　　　C. 软化点　　　　　D. 闪点

答案:B

二、防水卷材

防水卷材是具有一定的塑性和强度,能够卷曲的片状防水材料,如图 4-6 所示。防水卷材主要用于屋顶、地下室、墙体等部位的防水工程,根据其主要防水组成材料分为沥青防水卷材、高聚物改性沥青防水卷材、合成高分子防水卷材。根据环保和防水性能的要求,沥青防水卷材正逐渐被后两者取代。

图 4-6　防水卷材

1. 沥青防水卷材

沥青防水卷材指的是有胎卷材和无胎卷材。凡是用厚纸或玻璃丝布、石棉布、棉麻织品等胎料浸渍石油沥青制成的卷状材料,称为有胎卷材(油毡);将石棉、橡胶粉等掺入沥青材料中,经碾压制成的卷状材料称为辊压卷材,即无胎卷材。沥青防水卷材具有轻质、造价低、防水性能好等特点。根据沥青和胎基的种类,油毡可分为石油沥青纸胎油毡、石油沥青玻璃布油毡、石油沥青玻璃纤维油毡等。

1)石油沥青纸胎油毡

石油沥青纸胎油毡是指用低软化点石油沥青浸渍原纸,然后用高软化点石油沥青涂盖原纸两面,再撒以隔离材料(滑石粉、云母片)所制成的一种防水卷材。按《石油沥青纸胎油毡》(GB 326—2007)规定:油毡按卷重和物理性能分为Ⅰ型、Ⅱ型、Ⅲ型。各型号油毡的物理性能应符合表 4-5 的要求。

表 4-5　石油沥青纸胎油毡防水卷材物理性能

项目		指标		
		Ⅰ型	Ⅱ型	Ⅲ型
单位面积浸涂材料总量/(g/m²),不小于		600	750	1 000
不透水性	压力/MPa,不小于	0.02	0.02	0.10
	保持时间/min,不小于	20	30	30
吸水率/(%),不大于		3.0	2.0	1.0
耐热度		(85±2)℃受热2 h,涂盖层应无滑动、流淌和集中性气泡		
拉力(纵向)/(N/50 mm)		240	270	340
柔度		(18±2)℃绕φ20 mm棒或弯板无裂纹		

　　石油沥青纸胎防水卷材贮运和保管注意事项:不同品种、标号、规格、等级的产品不应混杂堆放;卷材应在规定的温度下(粉状面毡不高于 45 ℃,片状面毡不高于 50 ℃)立放贮存,其高度不超过 2 层,应避免雨淋日晒、受潮,并要注意通风。

　　2)石油沥青玻璃纤维油毡

　　石油沥青玻璃纤维油毡是采用玻璃纤维薄毡为胎基,浸涂石油沥青,在其表面撒上隔离材料所制成的一种防水卷材。玻璃纤维胎油毡按表面涂盖材料不同,可分为 PE 膜面、砂面两个品种;按单位面积质量分为 15 号和 25 号两种标号;幅宽为 1 000 mm 一种规格。15 号玻璃纤维油毡适用于一般工业与民用建筑屋面的多叠层防水,并可用于包扎管道(热管道除外),作防腐保护层;25 号玻纤胎油毡适用于屋面、地下以及水利工程作多叠层防水;彩砂面玻纤胎油毡用于防水面层,且可不再做表面保护层。石油沥青玻璃纤维油毡物理性能应符合表 4-6 的要求。

表 4-6　石油沥青玻璃纤维油毡材料性能

序号	项目		指标	
			Ⅰ型	Ⅱ型
1	可溶物含量/(g·m⁻²) ≥	15 号	700	
		25 号	1 200	
		试验现象	胎基不燃	
2	拉力/(N/50 mm) ≥	纵向	350	500
		横向	250	400
3	耐热性		85 ℃	
			无滑动、流淌、滴落	
4	低温柔性		10 ℃	5 ℃
			无裂缝	
5	不透水性		0.1 MPa,30 min 不透水	
6	钉杆撕裂强度/N ≥		40	50

续表

序号	项目		指标	
			Ⅰ 型	Ⅱ 型
7	热老化	外观	无裂纹、无起泡	
		拉力保持率/(%) ≥	85	
		质量损失率/(%) ≤	2.0	
		低温柔性	15 ℃	10 ℃
			无裂缝	

2. 高聚物改性沥青防水卷材

改性沥青基防水卷材是以各种改性沥青为浸涂材料,以纤维织物、纤维毡或塑料膜为胎体,表面覆以矿物质粉粒或薄膜作隔离材料制成的可卷曲的防水材料,总称为改性沥青防水卷材。改性沥青防水卷材具有高温不流淌、低温不脆裂、耐水性好等特点。目前用于建筑防水工程的有弹性体改性沥青防水卷材和塑性体改性沥青防水卷材。

1)弹性体改性沥青防水卷材(SBS 卷材)

弹性体改性沥青防水卷材是以热塑性弹性体(SBS)改性沥青浸涂胎体,两面覆以隔离材料制成的防水卷材,简称 SBS 卷材,如图 4-7 所示。

图 4-7 弹性体改性沥青防水卷材

弹性体改性沥青防水卷材具有弹性好、低温柔性优良、耐高温性能较好等特点。聚酯胎卷材还具有抗拉强度高、延伸率高、抗疲劳、抗穿刺性能好、超强耐老化性能等特点。SBS 卷材及其配套产品应贮存于阴凉干燥、通风良好的室内,避免阳光直射,避免受潮。贮存温度不超过 50 ℃。

2)塑性体改性沥青防水卷材(APP 卷材)

塑性体改性沥青防水卷材是用热塑性塑料(无规聚丙烯——APP、非晶态聚烯烃——APAO/APO)改性沥青为浸涂材料,两面覆以隔离材料所制成的防水卷材,统称为 APP 卷材。卷材胎体分为玻纤胎(G)、聚酯胎(PY)和玻纤增强聚酯胎(PYG)三种;隔离材料有聚乙烯膜、细砂及矿物粒料三种;按其力学性能分为 Ⅰ、Ⅱ 两个型号。

弹性体及塑性体改性沥青防水卷材具有抗拉强度高、柔性好、延伸率大、耐老化等特点,适用于各种防水等级的屋面防水,以及桥梁、蓄水池、隧道及水利工程。其中 SBS 卷材适用于环境温度较低的防水工程,APP 卷材适用于环境气温较高的防水工程。

3)自粘聚合物改性沥青防水卷材

以聚合物改性沥青为基料,非外露使用的无胎基或采用聚酯胎基增强的本体自粘防水卷材,称为自粘聚合物改性沥青防水卷材。以聚乙烯膜为上表面材料的自粘卷材适用于非外露的防水工程;以铝箔为上表面材料的适用于外露的防水工程;无膜双面自粘卷材适用于辅助防水工程。自粘聚酯胎卷材的背面防粘材料有聚乙烯膜、聚酯膜、细砂及无膜双面自粘。按力学性能分为Ⅰ型、Ⅱ型。

学中做

高聚物改性沥青防水卷材克服了传统沥青防水卷材(　　)的不足。

A. 成本高　　　　　　　　　　B. 温度稳定性差

C. 延伸率小　　　　　　　　　D. 温度稳定性差及延伸率小

答案:D

3. 合成高分子防水卷材

合成高分子防水卷材是以合成橡胶、合成树脂或它们两者的共混体为基料,加入适量的化学助剂和填充剂等,采用橡胶或塑料的加工工艺所制成的可卷曲片状防水材料。合成高分子防水卷材具有拉伸强度高、抗撕裂强度高、断裂伸长率大、耐热性好、耐老化性好、耐腐蚀性强等特点,但其造价较高,是一种高档防水材料。目前常用的高分子防水卷材有三元乙丙橡胶防水卷材(EPDM 防水卷材)、聚氯乙烯防水卷材(PVC 防水卷材)、增强氯化聚乙烯防水卷材、氯化聚乙烯-橡胶共混防水卷材等。

1)三元乙丙橡胶防水卷材

三元乙丙橡胶防水卷材简称 EPDM 防水卷材,是以乙烯、丙烯和双环戊二烯或乙叉降冰片烯等三种单体共聚合成的三元乙丙橡胶为主体,掺入适量的丁基橡胶、软化剂、补强剂、填充剂、促进剂和硫化剂等,经过配料、密炼、拉片、过滤、热炼、挤出或压延成型、硫化、检验、分卷、包装等工序加工制成的可卷曲的高弹性防水材料,如图 4-8 所示。其具有耐候性好、耐腐蚀性强、使用寿命长、抗拉强度高、塑性好、对基层伸缩或开裂变形适应性强以及重量轻、可单层施工等特点,适用于民用建筑中的屋面、地下室等防水工程,交通工程中的水渠、桥梁、隧道的防水工程。在施工的过程中主要采用冷粘法或热熔法。

2)聚氯乙烯防水卷材

聚氯乙烯防水卷材,是以聚氯乙烯(PVC)为主要原料,掺入适量的改性剂、抗氧剂、紫外线吸收剂、着色剂、填充剂等,经捏合、塑化、挤出压延、整形、冷却、检验、分卷、包装等工序加工制成的可卷曲的片状防水材料,如图 4-9 所示。这种卷材具有抗拉强度较高、撕裂强度高、延伸率较大、耐老化性好、耐腐蚀性强、施工容易黏结等特点,而且热熔性能好。卷材接缝时,既可采用冷粘法,也可采用热风焊接法,使其形成接缝黏结牢固、封闭严密的整体防水层。聚氯乙烯防水卷材适用于屋面、地下室以及水坝、水渠等防水工程和防腐工程。

3)增强氯化聚乙烯防水卷材

增强氯化聚乙烯防水卷材,是以氯化聚乙烯树脂为主体,以玻璃纤维网格布为增强材料,

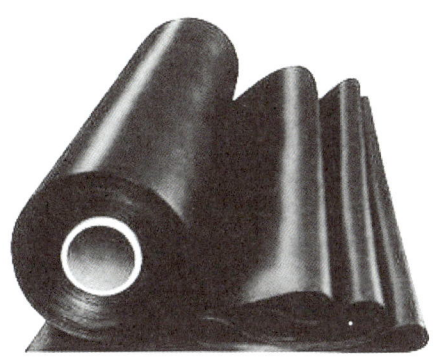

图 4-8 三元乙丙橡胶防水卷材

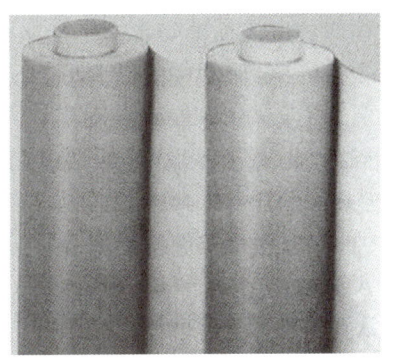

图 4-9 聚氯乙烯防水卷材

经过压延、复合、卷取、检验、包装等工序加工制成的可卷曲片状防水卷材,如图 4-10所示。这种防水卷材,具有高强度、耐臭氧、耐老化、易黏结和尺寸稳定性好等特点,适用于基层变形较小的屋面和地下室等工程防水。在条件允许时,最好采用空铺法、点粘法、条粘法施工防水层。

图 4-10 增强氯化聚乙烯防水卷材

4)氯化聚乙烯-橡胶共混防水卷材

氯化聚乙烯-橡胶共混防水卷材,是以氯化聚乙烯树脂和合成橡胶共混为主体,加入适量的硫化剂、促进剂、稳定剂、软化剂和填充剂等,经过塑炼、混炼、过滤、压延(或挤出)成型、硫化、检验、分卷、包装等工序加工制成的高弹性防水卷材。这种防水卷材既具有氯化聚乙烯的高强度和较好的耐久性,又具有橡胶的高弹性、高塑性、耐低温性等特点。这种合成高分子聚合物的共混改性材料,在工业上被称为高分子"合金",主要适用于各种民用建筑、桥梁、道路、水利工程的防水。

🔆 **学中做**

( )具有高弹性、拉伸强度高、延伸率大、耐热性和低温柔性好、单层防水和使用寿命长等优点。

A. 石油沥青防水卷材　　　　B. 高聚物改性沥青防水卷材

C. 合成高分子防水卷材　　　　D. 防水油膏

答案:C

三、防水涂料

防水涂料是以沥青、合成高分子材料为主体,在常温下呈无定形流动状态或半流态,涂刷在工程部位的表面能够形成一层坚硬的防水膜的材料的总称。防水涂料具有以下特点：与基面黏结力强，涂膜中的高分子物质能渗入基面细缝内；涂膜有良好的柔韧性，对基层伸缩或开裂的适应性强，抗拉强度高；不污染环境，安全可靠；耐候性好，高温不流淌，低温不龟裂；形成的防水层自重小，特别适用于轻型屋面等防水；施工简便，可喷涂施工、涂刷施工、冷施工，工期短，维修方便。防水涂料根据涂料的液态类型可分为溶剂型、水乳型和反应型三类，按成膜物质的主要成分可分为沥青防水涂料、高聚物改性沥青防水涂料、合成高分子防水涂料。

1. 沥青防水涂料

1）沥青胶

沥青胶又称玛蹄脂，它是在熔化的沥青中加入粉状或纤维状的填充料经均匀混合而成。填充料粉状的如滑石粉、石灰石粉、白云石粉等，纤维状的如石棉屑、木纤维等。沥青胶的常用配合比为沥青 70％～90％，矿粉 10％～30％。如采用的沥青黏性较低，矿粉可多掺一些。一般矿粉越多，沥青胶的耐热性越好，黏结力越大，但柔韧性降低，施工流动性也变差。沥青胶有热用和冷用两种，一般工地施工是热用。配制热用沥青胶时，先将 70％～90％ 的沥青加热到 180～200 ℃，使其脱水，再与干燥混合填充料热拌均匀即可。热用沥青胶用于黏结和涂抹石油沥青油毡。冷用时需加入稀释剂将其稀释后于常温下施工应用，可以涂刷成均匀的薄层。沥青胶主要应用于黏结防水卷材、墙面砖及地面砖。

2）冷底子油

冷底子油是用稀释剂（汽油、柴油、煤油、苯等）对沥青进行稀释的产物，它多在常温下施工，用于防水工程的底层。冷底子油黏度小，具有一定的流动性。冷底子油形成的涂膜较薄，一般不单独作防水材料使用，只作某些防水材料的配套材料。在铺贴油毡之前涂布于混凝土、砂浆、木材等基层上，能很快渗入基层孔隙中，待溶剂挥发后，便与基面牢固结合。冷底子油主要用于水泥路面、地坪、屋面找平层的分仓缝、墙体裂缝、伸缩缝，还可用于沥青类防水卷材的基层处理，如图 4-11 所示。

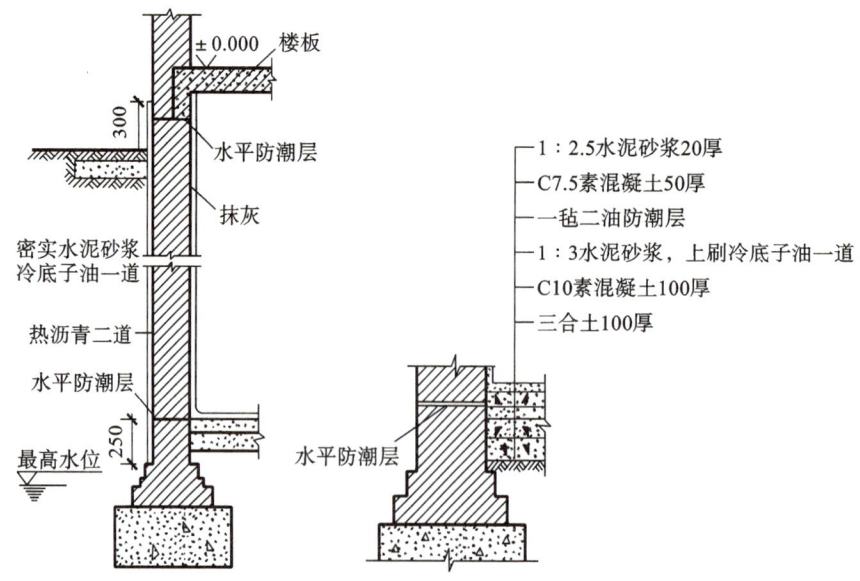

图 4-11　地下室防潮构造

2. 高聚物改性沥青防水涂料

高聚物改性沥青防水涂料是以沥青为基础,用合成高分子聚合物对其进行改性配制而成的水乳型涂膜防水材料。常用的高聚物改性沥青防水涂料有溶剂型再生橡胶沥青防水涂料、溶剂型氯丁橡胶沥青防水涂料、SBS 橡胶改性沥青防水涂料等。各产品的特性及适用范围见表 4-7。

表 4-7　高聚物改性沥青防水涂料

名称	材料简介	材料特点	材料应用
溶剂型再生橡胶沥青防水涂料	以沥青为主要成分,以再生橡胶为改性剂,以汽油为溶剂,加入其他填料,经热拌而成	能在各种复杂表面形成无接缝的防水膜,具有一定的柔韧性和耐久性;涂料干燥固化迅速;能在常温下及较低温度下冷施工;原料来源广泛,生产成本比溶剂型氯丁橡胶沥青防水涂料低	工业及民用建筑混凝土屋面的防水层;楼层厕浴间、厨房防水;旧油毡屋面维修和翻修;地下室、水池、冷库、地坪等抗渗、防潮等;一般工程的防潮层、隔汽层
溶剂型氯丁橡胶沥青防水涂料	溶剂型氯丁橡胶沥青防水涂料,是氯丁橡胶和石油沥青溶于芳烃溶剂中形成的混合胶体溶液	延伸性好,抵抗基层变形能力很强,能适应多种复杂的表面,耐候性优良;涂料成膜较快,涂膜较致密完整;耐水性、耐腐蚀性优良;能在常温下及较低温度下冷施工	工业及民用建筑混凝土屋面防水层;楼层厕浴间、厨房防水;防腐蚀地坪的隔离层;旧油毡屋面维修;水池、地下室等的抗渗、防潮等
SBS 橡胶改性沥青防水涂料	SBS 橡胶改性沥青防水涂料运用高分子合成技术,是新型特级橡胶防水涂料,加入了环氧树脂和树脂基团,使其集多功能与环保于一体	具有耐候性、抗酸性,抗变形,使用寿命长,拉伸强度高,延伸率大。对基层收缩和开裂变形适应性强	各种工业、民用建筑物屋顶、天沟、阳台、外墙、卫生间、厨房、地下室、水池、下水道以及矿井、隧道、管道、桥梁灌缝、地下地上金属管道、高低温管道、保温管内外壁等防水、防潮、防腐蚀等工程

3. 合成高分子防水涂料

合成高分子防水涂料是以合成橡胶或合成树脂为主要成膜物质,配制成的单组分或多组分的防水涂料。常用合成高分子防水涂料见表 4-8。

表 4-8　常用合成高分子防水涂料

名称	材料成分	材料特点
聚氨酯防水涂料	聚氨酯预聚体、固化剂	耐候性好,耐碱性好,耐海水侵蚀性强
丙烯酸酯防水涂料	以丙烯酸树脂乳液为主料,加入适当的颜料、填料等配制而成	耐温度性能好,抗渗性强,不污染环境,施工简单

续表

名称	材料成分	材料特点
硅橡胶防水涂料	以硅橡胶乳液和其他乳液的复合物为基料,加入无机填料及各种助剂配制而成	防水性好,抗渗性好,具有一定的延伸性,抗裂性、耐候性好

四、密封材料

密封材料是指能承受建筑物接缝位移以达到气密、水密目的而嵌入结构接缝中的材料。

1. 建筑防水沥青嵌缝油膏

建筑防水沥青嵌缝油膏(简称沥青嵌缝油膏),是以石油沥青为基料,加入改性材料、稀释剂、填料等配制成的黑色膏状嵌缝材料,具有良好的防水、防潮性能,塑性好。沥青嵌缝油膏主要用于冷施工型的屋面、墙面伸缩缝防水密封及桥梁、涵洞、输水洞和地下工程等的防水密封。

2. 聚氨酯密封膏

聚氨酯密封膏是以聚氨基甲酸酯为主要成分的双组分反应型建筑密封材料。聚氨酯密封膏具有如下特点:

(1)具有弹性高、延伸率大、耐久性好、耐低温、耐水、耐油、耐酸碱、耐疲劳等特性;

(2)与水泥、木材、金属等有很好的黏结性;

(3)施工效率高,施工简便,安全可靠。

聚氨酯密封膏价格适中,应用范围广泛。它适用于各种装配式建筑的屋面板、墙板、楼地面、卫生间等部位的接缝密封,建筑物沉陷缝、伸缩缝的防水密封,桥梁、涵洞、管道、水池等工程的接缝防水密封,建筑物渗漏修补等。

3. 合成高分子止水带(条)

合成高分子止水带属定形建筑密封材料,主要用于工业及民用建筑工程的地下及屋顶结构缝防水工程,闸坝、桥梁、隧洞、溢洪道等水工建筑物变形缝的防漏止水,闸门、管道的密封止水等。常用的合成高分子止水材料有橡胶止水带、止水橡皮、塑料止水带及遇水膨胀型止水条等。

五、刚性防水材料

1. 防水混凝土

防水混凝土是指采用一定技术手段,调整配合比或掺入少量外加剂,改善混凝土孔结构及内部各界面的密实性,或补偿混凝土的收缩以提高混凝土结构的抗裂抗渗性能,或掺入憎水性物质使混凝土具有一定的憎水性,使其满足抵抗水渗透的压力大于 0.6 MPa,具有一定防水功能的一类混凝土。

防水混凝土的防水性能可采用抗渗等级系数(Pn)表示,如 P8 表示试件能在 0.8 MPa 水压下不渗水。

防水混凝土集承重、围护和防水功能于一体,还可满足一定的耐久性要求,适用于一般工业与民用建筑的地下室、水池、大型设备基础、沉箱等防水结构,以及地下通廊、隧道、桥墩、水坝等构筑物。

2. 防水砂浆

应用于结构防水层的砂浆称为防水砂浆,它是通过严格的操作技术或掺入适量的防水剂、高分子聚合物等材料,以提高砂浆的密实性和憎水性,从而达到抗渗防水目的的刚性防水材料。因施工方便,防水效果较好,价格较低,防水砂浆在地下工程、贮水构筑物及楼、地面等位置应用较多,是一种重要的刚性防水材料。

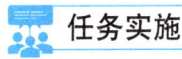 **任务实施**

一、SBS 防水卷材检测

按《弹性体改性沥青防水卷材》(GB 18242—2008)规定,弹性体改性沥青防水卷材物理性能应符合表 4-9 的要求。

表 4-9 SBS 防水卷材物理性能

序号	项目			指标				
				I		II		
				PY	G	PY	G	PYG
1	可溶物含量/ (g/m²),不小于		3 mm	2 100				—
			4 mm	2 900				—
			5 mm	3 500				
			试验现象	—	胎基不燃	—	胎基不燃	—
2	耐热性		℃	90		105		
			mm,不大于	2				
			试验现象	无流淌、滴落现象				
3	低温柔性/℃			—20		—25		
				无裂缝				
4	不透水性 30 min			0.3 MPa	0.2 MPa	0.3 MPa		
5	拉力	最大峰拉力/(N/50 mm),不小于		500	350	800	500	900
		次高峰拉力/(N/50 mm),不小于		—				800
		试验现象		拉伸过程中,试件中部无沥青涂盖层开裂 或与胎基分离现象				
6	延伸率	最大峰时延伸率/(%),不小于		30	—	40	—	—
		第二峰时延伸率/(%),不小于		—	—	—	—	15
7	浸水后质量 增加/(%),不大于	PE、S		1.0				
		M		2.0				
8	热老化	拉力保持率/(%),不小于		90				
		延伸率保持率/(%),不小于		80				
		低温柔性/℃		—15		—20		
				无裂缝				
		尺寸变化率/(%),不大于		0.7	—	0.7	—	0.3
		质量损失/(%),不大于		1.0				

续表

序号	项目		指标				
			I		II		
			PY	G	PY	G	PYG
9	渗油性	张数,不大于	2				
10	接缝剥离强度/(N/mm),不小于		1.5				
11	钉杆撕裂强度①/N,不小于		—				300
12	矿物粒料黏附性②/g,不大于		2.0				
13	卷材下表面沥青涂盖层厚度③/cm,不小于		1.0				
14	人工气候加速老化	外观	无滑动、流淌、滴落				
		拉力保持率/(%),不小于	80				
		低温柔性/℃	—15		—20		
			无裂缝				

注:①仅适用于单层机械固定施工方式卷材;
　　②仅适用于矿物粒料表面的卷材;
　　③仅适用于热熔施工的卷材。

二、沥青三大指标检测

1.沥青针入度检测

1)检测目的及规定

针入度是表征固体、半固体石油沥青稠度的主要指标,是划分沥青牌号的主要依据之一。石油沥青的针入度以标准针在一定的荷重、时间及温度条件下垂直穿入沥青试样的深度来表示,单位为 0.1 mm。如未另行规定,标准针、针连杆与附加砝码的合计质量为 100 g±0.05 g,温度为 25 ℃±0.1 ℃,时间为 5 s。特定测定条件见表 4-10。

表 4-10　针入度检测特定条件

温度/℃	荷重/g	时间/s
0	200	60
4	200	60
46	50	5

2)主要仪器

(1)针入度仪:如图 4-12 所示,其中支柱上有两个悬臂,上臂装有分度为 360 的刻度盘及活动尺杆,上下运动的同时使指针转动;下臂装有可滑动的针连杆,针和针连杆的总质量为 50 g±0.05 g,并设有控制针连杆运动的制动按钮,其座上设有旋转玻璃皿的可旋转的平台及观察镜。

(2)标准针:应由硬化回火的不锈钢制成,其尺寸应符合《沥青针入度测定法》(GB/T 4509—2010)的规定。

(3)试样皿:金属圆柱形平底容器。针入度小于 200 时,试样皿内径 55 mm,内部深度

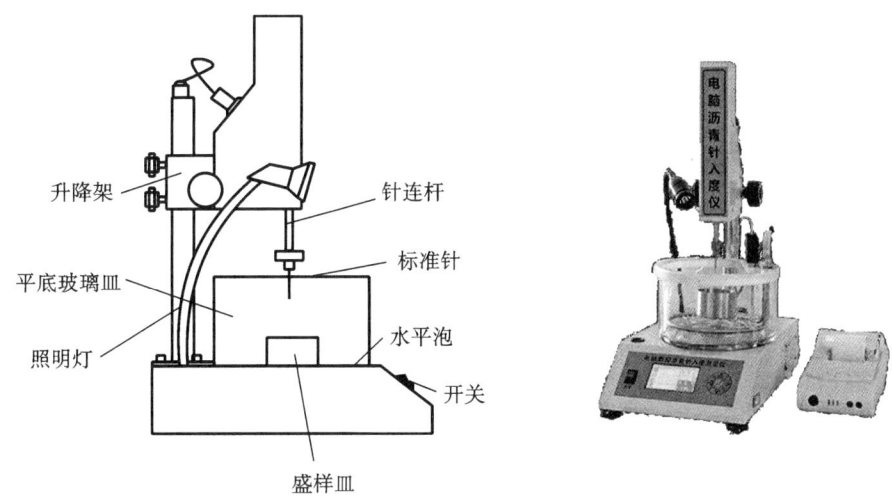

图 4-12　针入度仪

35 mm;针入度在 200～350 时,试样皿内径 55～75 mm,内部深度 45～70 mm;针入度在350～500 时,试样皿内径 55 mm,内部深度 70 mm。

(4)恒温水浴:容量不小于 10 L,能保持温度在试验温度的±0.1 ℃范围内。

(5)平底玻璃皿:容量不小于 350 mL。

(6)秒表、温度计、孔径为 0.3～0.5 mm 的筛子等。

3)试样制备

(1)将预先除去水分的沥青试样在砂浴或密闭电炉上小心加热,不断搅拌,加热温度不得超过软化点 100 ℃。加热时间不得超过 30 min,用筛过滤除去杂质。

(2)将试样倒入预先选好的试样皿中,试样深度应大于预计深度 10 mm。

(3)将试样皿在 15～30 ℃的空气中冷却 1～1.5 h(大试样皿),防止灰尘落入试样皿。然后将试样皿移入保持试验温度的恒温水浴中。小试样皿恒温 1～1.5 h,大试样皿恒温 1.5～2 h。

4)试验步骤

(1)调节针入度仪使之水平。检查针连杆和导轨,以确认无水和其他外来物,无明显摩擦。用三氯乙烯或其他溶剂清洗标准针,并拭干。把标准针插入针连杆,用螺丝紧固。按试验条件,加上附加砝码。

(2)取出达到恒温的试样皿,并移入水温控制在试验温度±0.1 ℃(可用恒温水槽中的水)的平底玻璃皿中的三腿支架上,试样表面以上的水层高度不小于 10 mm。

(3)将盛有试样的平底玻璃皿置于针入度仪的平台上,慢慢放下针连杆,用适当位置的反光镜或灯光反射观察,使针尖刚好与试样表面接触。拉下活杆,使其与针连杆顶端轻轻接触,调节刻度盘或深度指示器使其指针指示为零。

(4)开动秒表,在指针正指 5 s 的瞬间,用手紧压按钮,使标准针自由下落贯入试样,经规定时间,停压按钮,使针停止移动。

(5)拉下刻度盘拉杆,与针连杆顶端接触,读取刻度盘指针或位移指示器的读数,精确至0.1 mm。

(6)同一试样平行试验至少 3 次,各测定点之间及与试样皿边缘的距离不应小于 10 mm。

每次试验后应将盛有试样皿的平底玻璃皿放入恒温水槽,使平底玻璃皿中水温保持试验温度。每次试验应换一根干净标准针或将标准针用蘸有三氯乙烯溶剂的棉花或布擦干净,再用干棉花或布擦干。

(7)测定针入度大于 200 的沥青试样时,至少用 3 根标准针,每次试验后将针留在试样中,直至 3 次平行试验完成后,才能把标准针取出。

5)数据处理

取 3 次测定针入度的平均值,取至整数,作为试验结果。3 次测定的针入度值相差不应大于表 4-11 中的数值,若差值超过表中数值,试验应重做。

表 4-11 　3 次测定的针入度值最大差值表　　　　　　　　　　单位:0.1 mm

针入度	0~49	50~149	150~249	250~349	350~500
最大差值	2	4	6	8	20

2. 沥青延度检测

1)检测目的

延度是反映沥青塑性的指标,通过延度测定可以了解石油沥青抵抗变形的能力并作为确定沥青牌号的依据之一。石油沥青的延度用规定的试件在一定速度拉伸至断裂时的长度表示。

2)主要仪器与材料

(1)延度仪:将试件浸没于水中,能保持规定的检测温度及按照规定拉伸速度拉伸试件且测定时无明显振动的延度仪均可使用,如图 4-13 所示。

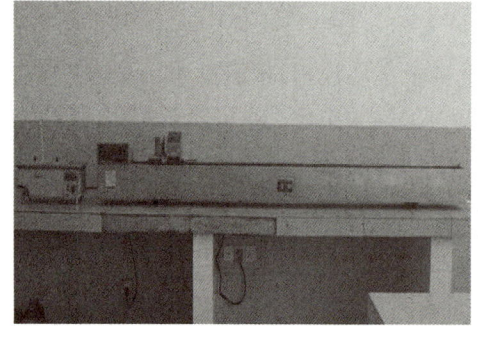

图 4-13 　延度仪

(2)试模:黄铜制,由两个端模和两个侧模组成。

(3)试模底板:玻璃板或磨光的铜板、不锈钢板(表面粗糙度 Ra 0.2 μm)。

(4)恒温水槽:容量不小于 10 L,控制温度的准确度为 0.1 ℃,水槽中应设有带孔搁架,搁架距水槽底不得小于 50 mm。试件浸入水中深度不小于 100 mm。

(5)温度计:0~50 ℃,分度 0.1 ℃。

(6)砂浴或其他加热炉具。

(7)甘油滑石粉隔离剂(甘油与滑石粉的质量比 2∶1)。

(8)其他:平刮刀、石棉网、酒精、食盐等。

3)检测前准备

(1)将隔离剂拌合均匀,涂于清洁干燥的试模底板和两个侧模的内侧表面,并将试模在试模底板上装妥。

(2)按规定的方法准备试样,然后将试样仔细地自试模的一端至另一端往返数次缓缓注入模中,最后略高出试模,灌模时应注意勿使气泡混入。

(3)试件在室温中冷却 30~40 min,然后置于规定试验温度±0.1 ℃的恒温水槽中,保持 30 min 后取出,用热刮刀刮除高出试模的沥青,使沥青面与试模面齐平。沥青的刮法应自试模的中间刮向两端,且表面应刮得平滑。将试模连同底板再浸入规定试验温度的水槽中 1~1.5 h。

（4）检查延度仪延伸速度是否符合规定要求，然后移动滑板使其指针正对标尺的零点。将延度仪注水，并保温达试验温度±0.5 ℃。

4）检测步骤

（1）将保温后的试件连同底板移入延度仪的水槽中，如图 4-14 所示，然后将盛有试样的试模自玻璃板或不锈钢板上取下，将试模两端的孔分别套在滑板及槽端固定板的金属柱上，并取下侧模。水面距试件表面应不小于 25 mm。

图 4-14　试件放置

（2）开动延度仪，并注意观察试样的延伸情况。此时应注意，在试验过程中，水温应始终保持在试验温度规定范围内，且仪器不得有振动，水面不得有晃动，当水槽采用循环水时，应暂时中断循环，停止水流。在试验中，如发现沥青细丝浮于水面或沉入槽底，则应在水中加入酒精或食盐，调整水的密度至与试样相近后，重新试验。

（3）试件拉断时，读取指针所指标尺上的读数，以厘米为单位。在正常情况下，试件延伸时应呈锥尖状，拉断时实际断面接近于零。如不能得到这种结果，则应在报告中注明。

5）检测结果

取三个平行测定值的平均值作为测定结果。如三次测定值不在其平均值的 5% 以内，但其中两个较高值在平均值的 5% 之内，则舍弃最低测定值，取两个较高值的平均值作为测定结果。

3. 沥青软化点检测

1）检测目的

软化点是反映沥青耐热性及温度稳定性的指标，是确定沥青牌号的依据之一。石油沥青的软化点以规定质量的钢球放在规定尺寸金属环的试样盘上，以恒定的加热速度加热，当试样软到使沉入沥青中的钢球下落达 25 mm 时的温度表示。

2）主要仪器

软化点试验仪、电炉或其他加热设备、金属板或玻璃板、刀、孔径 0.6～0.8 mm 筛、温度计、金属皿、砂浴等。

3）检测前准备

（1）所有石油沥青试样的准备和测试必须在 6 h 内完成，煤焦油沥青必须在 4.5 h 内完成。加热试样时不断搅拌以防止局部过热，直到样品变得流动。小心搅拌以避免气泡进入样品中。石油沥青样品加热至流动温度的时间不超过 2 h，其加热温度不超过预计沥青软化点 110 ℃。煤焦油沥青样品加热至流动温度的时间不超过 30 min，其加热温度不超过煤焦油沥青预计软化点 55 ℃。如果重复试验，不能重新加热样品，应在干净的容器中用新鲜样品制备试样。

（2）若估计软化点在 120 ℃ 以上，应将黄铜环与支撑板预热至 80～100 ℃，然后将铜环放到涂有隔离剂的支撑板上，否则会出现沥青试样从铜环中完全脱落的现象。

（3）向每个环中倒入略过量的石油沥青试样，让试件在室温下至少冷却 30 min。对于在室温下较软的样品，应将试件在低于预计软化点 10 ℃ 以上的环境中冷却 30 min。从开始倒试样时起至完成试验的时间不得超过 240 min。

(4)当试样冷却后,用稍加热的小刀或刮刀彻底地刮去多余的沥青,使得每一个圆片饱满且和环的顶部齐平。

4)检测步骤

(1)选择加热介质。新沸煮过的蒸馏水适于软化点为 80 ℃的试样,起始加热介质温度应为(5±1) ℃。甘油适于软化点高于 80 ℃的试样,起始加热介质的温度应为(30±1) ℃。为了进行比较,所有软化点低于 80 ℃的沥青应在水浴中测定,而高于 80 ℃的在甘油浴中测定。

(2)从水或甘油保温槽中取出盛有试样的黄铜环放置在承板的圆孔中,并套上钢球定位器,把整个环架放在烧杯内,调整水面或甘油液面至深度标记,环架上任何部位均不得有气泡。将温度计由上承板中心孔垂直插入,使水银球与铜环下面齐平。

(3)将烧杯移至有石棉网的三脚架上或电炉上,然后将钢球放在试样上(各环的平面在全部加热时间内必须完全处于水平状态)立即加热,使烧杯内水或甘油温度在 3 min 后保持每分钟上升 5 ℃±0.5 ℃,在整个测定中如温度的上升速度超出此范围,应重做。

(4)试样软化下垂至与下承板面接触时的温度即为试样的软化点,如图 4-15 所示。

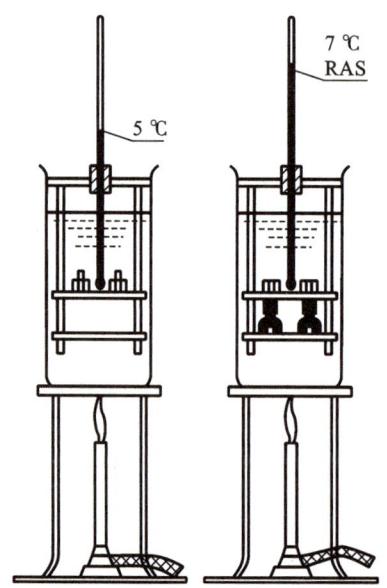

图 4-15   软化点检测示意图

5)检测结果

取两个平行测定结果的算术平均值作为测定结果。重复测定结果间的差数不得大于表 4-12 的规定。

表 4-12   重复测定结果间差数要求

软化点/℃	容许差数/℃
<80	1
80～100	2
100～140	3

将三类检测的结果填写在表 4-13 中,并计算结果,根据检测结果评定所测沥青材料的型号。

表 4-13 建筑石油沥青检测报告

样品名称		生产单位		
规格型号		代表数量		
试验项目	规定标准	实测值	平均值	单项判定
针入度/(1/10 mm)				
延度/cm				
软化点/℃				
检验依据				
结论				
备注				

做中学

石油沥青针入度检测流程排序:

A. 开动秒表,在指针正指 5 s 的瞬间,用手紧压按钮,使标准针自由下落贯入试样。

B. 同一试样平行试验至少 3 次。

C. 将盛有试样的玻璃器皿置于针入度仪的平台上。

D. 拉下刻度盘拉杆,与针连杆顶端接触,读取刻度盘指针读数。

E. 使针尖刚好与试样表面接触,调节刻度盘指针指示为零。

答案:C—E—A—D—B

思政小故事

杜绝漏水房屋,发扬鲁班精神

据有关调查统计:在住房质量投诉中,居第一位的是渗漏水,其中因材料质量问题造成的渗漏占 20%～30%。建筑防水材料是阻止水侵害建筑物和构筑物的功能性基础材料,防水工程的质量在很大程度上取决于防水材料的性能和质量。目前新型防水材料在建筑上的应用不断增加,应用技术也不断改进,现代建筑防水材料也从单一防渗漏发展为防水、防腐、保温(隔热)、节能和环保等多功能化。

符合国家标准的防水材料是保证防水工程质量的必要条件。防水材料有其基本的共性和要求,只有了解各种防水材料的特性(优点和缺点)、适用部位等,才能正确、合理地使用材料,做到可靠、合理、耐久和经济。防水材料的发展推动了防水工程应用技术的发展;防水主体功能的要求,又指导防水材料的生产和改进,推动防水材料的发展。

而鲁班精神重在细节,施工好坏还得用心,特别是防水工程,是一个系统性工程,从设计到施工,各个方面的措施都必须落实到位,这样才能杜绝房屋的漏水现象发生。每年我国都有不同的建筑荣获鲁班奖,这些工程在防水方面都是标杆,值得大家好好学习。

单元习题

一、填空题

1. 石油沥青中各组分因环境中的阳光、空气、水等因素作用而导致油分、树脂减少,地沥青质增多的过程叫作_____。

2. 沥青材料在外力作用下,其材料内部阻碍产生相对流动的能力叫作_____。

3. 半固态、固态沥青的黏滞性用_____表示,单位是_____。液态沥青的黏滞性用_____表示,单位是_____。

4. 土木工程中最常用的是_____沥青和_____沥青。

二、多项选择题

1. 石油沥青的组分包括( )。

A. 地沥青质 B. 焦油 C. 树脂 D. 油分

2. 石油沥青的牌号是根据( )技术指标来划分的。

A. 针入度 B. 延度 C. 软化点 D. 闪点

3. 石油沥青的黏滞性是用( )表示的。

A. 针入度 B. 黏滞度 C. 软化点 D. 延度

三、判断题

1. 石油沥青的技术牌号愈高,其综合性能就愈好。( )

2. 合成高分子防水卷材属于低档防水卷材。( )

3. 同一品种的石油沥青,牌号越高,其针入度越大,延度越大,软化点越低。( )

参考答案

四、简答题

1. 怎样划分石油沥青的牌号? 牌号大小与沥青主要技术性质之间的关系怎样?

2. 何谓绝热材料? 绝热材料的基本要求有哪些?

3. 与传统的石油沥青防水卷材相比,高分子聚合物改性沥青防水卷材有何特点?

4. 防水涂料有哪些特点?

5. 建筑密封材料有哪些?

学习单元 2 其他建筑功能材料认知

建筑功能材料用于建筑物中能改善人们的居住环境,保证建筑物的某些功能。例如北方温度比较低,为减少结构与环境的热交换,而用于墙体和屋顶的保温材料;南方夏季温度比较高,而用于建筑物屋顶的隔热材料;在电影院、礼堂、音乐厅等为保证声音的清晰度,减少声音的反射,而选用的吸声材料等。

知识目标

认识和掌握各类建筑功能材料;

掌握各类功能材料的使用方法和使用场景。

 **能力目标**

能根据工程的特点选择和使用各类功能材料。

 **思政目标**

培养对各类材料的认识,提升对建筑功能的理解,强化职业操守的养成。

知识树

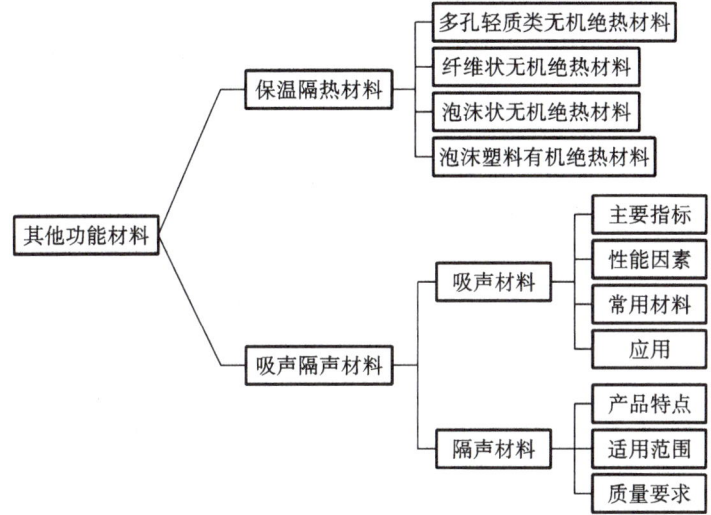

任务提出

本单元的任务是完成总情境中工作三中的任务二:合理选取保温材料。

任务分析

只有掌握常用保温、隔热、吸声材料的基本性质和功能性,才能正确合理地选用功能材料。

任务实施

一、保温隔热材料

保温隔热材料(又称绝热材料)是指能减少建筑物室内温度损失,对热流具有阻抗性的一种功能材料。工程上将导热系数小于 0.23 W/(m·K)的材料称为绝热材料。绝热材料主要用于建筑物的墙体和屋面。

1.绝热材料的基本要求

建筑物保温对绝热材料的基本物理性质要求是:导热系数一般小于 0.174 W/(m·K),表观密度应小于 600 kg/m³,抗压强度不小于 0.3 MPa。

2.绝热材料的分类

绝热材料按照其化学组成可以分为无机绝热材料和有机绝热材料。常用无机绝热材料有多孔轻质类无机绝热材料、纤维状无机绝热材料和泡沫状无机绝热材料;常用有机绝热材料有泡沫塑料和硬质泡沫橡胶。

1)多孔轻质类无机绝热材料

膨胀蛭石是多孔轻质类无机绝热材料中的一种,是天然蛭石经机械破碎、煅烧、膨胀(可使蛭石膨胀 20~30 倍)等工序制成的松散颗粒状材料,如图 4-16 所示。膨胀蛭石的导热系数为 0.046~0.070 W/(m·K),可在 1 000 ℃的高温下使用。膨胀蛭石主要用于建筑夹层,但需要注意防潮。膨胀蛭石也可用水泥、水玻璃等胶结成板,用作板壁绝热,但导热系数比松散状要大,一般为 0.08~0.10 W/(m·K)。

2)纤维状无机绝热材料

(1)矿物棉。

岩棉和矿渣棉统称矿物棉。岩棉主要由天然岩石经高温熔化、纤维化而制成。岩棉具有绝热性能好、耐火性好、隔声性能好等特点。岩棉制品在建筑上可用于钢结构、混凝土和砖石结构的屋面、外墙、隔墙和幕墙的保温以及高温管道保温。将矿物棉与有机胶结剂结合可以制成矿棉板、毡、管壳等制品,如图 4-17 所示,其堆积密度为 45~150 kg/m³,导热系数为 0.049~0.044 W/(m·K)。由于低堆积密度的矿物棉内空气可发生对流而导热,因而,堆积密度低的矿物棉导热系数略高。矿物棉的最高使用温度约为 600 ℃。矿物棉也可制成粒状棉用作填充材料,其缺点是吸水性大、弹性小。矿渣棉是以工业矿渣如高炉矿渣、磷矿渣、粉煤灰等为主要原料,经过重熔、纤维化而制成的。

图 4-16　膨胀蛭石

图 4-17　岩棉毡

(2)玻璃棉。

玻璃棉是将熔融玻璃纤维化,形成棉状的材料,化学成分属玻璃类,是一种无机质纤维。玻璃棉具有成型好、体积密度小、热导率低、保温绝热、吸音性能好、耐腐蚀、化学性能稳定等特点。玻璃纤维一般分为长纤维和短纤维。短纤维相互纵横交错在一起,构成了多孔结构的玻璃棉,常用作绝热材料。以玻璃纤维为主要原料的保温隔热制品主要有沥青玻璃棉毡和酚醛玻璃棉板,以及其他各种玻璃棉毡、玻璃棉板(图 4-18)等,通常用于房屋建筑的墙体保温层及管道保温。

3)泡沫状无机绝热材料

(1)泡沫玻璃。

泡沫玻璃是用玻璃细粉和发泡剂(石灰石、碳化钙和焦炭)经粉磨、混合、装模、煅烧(800 ℃左右)而得到的多孔材料,气孔率达 50%~80%。泡沫玻璃具有导热系数小、抗压强度高、抗冻性好、耐久性好、加工性好等特点。泡沫玻璃作为绝热材料主要用于建筑物的墙体、地板、天花板及屋顶保温,也可以用于冷藏设备的保温。

(2)泡沫混凝土。

泡沫混凝土是由适当比例的水泥、水、泡沫剂混合后经搅拌、成型、养护而成的。泡沫混凝土具有多孔、轻质、保温、隔热、吸声等特点。泡沫混凝土的表观密度为 $300\sim500$ kg/m³,导热系数为 $0.082\sim0.186$ W/(m·K)。

4)泡沫塑料有机绝热材料

泡沫塑料是以合成树脂为基料,加入一定量的发泡剂、催化剂、稳定剂等经加热发泡而制成的。泡沫塑料具有质轻、隔热、吸音、减震等特点,可制成复合墙板(图 4-19)、屋面板的夹心层,用于建筑物的墙体、屋顶等的保温。

图 4-18 玻璃棉板

图 4-19 聚氨酯保温板

3. 选用绝热材料的注意事项

1)耐温范围

根据材料的耐温范围,保温隔热材料分为低温保温隔热材料、中温保温隔热材料、高温保温隔热材料。所选保温隔热材料的耐温性能必须符合使用环境。选择低温保温隔热材料时,一般选择分类温度低于长期使用温度 $10\sim30$ ℃的材料。选择中温保温隔热材料和高温保温隔热材料时,一般选择分类温度高于长期使用温度 $100\sim150$ ℃的材料。

2)材料的物理形态和特性

保温隔热材料的形态有板、毯、棉、纸、毡、纺织品等。不同类型的隔热材料的物理特性(机械加工性、耐磨性、耐压性等)有所差异。所选保温隔热材料的形态和物理特性必须符合使用环境。

3)机械强度

为保证所选用的保温隔热材料在自身重量及外力作用下不产生变形和不发生破坏,所选材料要满足一定的强度要求,一般其抗压强度应不小于 0.3 MPa。

4)材料的保温隔热性能

隔热系统中隔热层的厚度往往有个最大值,使用所选保温隔热材料所需的隔热层厚度必须在最大值以内。在一些要求隔热层厚度较薄的场合往往需要选择保温隔热性能较好的材料(如纳基隔热软毡)。

5)材料的环保等级及耐久性

所选用的保温隔热材料必须满足环保等级的要求。选用环保等级不符合要求的保温隔热材料会严重影响人们居住的舒适度。在具体选用时,还要根据所用工程部位的特点,考虑到材料耐久性的要求。对于处于潮湿环境和有水存在的工程部位,要对材料进行防潮和防水处理。

6)材料的成本

确定好材料的范围之后,根据材料价格核算成本,选择性价比最高的材料。

综合以上所述,选择保温隔热材料就是根据使用环境选择形态、物理特性、化学特性、保温隔热性能符合使用环境,环保等级满足设计需求的保温隔热材料,再经过成本核算,最终确定所要使用的保温隔热材料。

学中做

为了满足所选用的保温隔热材料在自身重量及外力作用下不产生变形和不发生破坏,一般其抗压强度不小于( )。

A. 0.5 MPa   B. 0.4 MPa   C. 0.3 MPa   D. 0.1 MPa

答案:C

二、吸声隔声材料

1. 吸声材料

吸声材料是指能够较大程度地吸收由空气传递的声波能量的材料。吸声材料被应用于剧院、电影院、大礼堂、音乐厅等的墙面、顶棚等部位,适当地使用吸声材料能够改善声音的传播质量,减少噪声,给听者清亮、舒适的感觉。

1)主要指标

当声音在空气中传播的过程中遇到阻碍其传播的材料,声音一部分被反射,一部分穿透材料,其余的被材料吸收,称为材料的吸声性,用吸声系数 α 来表示。

被材料吸收的声能(包括穿透材料的声能在内)与原先传递给材料的全部声能的比值,称为吸声系数 α。吸声系数按式(4-3)计算。

$$\alpha = E/E_0 \tag{4-3}$$

式中:α——材料的吸声系数;

E——被材料吸收(包括穿透)的声能;

E_0——传递给材料的全部入射声能。

通常取 125 Hz、250 Hz、500 Hz、1 000 Hz、2 000 Hz、4 000 Hz 六个频率的吸声系数来表示材料的吸声频率特性。

凡六个频率的平均吸声系数大于 0.2 的材料,称为吸声材料。吸声系数是评定材料吸声性能好坏的主要指标。一般材料的吸声系数介于 0~1 之间,吸声系数越大,材料的吸声性能越好。

2)影响材料吸声性能的因素

(1)材料内部孔隙结构。

一般材料内部开放连通的孔隙越多,材料的吸声性能越好。但如果孔隙的孔径较大,材料的吸声性能较差。

（2）材料厚度。

增加材料厚度虽然可以提高对低频的吸声效果,但对高频的吸声效果影响较小。

3）吸声材料的种类

建筑常用吸声材料及其吸声系数见表 4-14。

表 4-14　建筑常用吸声材料及其吸声系数

名称		厚度/cm	表观密度/(kg/m³)	各种频率下的吸声系数						装置情况
				125 Hz	250 Hz	500 Hz	1 000 Hz	2 000 Hz	4 000 Hz	
无机材料	吸声泥砖	6.5	—	0.05	0.07	0.10	0.12	0.16	—	贴实
	石膏板(有纹)	—		0.03	0.05	0.06	0.09	0.04	0.06	
	水泥蛭石板	4.0		—	0.14	0.46	0.78	0.50	0.60	
	石膏砂浆(掺水泥、玻璃纤维)	2.2		0.24	0.12	0.09	0.30	0.32	0.83	粉刷在墙上
	水泥膨胀珍珠岩	5	350	0.16	0.46	0.64	0.48	0.56	0.56	贴实
	水泥砂浆	1.7		0.21	0.16	0.25	0.40	0.42	0.48	粉刷在墙上
	砖(清水墙面)	—		0.02	0.03	0.04	0.04	0.05	0.05	贴实
木质材料	软木板	2.5	260	0.05	0.11	0.25	0.63	0.70	0.70	贴实
	木丝板	3.0	—	0.10	0.36	0.62	0.53	0.71	0.90	钉在木龙骨上,后面留 5～10 cm 空气层
	三夹板	0.3		0.21	0.73	0.21	0.19	0.08	0.12	
	穿孔五夹板	0.5		0.01	0.25	0.55	0.30	0.16	0.19	
	木花板	0.8		0.03	0.02	0.03	0.03	0.04	—	
	木质纤维板	1.1	—	0.06	0.15	0.28	0.30	0.33	0.31	
多孔材料	泡沫玻璃	4.4	1 260	0.11	0.32	0.52	0.44	0.52	0.33	贴实
	脲醛泡沫塑料	5.0	20	0.22	0.29	0.40	0.68	0.95	0.94	
	泡沫水泥(外粉刷)	2.0		0.18	0.05	0.22	0.48	0.22	0.32	紧靠粉刷
	吸声蜂窝板	—		0.27	0.12	0.42	0.86	0.48	0.30	贴实
	泡沫塑料	1.0		0.03	0.06	0.12	0.41	0.85	0.67	
纤维材料	矿渣棉	3.13	210	0.10	0.21	0.60	0.95	0.85	0.72	贴实
	玻璃棉	5.0	80	0.06	0.08	0.18	0.44	0.72	0.82	
	酚醛玻璃纤维板	8.0	100	0.25	0.55	0.80	0.92	0.98	0.95	
	工业毛毡	3.0	—	0.10	0.28	0.55	0.60	0.60	0.56	紧靠墙面

4）吸声材料的应用

广州地铁坑口车站为地面站(图 4-20),一层为站台,二层为站厅。站厅顶部为纵向水平设置的半圆形拱顶,长 84 m,拱跨 27.5 m,离地面最高点 10 m,最低点 4.2 m,钢筋混凝土结构。在未做声学处理前,该厅严重的声学缺陷是低频声的多次回声现象。发一次信号枪,枪声就像轰隆的雷声,经久才停。声学工程完成以后,声环境大大改善,经电声广播试验后,主观听声效果达到听清分散式小功率扬声器播音。声学材料需根据其所用的结构、环境选用。

图 4-20　广州坑口地铁站外观

2. 隔声材料

　　建筑上把主要起隔绝声音作用的材料称为隔声材料。隔声材料主要用于电视台、电影院、歌剧院、音乐厅、会议中心、体育馆、音响室、家居、商场、酒店、KTV、酒廊、餐厅等的外墙、门窗、隔墙以及隔断等。隔声可分为隔绝空气声(通过空气传播的声音)和隔绝固体声(通过撞击或振动传播的声音),两者的隔声原理截然不同。对于空气声,根据声学中的"质量定律",其传声的大小主要取决于墙或板的单位面积质量,质量越大,越不易振动,则隔声效果越好。可以认为:固体声的隔绝主要是吸收,这和吸声材料是一致的;而空气声的隔绝主要是反射,因此必须选择密实、沉重的材料如黏土砖、钢板等作为隔声材料。

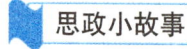 学中做

下面哪种材料不属于吸声材料?(　　　)

A. 石膏板　　　　　B. 泡沫玻璃　　　　　C. 钢板　　　　　D. 软木板

答案:C

🚩 思政小故事

防水新星——CPU 聚氨酯阻燃防水卷材

　　CPU 聚氨酯阻燃防水卷材是国家实用新型专利产品、国家石油和化学工业局"绝热材料推荐产品"、中国石化集团公司"石油化工工程建设推荐产品"、国家经贸委"二○○一年度国家重点新产品",见图 4-21。

　　1. 产品特点

　　CPU 聚氨酯阻燃防水系列卷材是以 CPU 聚氨酯阻燃防水涂料为主要原料,基层采用科学配方经技术处理的密纹玻璃纤维布作胎基,在特殊的机械加工设备上直接涂敷 CPU 混合

图 4-21　CPU 聚氨酯阻燃防水卷材

料,经常温固化、整理卷取等工序制成的高分子阻燃防水卷材。该产品集保冷、隔汽、阻燃、防水于一体,使用寿命长,其阻燃性能优异。

CPU 聚氨酯阻燃防水卷材的技术参数见表 4-15。

表 4-15　CPU 聚氨酯阻燃防水卷材技术参数

性能	参数要求	
拉伸强度	≥5.0 MPa	
低温弯折性	−45 ℃,4 h,无裂纹	
抗渗透性	0.2 MPa,24 h,不透水	
剪切状态下的黏合性	≥2 N/mm	
耐热度	+110 ℃,4 h,表面无明显变化	
氧指数	≥32%	
耐腐蚀性 5%HCl 饱和 Ca(OH)₂ 浸 15 d	拉伸强度相对变化率	+25%
	断裂伸长率相对变化率	+25%
热老化处理	拉伸强度相对变化率	+20%
	断裂伸长率相对变化率	+20%

2.适用范围

(1)石油、化工、电力、建筑等设备与管道绝热结构的防潮、隔汽、防水保护层。

(2)直埋管道的防腐、防水密封层。

(3)保冷工程用防潮、隔汽层。

(4)屋面、地下室、隧道、地面等建筑工程的防漏、抗渗、防潮。施工程序(以绝热工程防潮层为例)设置防潮层的隔热层外表面应清理干净,保持平整、干燥。

3.质量要求

防潮层所有接头及层次应密实、连续、无漏刷和机械损伤,表面应平整,无气泡、翘口、脱层、开裂等缺陷。

学习情境 5　建筑装饰材料

知识目标

掌握建筑装饰材料的定义与分类；

掌握建筑装饰石材、木材、陶瓷以及金属制品的分类和应用特点；

了解建筑玻璃及塑料的分类特点和应用；

了解油漆涂料的特点与应用。

能力目标

能够根据经济性、适用性和建筑的艺术特点，合理选择相应的建筑装饰材料；

能够根据建筑装饰材料的特点选择合理的运输方式；

根据工程应用的建筑装饰材料的特性，对材料进行管理和合理保存。

思政目标

培养在建筑装饰材料的选择和应用过程中识别和预防潜在安全风险的能力；

培养在建筑装饰材料选取时的环境保护和可持续发展意识；

强化职业操守和道德素养养成；

激发创新思维和探索精神，激励开展新型建筑装饰材料研究与探索。

知识树

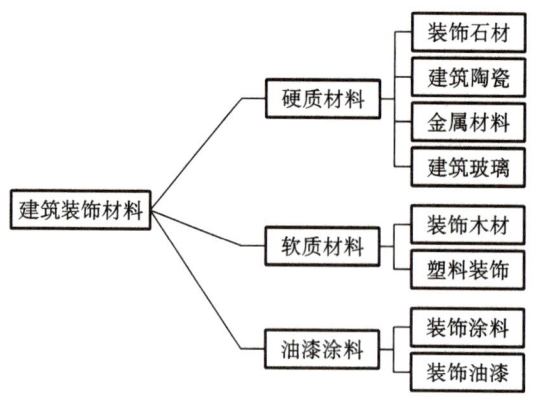

建筑装饰材料是在建筑物结构和设备工程完工之后，对建筑物室内外进行装饰装修所选用的材料。装饰材料不仅起到保护主体结构的作用，还能带给居住者美观舒适的享受，对建筑的艺术效果起到画龙点睛的作用。目前建筑市场中的装饰材料种类繁多，按其化学成分的不同可分为有机装饰材料（塑料、涂料等）、无机装饰材料（金属：不锈钢板、铝合金门窗等。非金属：大理石、瓷砖等)，按其在建筑物的不同部位可分为外墙装饰材料、内墙装饰材料、地面装饰

材料、顶棚装饰材料。常用的装饰材料有用于墙体的涂料、陶瓷、玻璃,用于地面的石材、木材,用于顶棚的金属(轻钢龙骨)、木材等。

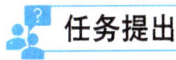

任务提出

本单元的任务是完成总情境中工作四:选取装饰材料。通过对装饰材料的认知,请对其室内装修,按照装修工程部位,合理选用装饰材料。

任务分析

建筑装饰材料种类繁多,在选用的时候不仅要求其具有与建筑物和周围环境相适应的颜色、光泽度、质感等,还应满足一定的环保、强度、硬度、防火性、阻燃性、耐水性、抗冻性、耐污染性、耐腐蚀性等特性要求,以确保建筑物投入使用后的质量,给使用者舒适、美观的享受。

任务实施

一、硬质材料

1. 装饰石材

石材在建筑中的应用历史可追溯至古代文明时期。古埃及建筑是早期石材建筑的杰出代表,其金字塔和狮身人面像等建筑成就令人瞩目。古希腊和古罗马人用石材建造的神庙、剧场和宫殿也毫不逊色。我国万里长城展示了我国古代建筑的宏伟和工艺水平。古代建筑应用的都是天然石材,随着科学技术的发展,出现了人造石材,并且不再局限于建筑结构,更多的是用于建筑装饰和雕刻。在人类的建筑发展史中,石材扮演了重要角色,既作为结构材料,又作为装饰材料,展现了其多重功能和美学价值。

1)天然石材

凡是从天然岩石开采出来的,经加工或未加工的石材,统称为天然石材。天然石材中应用最广泛的是天然大理石和天然花岗石。

天然石材在地壳中蕴藏量丰富,分布广泛,便于就地取材。在性能上,天然石材具有抗压强度高、耐久、耐磨等特点。在建筑立面上使用天然石材,具有坚定、稳重的质感,可以取得庄重、雄伟的艺术效果。

(1)大理石。

大理石属变质岩,由石灰岩或白云岩变质而成,主要成分为 $CaCO_3$。大理石结构致密,抗压强度高,但硬度不大,因此大理石比较容易进行锯解、雕琢和磨光等加工。大理石一般含有多种矿物,故通常呈多种彩色组成的花纹,经抛光后光洁细腻,纹理自然,如图 5-1 所示。纯净的大理石为白色,称汉白玉,纯白和纯黑的大理石属名贵品种。

大理石板材具有吸水率小、耐磨性好以及耐久等优点,但其抗风化性相对较差。因为大理石主要化学成分为碳酸钙,易被侵蚀,故除个别品种外一般不宜用作室外装饰。

天然大理石可制成高级装饰工程的饰面板,用于宾馆、展览馆、影剧院、商场、图书馆、机场、车站等公共建筑工程的室内柱面、地面、窗台板、服务台、电梯间门脸的饰面等,是理想的室内高级装饰材料,如图 5-2 所示。此外,还可制作大理石壁画工艺品、生活用品等。

图 5-1 大理石

图 5-2 大理石室内装修效果图

💡 学中做

下列关于天然大理石特点正确的是(   )。

A. 抗风化性差,多用于室内装修   B. 硬度小,易加工

C. 结构致密,抗压强度高   D. 吸水率小,耐磨性好

答案:A、B、C、D

(2)花岗石。

花岗石是典型的火成岩,其矿物组成主要为长石、石英及云母等。其化学成分随产地不同而有所区别,但各种花岗石的 SiO_2 含量均很高,一般为 65%～75%,故花岗石属酸性岩石。

花岗石板材质地坚硬密实,抗压强度高,具有优异的耐磨性及良好的化学稳定性,不易风化变质,耐久性好,但由于花岗石中含有石英,在高温下会发生晶型转变,产生体积膨胀,因此,花岗石的耐火性差。图 5-3 所示为花岗石。

花岗石饰面板,一般采用晶粒较粗、结构较均匀、排列比较规整的原材,经研磨抛光而成,表面平整光滑,棱角整齐。花岗石是公认的高级建筑结构材料和装饰材料,一般只用在重要的大型建筑中。其用途不同,加工方法亦不同。

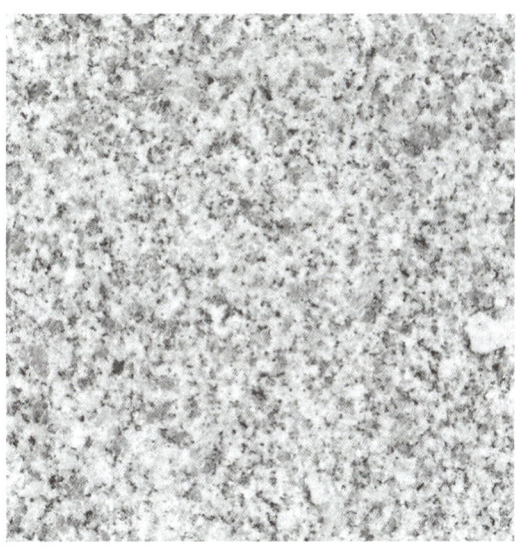

图 5-3　花岗石

　　建筑上常用的剁斧板,主要用于室外地面、台阶、基座等处;机刨板材多用于地面、踏步、檐口、台阶等处;粗磨板则用于墙面、柱面、纪念碑等;磨光板材因其具有色彩鲜明、光泽照人的特点,主要用于室内外墙面、地面、柱面等。图 5-4 所示为花岗石的应用。

图 5-4　花岗石应用场景

　　常用天然石材的特点与应用如表 5-1 所示。

表 5-1　常用天然石材的特点与应用

品种	主要成分	特点	应用
大理石	$CaCO_3$	1. 硬度小,易锯解、雕琢、磨光; 2. 吸水率小,耐磨性好,但抗风化性差,不宜用于室外环境	1. 多用于展览馆、影剧院、商场、图书馆、机场等公共建筑工程的室内柱面、地面、窗台板、电梯间门脸的饰面; 2. 制作大理石壁画工艺品、生活用品
花岗石	SiO_2	1. 坚硬密实,耐磨性好,抗风化性好,多用于室外; 2. 高温下发生晶型转变,产生体积膨胀,耐火性差	1. 剁斧板主要用于室外地面、台阶、基座等处; 2. 花岗石粗磨板用于墙面、柱面、纪念碑等; 3. 磨光板材主要用于室内外墙面、地面、柱面; 4. 机刨板多用于地面、踏步、檐口、台阶等处

🔆 **学中做**

下列关于天然花岗石的应用正确的是(　　　)。

A.粗磨板用于墙面、柱面、纪念碑

B.剁斧板主要用于室外地面、台阶、基座

C.机刨板多用于地面、踏步、檐口、台阶

D.磨光板材主要用于室内外墙面、地面、柱面

答案:A、B、C、D

2)人造石材

人造石材是以水泥或不饱和聚酯树脂为胶黏剂,以天然大理石、花岗石碎料或方解石、白云石、石英砂、玻璃粉等无机矿物为骨料,加入适量的阻燃剂、稳定剂、颜料等,经过拌合、浇筑、加压成型、打磨抛光以及切割等工序制成的板材。

与天然石材相比,人造石材具有加工性好、色彩艳丽、光洁度高、颜色均匀一致,以及质量轻、强度高、色泽均匀、耐腐蚀、耐污染、施工方便、品种多样、装饰性能好等许多优点,是一种具有良好发展前景的装饰材料。人造石材主要应用于各种室内装饰、卫生洁具等,还可加工成美术雕饰品和陈列品等。

(1)树脂型人造石材。

树脂型人造石材以不饱和聚酯树脂为胶结剂,与天然碎石、石粉或其他无机填料按一定的比例配合,再加入催化剂、固化剂、颜料等外加剂,经混合搅拌、固化成型、脱模烘干、表面抛光等工序加工而成,如图5-5所示。

树脂型人造石材便于制作形状复杂的制品,具有强度高、密度小、厚度薄、耐酸碱腐蚀及美观等优点,但其耐老化性能不及天然花岗石,故多用于室内装饰,可用于宾馆、商店、公共土木工程和制作各种卫生器具等。

图5-5　树脂型人造石材

(2)水泥型人造石材。

水泥型人造石材是以各种水泥为胶结材料,以砂、天然碎石粒为粗细骨料,经配制、搅拌、加压蒸养、磨光和抛光后制成的人造石材。配制过程中,加入颜料,可制成彩色水泥石,如图5-6所示。

水泥型人造石材的生产取材方便,价格低廉,但其装饰性、耐腐蚀性较差。水磨石和各类花阶砖就属此类。

图 5-6　水泥型人造石材

（3）复合型人造石材。

复合型人造石材是指该种石材的胶结料中,既有无机胶凝材料(水泥)、又有有机高分子材料(树脂)。主要的技术方法有两种,其一是用无机胶凝材料将碎石、石粉等集料胶结成型并硬化后,再将硬化体浸渍于有机单体中,使其在一定条件下聚合。其二是制成复合板材,底层用廉价而性能稳定的无机材料制成,不需磨光、抛光;而面层则采用聚酯和大理石粉制作,这种构造可以获得最佳的装饰效果和经济指标,目前采用较普遍。

复合型人造石材的造价较低,装饰效果好,但受温差影响后聚酯面容易产生剥落和开裂。图 5-7 所示为复合型人造石材。

（4）烧结型人造石材。

烧结型人造石材的生产方法与陶瓷工艺相似,是将长石、石英、高岭土共同混合,再在窑炉中以 1 000 ℃左右的高温焙烧而成,如图 5-8 所示。烧结型人造石材的装饰性好,性能稳定,但需经高温焙烧,因而能耗大,造价高。

图 5-7　复合型人造石材　　　　　　　图 5-8　烧结型人造石材

不饱和聚酯树脂具有黏度小,易于成型;光泽好;颜色浅,容易配制成各种明亮的色彩与花纹;固化快,常温下可进行操作等特点。因此在人造石材中,目前使用最广泛的是以不饱和聚酯树脂为胶结剂而生产的树脂型人造石材,其物理、化学性能稳定,适用范围广,又称聚酯合成石。

常用人造石材的种类与应用如表 5-2 所示。

表 5-2　常用人造石材的种类与应用

品种	胶凝材料	主要材料	特点与应用
树脂型人造石材	树脂	天然碎石、石粉	强度高、密度小、厚度薄、耐酸碱腐蚀及装饰效果好,多用于室内装饰和制作各种卫生器具
水泥型人造石材	水泥	砂、天然碎石粒	取材方便,价格低廉,但其装饰性、耐腐蚀性较差,多用于室内地面
复合型人造石材	树脂、水泥	天然碎石、石粉	造价较低,装饰效果好,但受温差影响后容易产生剥落和开裂
烧结型人造石材	—	长石、石英、高岭土	装饰性好,性能稳定,但需经高温焙烧,能耗大,造价高

学中做

按照所用胶黏剂的不同,人造石材可分为(　　)。

A. 树脂型人造石材　　　　　B. 水泥型人造石材
C. 烧结型人造石材　　　　　D. 复合型人造石材
答案:A、B、D

2. 建筑陶瓷

我国生产和使用陶瓷的历史悠久,随着陶瓷生产技术的发展,生产出来的陶瓷由粗到精,从开始的日用品到后来的艺术品,再到近现代的装饰品,无一不体现出人们应用陶瓷制品的多样化。现如今,陶瓷制品是非常重要的装饰材料,用于建筑工程的陶瓷制品,我们称之为建筑陶瓷,主要包括釉面砖、墙地砖、陶瓷锦砖和卫生陶瓷等。

1)陶瓷的分类

陶瓷是陶器和瓷器的总称。通常陶瓷制品可以分为陶质制品、瓷质制品及炻质制品。三类陶瓷的原料和制品性能的变化是连续和相互交错的,很难有明确的区分界限。从陶器、炻器到瓷器,其原料从粗到精,烧成温度由低到高,坯体结构由多孔到致密。

(1)陶质制品。

陶质制品通常具有一定的吸水率,断面粗糙无光,不透明,敲之声音沙哑,有的无釉,有的施釉。其主要以陶土、砂土为原料,配以少量的瓷土或熟料等,经 1 000 ℃左右的温度烧制而成。

陶质制品又可分为精陶和粗陶。精陶按其用途不同可分建筑精陶、美术精陶及日用精陶。粗陶包括建筑上常用的砖、瓦,生活中用到的陶盆、陶罐及一些缸器等,如图 5-9 所示。

(2)瓷质制品。

瓷质制品的坯体致密,基本上不吸水,有一定的半透明性,敲之声音清脆,均施有釉层。其主要以粉碎的岩石粉(如瓷土粉、长石粉、石英粉等)为原料经 1 300～1 400 ℃高温烧制而成。瓷质制品可分为粗瓷和细瓷,如图 5-10 所示。

图 5-9　陶质制品

图 5-10　瓷质制品

（3）炻质制品。

炻质制品是介于陶质制品与瓷质制品之间的一类制品，称为炻器，也称为半瓷。与陶器相比，炻器坯体的气孔率很低，坯体致密，达到了烧结程度；与瓷器相比，炻器坯体多数带有颜色且无半透明性。

按炻器坯体的致密性、均匀性以及粗糙程度，炻器可分为粗炻器和细炻器两大类。建筑装饰上用的外墙砖、地砖以及马赛克均属于粗炻器。日用炻器和工艺陈设品属于细炻器，其中江苏宜兴紫砂陶就是一种不施釉的有色细炻器，如图 5-11 所示。

图 5-11　炻质制品

🔆 **学中做**

从陶器、炻器到瓷器的演变是智慧的劳动人民追求卓越创新的历程,总结一下陶器、炻器、瓷器三者的特点。

答案:(1)从陶器、炻器到瓷器,其原料从粗到精,烧成温度由低到高,坯体结构由多孔到致密;

(2)陶质制品通常具有一定的吸水率,断面粗糙无光,不透明,敲之声音沙哑;

(3)瓷质制品的坯体致密,基本上不吸水,有一定的半透明性,敲之声音清脆;

(4)炻器的坯体致密,气孔率很低,多数带有颜色且无半透明性,且达到了烧结程度。

2)陶瓷的表面装饰

随着人们审美水平和生产技术的提高,陶瓷表面不再是单一的色彩,人们会对陶瓷表面进行装饰。陶瓷表面的装饰效果直接影响了产品的使用价值。陶瓷制品的装饰方法有很多种,较为常见的是施釉、彩绘和用贵金属装饰。

(1)施釉。

釉指的是附着于陶瓷坯体最外层具有玻璃质感的物质,它的某些物理和化学性质与玻璃相似。施了釉的陶瓷强度更高,表面更平滑、光亮,并且不吸湿、不透气,更容易清洁。

釉的种类众多,其组成非常复杂,常见分类方法有:

①按制备方法分,有生料釉、熔块釉;

②按坯体种类分,有瓷器釉、陶器釉、炻器釉;

③按烧成温度分,有易熔釉、中温釉、高温釉;

④按外表特征分,有透明釉、有色釉、光亮釉、无光釉等;

⑤按化学组成分,有长石釉、石灰釉、滑石釉、硼釉、土釉等。

(2)彩绘。

彩绘分为釉下彩绘和釉上彩绘。釉下彩绘是在生坯上进行手工彩绘,然后喷涂上一层透明釉料,再经釉烧而成。釉上彩绘是在已经釉烧的陶瓷釉面上,使用低温彩料进行彩绘,再在600～900 ℃的温度下经彩烧而成。釉下彩绘的画面与色调远远不如釉上彩绘那样丰富多彩,同时难以机械化生产,因而目前广泛应用的是釉上彩绘,如图 5-12 所示。

图 5-12　陶瓷彩绘

（3）贵金属装饰。

高级贵重的陶瓷制品,常常采用金、铂、钯、银等贵金属对陶瓷进行装饰加工,这种陶瓷表面装饰方法被称为贵金属装饰。其中最为常见的是以黄金为原料进行表面装饰,如金边、图画描金装饰方法等,如图 5-13 所示。

图 5-13　陶瓷镶金

 **学中做**

陶瓷的表面装饰中应用最广泛的是(　　　)。

A. 施釉　　　　　　　B. 贵金属装饰　　　C. 釉上彩绘　　　　D. 釉下彩绘

答案:C

3)建筑陶瓷制品

(1)釉面砖。

釉面砖又称瓷砖,其正面施釉,背面有凹凸纹,是建筑中最常用的装饰材料之一,如图 5-14 所示。

①釉面砖的分类。按原材料分类可分为两种:陶质釉面砖,即由陶土烧制而成,吸水率较高,强度相对较低,其特征是背面颜色为红色;瓷质釉面砖,即由瓷土烧制而成,吸水率较低,强度相对较高,其主要特征是背面颜色是灰白色。按釉面光泽分类可以分为下面两种:亮光釉面砖,适合于制造"干净"的效果;亚光釉面砖,适合于制造"时尚"的效果。

②釉面砖常用尺寸。釉面砖有长方形的和正方形的,正方形釉面砖常用规格有 100 mm×100 mm、152 mm×152 mm、200 mm×200 mm,长方形釉面砖常用规格有 152 mm×200 mm、200 mm×300 mm、250 mm×330 mm、300 mm×450 mm 等。常用的釉面砖厚度为 5~8 mm。

③特点及应用。釉面砖色泽柔和、典雅、朴实大方,热稳定性好,表面光滑容易清洗,防潮、防火、耐酸性好。主要用作厨房、卫生间、浴室、实验室、医院等室内墙面、台面等装饰面材料,如图 5-15 所示。但不宜用于室外,受到环境因素(日晒、雨淋、温度变化)的影响易开裂。

(2)墙地砖。

陶瓷墙地砖是外墙面砖和地面砖的统称,属炻质或瓷质陶瓷制品,如图 5-16 所示。虽然外墙面砖和地砖在外观形状、尺寸及使用部位上都有不同,但由于它们在技术性能上的相似性,部分产品既可用于墙面装饰也可以用于地面装饰,成为墙地通用面砖。因此,人们通常把外墙面砖和地面砖统称为墙地砖。而且,墙地两用也是其主要的发展方向之一。

图 5-14 釉面砖

图 5-15 釉面砖装饰

①墙地砖的分类。按配料和制作工艺分类,可分为平面、麻面、毛面、磨光面、抛光面、压花浮雕表面等。主要品种有彩色釉面陶瓷墙地砖和无釉陶粒面砖。

②墙地砖常用尺寸。彩色釉面陶瓷墙地砖常用尺寸有 100 mm×100 mm、150 mm×150 mm、200 mm×150 mm、200 mm×200 mm、300 mm×300 mm、300 mm×150 mm、300 mm×200 mm、115 mm×60 mm 等,厚度一般为 8~12 mm;无釉陶粒面砖常用尺寸为 50 mm×50 mm、100 mm×100 mm、150 mm×150 mm、100 mm×50 mm、150 mm×75 mm、200 mm×100 mm、300 mm×200 mm 等,厚度一般为 8~12 mm。

③墙地砖的特点。墙地砖具有坚固、耐磨、抗冻、容易清洗、耐腐蚀等特点。墙地砖主要铺贴客厅、餐厅、走道、阳台的地面,厨房、卫生间的墙面,如图 5-17 所示。

图 5-16 墙地砖

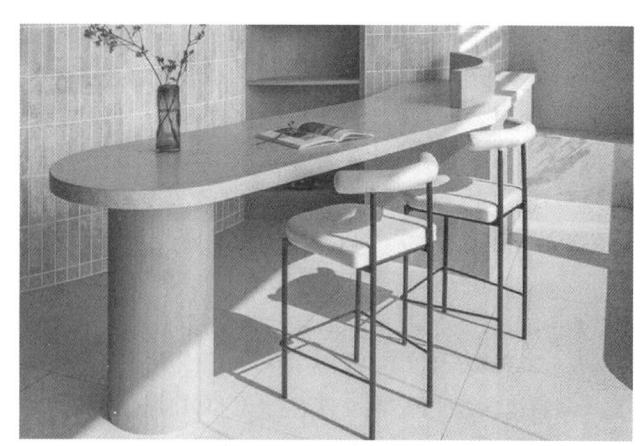

图 5-17 地砖装饰

(3)陶瓷锦砖。

陶瓷锦砖俗称"马赛克",它是用优质瓷土烧成。陶瓷锦砖出厂前已按各种图案反贴在牛皮纸上,施工时将每联纸面向上,贴在半凝固的水泥砂浆面上,用长木板压面,使之粘贴平实,待砂浆硬化后洗去牛皮纸,即显出美丽的图案,如图 5-18 所示。

①分类及常用规格。陶瓷锦砖按表面性质分为有釉、无釉锦砖;按砖联分为单色、拼花两种。单块锦砖的尺寸一般为 15～40 mm,厚度有 4 mm、4.5 mm、大于 4.5 mm 三种。基本形状有正方形、长方形、六边形等。在施工的过程中可配成各种颜色图案。

②特点及应用。陶瓷锦砖色泽多样,质地坚实,经久耐用,能耐酸、耐碱、耐火、耐磨,抗压力强,吸水率小,不渗水,易清洗,不褪色。可用于工业与民用建筑的洁净车间、门厅、走廊、餐厅、厕所、浴室、工作间、化验室等处的地面和内墙面,并可作高级建筑物的外墙饰面材料,如图 5-19 所示。

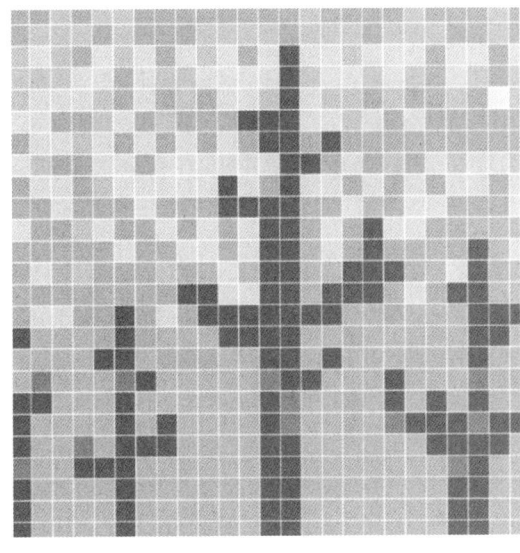

图 5-18　陶瓷锦砖

图 5-19　陶瓷锦砖贴面

(4)卫生陶瓷。

卫生陶瓷是指卫生间、厨房和实验室等场所用的带釉陶瓷制品。目前我国生产的卫生陶瓷主要有洗漱池、大便器、小便器、洗涤槽、浴盆、火车专用卫生器、化验槽等品类。每一品类又有许多形式,例如洗面器,有台式、墙挂式和立柱式等;大便器有坐式和蹲式,坐便器按其排污方式又有冲落式、虹吸式、喷射虹吸式、旋涡虹吸式等,如图 5-20 所示。

图 5-20　卫生陶瓷

中国标准规定,各种瓷质卫生陶瓷的吸水率小于或等于 0.5%、炻质卫生陶瓷的吸水率大于 0.5%且小于或等于 15.0%。浸入无水氯化钙和水重量相等的溶液中,在(110±5)℃ 的温度下煮沸 90 min 后,迅速取出试样并放入 2~3 ℃的水中急冷 5 min,然后将试样放入加 2 倍体积水的墨水溶液中浸泡 2 h 后检查开裂情况。普通釉白度大于或等于 60 度;白釉白度大于或等于 70 度。此外,对陶瓷的外观质量、规格、尺寸公差、使用功能等,也都有明确的规定。

学中做

某商场外墙装修使用了一种釉面砖,但在开业没多久有的墙砖开始开裂脱落,请根据所学知识,分析造成这种现象的原因。

答案:釉面砖吸水率高,尤其是陶质釉面砖吸水率很高,若长期暴露在室外,尤其是恶劣气候条件下会使釉层破坏,进而使墙砖开裂脱落。

3. 金属材料

金属装饰材料具有强度高、塑性好、材质均匀致密、性能稳定、易于加工等特点,被广泛应用于建筑装饰工程中。金属装饰材料主要被制成各种装饰板材。

1)建筑装饰用钢制品

(1)不锈钢板。

不锈钢板是含有铬的高合金钢板,表面经加工后,可获得镜面般光亮平滑的效果,根据反光率可分为镜面板(板面反射率>90%)、有光板(板面反射率>70%)和亚光板(板面反射率<50%)三种类型。常用装饰不锈钢板的厚度为 0.35~2 mm(薄板),幅面宽度为 500~1 000 mm,长度为 1 000~2 000 mm。不锈钢薄板主要用于内外墙饰面、幕墙及室内外楼梯扶手、护栏、隔墙、屋面、柱饰面等工程部位,如图 5-21 所示。

图 5-21　不锈钢装饰

通过化学镀膜的方法对不锈钢板进行着色处理可得到彩色不锈钢板。彩色不锈钢板色彩绚丽,彩色面层能耐 200 ℃的高温,弯曲 180°不会损坏。彩色不锈钢板比一般不锈钢板耐腐蚀性更强,耐磨性和耐刻划的性能相当于箔层镀金的性能。彩色不锈钢板厚度一般为

0.2～0.3 mm,尺寸为 2 000 mm×1 000 mm、1 000 mm×500 mm,也可根据需要尺寸加工。彩色不锈钢板可用作高级建筑室内装修的厅堂墙板、天花板、电梯轿厢板、车厢板、自动门、招牌等。

(2)彩色涂层钢板。

彩色涂层钢板是以冷轧或镀锌钢板为基材,经表面处理后涂以各种保护、装饰涂层而制成的产品,如图 5-22 所示。钢板的涂层一般分为有机涂层、无机涂层和复合涂层三类,其中有机涂层最为常见。彩色涂层钢板的长度一般为 1 800 mm 和 2 000 mm,宽度为 450 mm、500 mm和 1 000 mm,厚度有 0.35 mm、0.4 mm、0.5 mm、0.6 mm、0.7 mm、0.8 mm、1.0 mm、1.5 mm等多种。彩色涂层钢板具有耐污染性强、洗涤后表面光泽不变、热稳定性好、易加工、装饰效果好等特点。彩色涂层钢板主要用于各类建筑物的外墙板、屋面板、室内的护壁板、吊顶板等,如图 5-23 所示。

图 5-22　彩色涂层钢板

图 5-23　彩色涂层钢板装饰

(3)彩色压型钢板。

彩色压型钢板是以镀锌钢板为基材,经成型轧制,并敷以各种耐腐蚀涂层与彩色烤漆而成的装饰板材。压型钢板的截面可呈 V 形、U 形、梯形或类似于这几种形状的波形,如图 5-24所示。彩色压型钢板具有质量轻、波纹平直坚挺、色彩丰富多样、造型美观大方、耐久性好、抗震性及抗变形性好、加工简单和施工方便等特点,广泛适用于建筑物的外墙板、楼面板、屋面板以及轻质夹芯板材的面板装饰等。

建筑用压型钢板可分为屋面用板、墙面用板与楼盖用板三类,其型号由压型代号(Y)、用途代号(W——屋面用板、Q——墙面用板、L——楼盖用板)与板型特征代号(波高、覆盖宽度)三部分组成。例如 YW51-760 表示波高 51 mm,覆盖宽度 760 mm 的屋面用压型钢板。压型钢板墙面如图 5-25 所示。

(4)轻型钢龙骨。

装饰用轻型钢龙骨是以冷轧钢板、镀锌钢板或彩色涂层钢板为原材料,采用冷弯工艺生产的薄壁型钢,在室内吊顶和隔墙装饰工程中起到骨架的作用。按用途有吊顶龙骨和隔断龙骨,按断面形式有 V 型、C 型、T 型、L 型龙骨。轻型钢龙骨具有自重轻、刚度大、抗震性好、防火、施工方便等特点,如图 5-26 所示。

图 5-24　彩色压型钢板

图 5-25　压型钢板墙面

图 5-26　轻型钢龙骨

学中做

以下不是建筑装饰用钢材及制品的是(　　　)。

A. 不锈钢板　　　　B. 彩色涂层钢板　　C. 轻钢龙骨　　　　D. 碳素钢板

答案:D

2)建筑装饰用铝合金制品

(1)铝合金门窗。

铝合金门窗是将经表面处理的铝合金门窗框料,经下料、钻孔、铣槽、攻丝、配制等一系列工艺制作而成的门框构件,如图 5-27 所示。铝合金门窗具有如下特点:

①自重轻:铝合金门窗一般采用的是薄壁空腹型材,且铝合金的密度较钢材低,每平方米耗材平均为 8~12 kg。

②密封性好:由于铝合金型材加工精度高、刚度大,加上采用合理的构造措施,以及采用弹性较好的防水密封材料封缝等,所以铝合金门窗具有良好的气密性、水密性、隔声隔热性能。

③耐久性好:铝合金门窗具有良好的耐腐蚀性,不锈、不腐、不褪色,维修费用少,整体强度高。

④装饰性好:铝合金门窗框材,表面经氧化及着色处理,既可保证铝本身的银白色,也可制成各种柔和、美丽的颜色,如古铜色、暗红色、黑色等。

图 5-27　铝合金门窗

（2）铝合金花纹板。

铝合金花纹板是采用防锈铝、纯铝或硬铝为基料，用表面具有特制花纹的轧辊轧制而成，如图 5-28 所示。铝合金花纹板具有不易磨损、防滑性好、防腐蚀性能好等特点，被广泛应用于现代建筑的幕墙装饰，如图 5-29 所示。

铝合金浅花纹板（花纹高度 0.05～0.12 mm）是我国特有的建筑装饰材料，色泽美观大方，板面呈立体花纹，硬度、抗划伤、抗污染等性能较普通平面铝板均有所提高。浅花纹板可用于室内和车厢、飞机、电梯等内饰面。

图 5-28　铝合金花纹板　　　　　　　　　图 5-29　铝合金花纹板装饰

（3）铝合金波纹板和压型板。

铝合金波纹板和压型板是采用纯铝或铝合金平板为基料，经机械加工而呈异形断面的板材。铝合金波纹板具有自重轻、防火、防潮、防腐性好等特点，主要用于建筑物的墙面和屋面装饰，如图 5-30 所示。铝合金压型板具有轻质、耐腐蚀、耐久性好等特点，主要用作墙面和屋面的装饰工程。

图 5-30　铝合金波纹板

（4）铝合金冲孔吸声板。

铝合金冲孔吸声板为了满足室内吸声的要求,在板材上用机械加工的方法冲出孔径大小、形状、间距不同的孔洞,孔洞形式根据需要有圆孔、方孔、三角孔等。铝合金冲孔吸声板具有轻质、高强、防火、防潮、防腐性好、化学稳定性好等特点,是一种新型的兼具吸声和装饰作用的板材,被广泛应用于宾馆、饭店、大中型公共建筑等工程中,以改善音质条件,如图 5-31 所示。

图 5-31　铝合金冲孔吸声板

4. 建筑玻璃

随着科学技术和生产力的发展,玻璃的种类更加丰富,功能更加多样化,使得玻璃成为继水泥和钢材之后的第三大建筑材料。现在的玻璃不再单纯作为采光和装饰材料,而是逐渐向着能控制光线、调节热量、节约能源、控制噪声、降低建筑物自重、改善建筑环境、提高建筑艺术水平等方向发展。

1）玻璃的组成及分类

玻璃是一种以石英砂、纯碱、长石、石灰石等为主要原料,在 1 550～1 600 ℃的高温下熔融、冷却、加工成型的固体混合物。玻璃的成分比较复杂,主要为 SiO_2、Na_2O、CaO 等,其中 SiO_2 的含量高达 70%。普通玻璃的化学组成是 Na_2SiO_3、$CaSiO_3$、SiO_2、$Na_2O \cdot CaO \cdot 6SiO_2$

等,主要成分是硅酸盐复盐,一种无规则结构的非晶态固体。

玻璃产品的分类方法有很多,但通常会按化学组成进行分类,可分为:

钾玻璃——被广泛用于制造化学仪器和用具以及高级玻璃制品;

石英玻璃——用于制造耐高温仪器等具有特殊用途的设备;

钠玻璃——多用于制造普通建筑玻璃和日用玻璃制品;

硼硅玻璃——用于制造高级化学仪器和绝缘材料;

铅玻璃——常用于制造光学仪器和装饰品;

铝镁玻璃——一种高级建筑装修玻璃。

2)建筑玻璃的主要品种

(1)平板玻璃。

习惯上将窗用玻璃、压花玻璃、磨砂玻璃、磨光玻璃、有色玻璃等统称为平板玻璃,如图 5-32 所示。平板玻璃的生产方法有两种,一种是将玻璃液通过垂直引上或平拉、延压等方法制成,称为普通平板玻璃。另一种是使玻璃液漂浮在金属液(如锡液)面上,让其自由摊平,经牵引逐渐降温退火而成,称为浮法玻璃。各种平板玻璃的特点及用途见表 5-3。

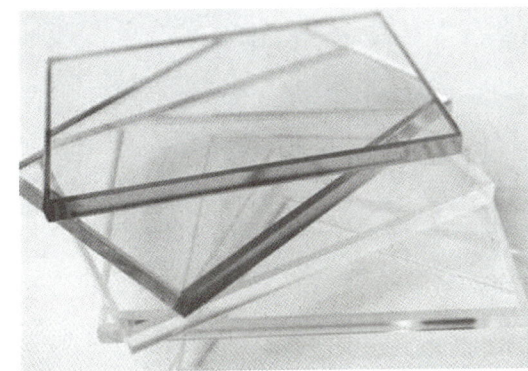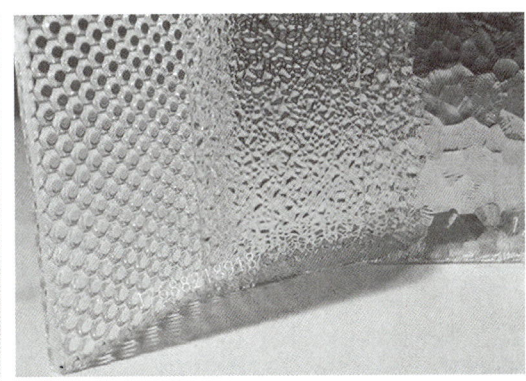

图 5-32　平板玻璃

表 5-3　常见普通玻璃的特点及应用

品种		工艺过程	特点	应用
普通窗用玻璃		未经研磨加工	透明度好,板面平整	用于建筑门窗装配
磨砂玻璃		经研磨、喷砂或氢氟酸溶蚀等加工,使其表面均匀粗糙	表面粗糙,使光产生漫射,有透光不透视的特点	用于卫生间、办公室、浴室的门窗及隔断
花纹玻璃	压花玻璃	在玻璃硬化前用刻纹的滚筒在玻璃面压出花纹	折射光线不规则,透光不透视,既有实用功能,又有装饰功能	用于宾馆、办公楼、会议室的门窗
	喷花玻璃	在平板玻璃表面铺贴花纹图案,并有选择地涂抹面层,经喷砂处理而成		
	刻花玻璃	由平板玻璃经涂漆、雕刻、围蜡、酸蚀、研磨等制作而成		

续表

品种		工艺过程	特点	应用
彩色玻璃	透明	在玻璃原料中加入金属氧化物而带色	耐腐蚀、耐冲刷、易清洗	用于建筑物内外墙面、门窗及有特殊要求的采光部位
	不透明	在一面喷涂色釉,再经烘制而成		

(2)安全玻璃。

安全玻璃力学强度大,抗冲击性好,经剧烈振动或撞击不破碎,即使破碎也不会飞溅伤人。常用的有钢化玻璃、夹层玻璃、夹丝玻璃,如图 5-33 所示。

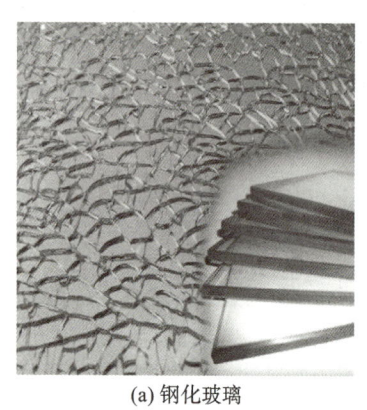
(a) 钢化玻璃

(b) 夹丝玻璃
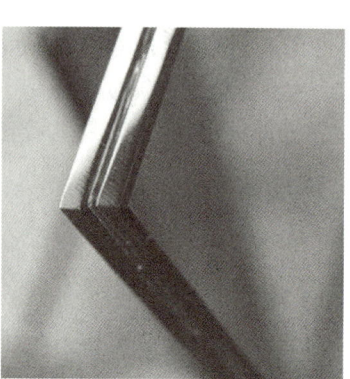
(c) 夹层玻璃

图 5-33　安全玻璃

①钢化玻璃。

钢化玻璃是用物理或化学方法,在玻璃的表面形成一个压应力层,从而提高玻璃的强度、抗冲击性和热稳定性。钢化玻璃机械强度高,抗弯强度比普通玻璃提高 3～5 倍,达 200 MPa以上,抗冲击性也有显著提高;弹性好,热稳定性好,在受到急冷急热作用时不易发生炸裂。钢化玻璃可用作建筑物的门窗、隔墙、幕墙及橱窗等。使用时要注意钢化玻璃不能切割、磨削,边角不得受损。

②夹丝玻璃。

夹丝玻璃是在玻璃熔融状态时将经预热处理的钢丝或钢丝网压入玻璃中间,经退火切割而成。夹丝玻璃安全性好,在受到冲击或温度骤变而破坏时,碎片不会飞散;防火性好,发生火灾时夹丝玻璃即使受热炸裂,仍能固定在金属丝网上,可以隔绝火焰。夹丝玻璃主要用于建筑物的防火门窗、天窗、采光屋顶、阳台等部位。

③夹层玻璃。

夹层玻璃是在两片或多片玻璃原片之间嵌夹聚乙烯醇缩丁醛树脂胶片,经过加热、加压黏合而成的平面或曲面的复合玻璃制品。夹层玻璃具有透明度好、抗冲击性好等特点。夹层玻璃一般用于建筑物的门窗、天窗和商店、银行、珠宝店的橱窗、隔断等。

(3)节能玻璃。

2021 年 12 月 28 日,国务院印发了《"十四五"节能减排综合工作方案》,提出要全面提高建筑节能标准,加快发展超低能耗建筑,积极推进既有建筑节能改造、建筑光伏一体化建设。由于建筑中大面积玻璃窗、玻璃幕墙的应用,玻璃在建筑节能中的作用被广泛重视。因此,对传统玻璃进行节能化改造,成为人们的共识。常见节能玻璃的特点及应用见表 5-4。

表 5-4　常见节能玻璃的特点及应用

名称	功能	特点	应用
吸热玻璃	能大量吸收红外线,并能保证较高的可见光透过率	吸收太阳的辐射热,吸收太阳的可见光,具有一定的透明度、色泽经久不变	可用于需要采光和隔热的工程部位
热反射玻璃	具有较强的热反射能力,并能保持良好的透光性	具有良好的隔热性能、单向透视性、镜面效应	用于建筑门窗玻璃、幕墙玻璃、制作高性能中空玻璃
低辐射膜玻璃	具有较高的可见光透过率	有利于自然光透过,但有较低的热辐射性	与普通玻璃、浮法玻璃、钢化玻璃等配合使用
中空玻璃	具有良好的保温和隔音效果	热工性好、隔声性好、有一定的装饰性	用于需要保温、隔声的建筑物上,或要求较高的建筑场所,如宾馆、商场、写字楼等

学中做

下列属于安全玻璃的是(　　)。

A. 钢化玻璃　　　B. 夹丝玻璃　　　C. 夹层玻璃　　　D. 中空玻璃

答案:A、B、C

二、软质材料

1. 装饰木材

1)木材的分类及规格

木材按树种一般分为针叶树材和阔叶树材两大类。

针叶树的叶呈针状,树干直而高大,纹理顺直,木质较软,故又称软木材。软木材较易加工,表观密度和胀缩变形较小,强度较高,耐腐蚀性较强,建筑工程上常用作承重结构材料,如杉木、红松、白松、黄花松等。

阔叶树叶宽大,树干通直部分较短,材质坚硬,故又称硬(杂)木材。硬木材一般较重,加工较难,胀缩变形较大,易翘曲、开裂,不宜作承重结构材料,多用于内部装饰和家具,如榆木、水曲柳、柞木等。

按加工程度和用途的不同,木材可分为原条、原木和锯材三类,如图 5-34 所示。各种类的用途见表 5-5。

(a) 原条   (b) 原木   (c) 锯材

图 5-34　建筑工程用木材

表 5-5　木材产品的分类及应用

分类名称	说明	主要用途
原条	除去皮、根、树梢的伐倒木	用作进一步加工
原木	已经除去皮、根、树梢的木料,按一定尺寸加工成规定直径和长度的材料	直接使用的原木:用于建筑工程结构构件、桩木、电杆、坑木等。 加工原木:用于胶合板、造船、车辆、机械模型及一般加工用材等
锯材	已经加工锯解成一定尺寸的木料,凡宽度为厚度 3 倍或 3 倍以上的,称为板材,不足 3 倍的称为枋材	建筑工程、桥梁、家具、造船、车辆、包装箱板等

常用的锯材尺寸见表 5-6,按其厚度可分为薄板、中板、厚板。

表 5-6　针叶、阔叶树锯材尺寸

锯材分类	厚度/mm	宽度/mm	
		尺寸范围	进级
薄板	12、15、18、21	30～300	10
中板	25、30、35		
厚板	40、45、50、60		

阔叶树锯材按其缺陷状况可分为特等、一等、二等、三等四个等级,指标见表 5-7。

表 5-7　阔叶树锯材等级标准

缺陷名称	检量要求	允许限度			
		特等	一等	二等	三等
死节	最大尺寸与板宽的百分比	≤15%	≤30%	≤40%	不限
	任意材长 1 m 范围内的个数	≤3	≤6	≤8	
腐朽	面积与所在材面面积的百分比	不允许	≤2%	≤10%	≤30%
裂纹、夹皮	长度与检尺长的百分比	≤10%	≤15%	≤40%	不限

续表

缺陷名称	检量要求	允许限度			
		特等	一等	二等	三等
虫眼	任意材长 1 m 范围内的个数	≤1	≤2	≤8	不限
钝棱	最严重缺角尺寸与材宽的百分比	≤5%	≤10%	≤30%	≤40%
翘曲	横弯最大拱高与内曲水平长的百分比	≤0.5%	≤1%	≤2%	≤4%
	顺弯最大拱高与内曲水平长的百分比	≤1%	≤2%	≤3%	不限
斜纹	倾斜高度与该水平长度的百分比	≤5%	≤10%	≤20%	不限

　　针叶树锯材分为特等、一等、二等和三等共四个等级,各等级材质指标见表 5-8。长度不足 1 m 的锯材不分等级,其缺陷允许限度不低于三等材。

表 5-8　针叶树锯材等级标准

缺陷名称	检量要求	允许限度			
		特等	一等	二等	三等
活节及死节	最大尺寸与板宽的百分比	≤15%	≤30%	≤40%	不限
	任意材长 1 m 范围内的个数	≤4	≤8	≤12	
腐朽	面积与所在材面面积的百分比	不允许	≤2%	≤10%	≤30%
裂纹、夹皮	长度与检尺长的百分比	≤5%	≤10%	≤30%	不限
虫眼	任意材长 1 m 范围内的个数	≤1	≤4	≤15	不限
钝棱	最严重缺角尺寸与材宽的百分比	≤5%	≤10%	≤30%	≤40%
翘曲	横弯最大拱高与内曲水平长的百分比	≤0.3%	≤0.5%	≤2%	≤3%
	顺弯最大拱高与内曲水平长的百分比	≤1%	≤2%	≤3%	不限
斜纹	倾斜高度与该水平长度的百分比	≤5%	≤10%	≤20%	不限

学中做

下列树材中可用于建筑工程承重结构的是(　　　)。

A.杉木　　　　　B.白松　　　　　C.黄花松　　　　　D.水曲柳

答案:A、B、C

2)装饰用人造板材

(1)胶合板。

胶合板是由木段旋切成单板或由木方刨切成薄木,再用胶黏剂胶合而成的三层或多层的板状材料,通常用奇数层单板,常用的有三合板、五合板等,并使相邻层单板的纤维方向互相垂直,如图 5-35 所示。

胶合板具有材质均匀、强度高、无明显纤维饱和点存在、吸湿性小、不翘曲开裂、幅面大、装饰性好等特点。胶合板被广泛应用于制作家具和装修工程,如可用作室内隔墙板、护壁板、天花板等。胶合板根据层数或厚度称呼,如三合板或三厘板。常用胶合板的分类及适用范围见表 5-9。

图 5-35　胶合板

表 5-9　胶合板分类、特性及适用范围

分类	名称	特点	适用范围
Ⅰ类	耐气候胶合板	耐久、耐煮沸或蒸汽处理、耐干热	室外工程
Ⅱ类	耐水胶合板	耐冷水浸泡及短时间热水浸泡,不耐煮沸	潮湿条件下使用,混凝土模板常用
Ⅲ类	不耐潮胶合板	有一定胶合强度,但不耐水	室内工程一般常态下使用,要求环境干燥

（2）细木工板。

细木工板俗称大芯板,芯板用木板拼接而成。细木工板的两面胶粘一层或两层单板。中间木板是由优质天然的木板方经热处理（即烘干室烘干）以后,加工成一定规格的条,由拼板机拼接而成。拼接后的木板两面各覆盖一层或两层优质单板,再经冷、热压机胶压后制成,如图5-36 所示。细木工板按板芯结构可分为:实心细木工板——以实体板芯制成的细木工板;空心细木工板——以方格板芯制成的细木工板。

图 5-36　细木工板

细木工板具有质坚、绝热、吸声等特点,适用于家具、门窗及门窗套、隔断、假墙、暖气罩、窗帘盒等。细木工板的常用规格有 1 200 mm×2 440 mm,厚度为 16 mm、19 mm、22 mm、25 mm。

（3）纤维板。

纤维板是以木材或植物纤维为主要原料,经破碎、浸泡、研磨成木浆,再加入一定的添加剂而制成的一种人造板材,如图 5-37 所示。根据成型时的条件不同可分为硬质纤维板（体积密

度大于 $800\ kg/m^3$)、半硬质纤维板(体积密度在 $500\sim800\ kg/m^3$)、软质纤维板三种(体积密度小于 $500\ kg/m^3$)。硬质纤维板强度高、耐磨、不易变形,可用于墙壁、门板、地面、家具等。半硬质纤维板表面光滑、材质细密、性能稳定、边缘牢固、装饰性好,主要用于隔断、隔墙、地面、高档家具等。软质纤维板结构松软、强度低、吸声性和保温性好,主要用于吊顶。

图 5-37　纤维板

(4)刨花板、木丝板、木屑板。

刨花板、木丝板、木屑板,是利用木材加工中产生的大量刨花、木丝、木屑为原料,经干燥,与胶结料拌合,热压而成的板材,如图 5-38 所示。这类板材的表观密度小,强度低,主要用作绝热和吸声材料。经饰面处理后,还可用作吊顶、隔断等。

(a) 刨花板　　　　　　(b) 木丝板　　　　　　(c) 木屑板

图 5-38　人造板材

◆◆ 学中做

下列说法中正确的是（　　）。

A.纤维板可分为硬质纤维板、半硬质纤维板、软质纤维板

B.细木工板按板芯结构可分为实心细木工板、空心细木工板

C.木丝板表观密度小,强度低,主要用作绝热和吸声材料

D.胶合板根据层数或厚度命名

答案:A、B、C、D

3)木质地板

(1)条木地板。

条木地板是室内使用最普遍的木质地面,它由龙骨、地板等部分构成。地板有单层和双层两种,双层者下层为毛板,面层为硬木条板,硬木条板多选用水曲柳、柞木、枫木、柚木、榆木等硬质树材,单层条木板常选用松、杉等软质树材。条板宽度一般不大于 120 mm,板厚为 20～30 mm,材质要求采用不易腐朽和变形开裂的优质板材。条木地板具有自重轻、弹性好、导热性小、易于清洁等特点,可用于办公室、卧室、休息室、宾馆客房等地面装饰,如图 5-39 所示。

图 5-39　条木地板

(2)拼花木地板。

拼花木地板是较高级的室内地面装修材料,分双层和单层两种,两者面层均为拼花硬木板层,双层者下层为毛板。面层拼花板材多选用水曲柳、柞木、核桃木、栎木、榆木、槐木、柳桉等质地优良、不易腐朽开裂的硬木树材。双层拼花木地板固定方法,是将面层板条用暗钉钉在毛板上,单层拼花木地板则可采用适宜的黏结材料,将硬木面板条直接粘贴于混凝土基层上。拼花小木条的尺寸一般为长 250～300 mm,宽 40～60 mm,板厚 20～25 mm,木条一般均带有企口。拼花木地板具有纹理美观、弹性好、耐磨、坚硬、耐腐蚀等特点,主要用于高级楼宇、宾馆、别墅、体育馆等地面的装饰,如图 5-40 所示。

(3)复合木地板。

复合木地板是以中密度纤维板为基材,采用树脂处理,表面贴一层天然木纹板,经高温压

图 5-40 拼花木地板

制而成的新型地面装饰材料,如图 5-41 所示。复合木地板由以下四层构成:底层,由聚酯材料制成,起防潮作用;基层,一般由密度板制成,视密度板密度的不同,分低密度板、中密度板和高密度板;装饰层,将印有特定图案(仿真实纹理为主)的特殊纸放入三聚氰胺溶液中浸泡后,经过化学处理,利用三聚氰胺加热反应后化学性质稳定,不再发生化学反应的特性,使这种纸成为一种美观耐用的装饰层;耐磨层,在地板的表层上均匀压制一层三氧化二铝组成的耐磨剂。

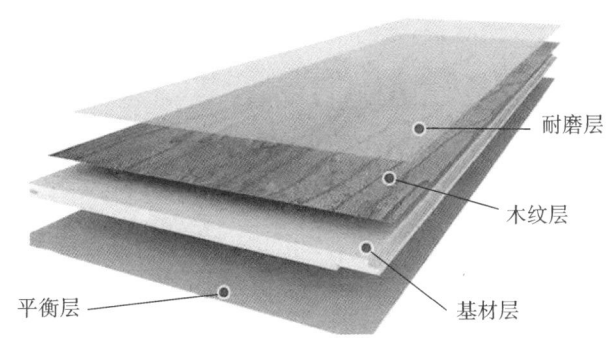

耐磨层

木纹层

基材层

平衡层

图 5-41 复合木地板

(4)实木地板。

实木地板是天然木材经烘干、加工后形成的地面装饰材料。实木地板是应用最早的地板,也是地板中的高档产品。实木地板脚感好,具有天然原木的纹理和色彩,柔和自然。但其也有处理不好易变形,需要定期打蜡,不易打理等缺点。实木地板主要用于卧室、客厅、书房等部位的地面装饰,如图 5-42 所示。

(5)强化木地板。

强化木地板起源于欧洲,学名叫浸渍纸层压木质地板。由于采用高密度板为基材,材料取自速生林,2～3 年生的木材被打碎成木屑制成板材使用,是最环保的木地板。强化木地板有耐磨层,可以适应较恶劣的环境,如客厅、过道等经常有人走动的地方。强化木地板具有无须抛光、上漆、打蜡,易清理,耐磨,价格低廉等优点。

图 5-42　实木地板

（6）软木地板、竹地板。

软木地板以树皮为原料经过粉碎、热压加工而成,是较好的天然复合木地板之一,虽软但十分耐磨。使用软木地板能减少噪声。竹地板给人一种天然、清凉的感觉,但是与实木地板类似,处理或铺装不好容易变形。竹地板的原料毛竹比木材生长周期要短得多,因此它也是一种十分环保的地板。

现在"混油"风格逐渐流行,欧洲日益风行彩色地板,人们不再简单选择刷清油达到装修效果,而是采用彩色油漆把木色遮盖住,形成居室的多种色彩和风格。随之而来的是彩色复合木地板的盛行,白色、黑色、蓝色、红色、绿色不一而足,如图 5-43 所示。

图 5-43　"混油"风格

学中做

下列有关木质地板的说法正确的是(　　　)。

A. 拼花木地板的特点是纹理美观、弹性好、耐磨、坚硬、耐腐蚀等

B. 强化木地板有耐磨层,可用于客厅、过道等

C. 拼花木地板的面层多选用水曲柳、核桃木等质地优良、不易腐朽开裂的硬木树材

D. 条木地板具有自重轻、弹性好、导热性小、易于清洁等特点

答案:A、B、C、D

2. 塑料装饰

1)装饰塑料的分类与特点

塑料按照受热时性能变化的不同,分为热塑性塑料和热固性塑料。热塑性塑料经加热成型,冷却硬化后,再经加热还具有可塑性,如聚氯乙烯塑料(PVC)、聚苯乙烯塑料(PS)、有机玻璃(PMMA)等;热固性塑料经初次加热成型并冷却固化后,再经加热也不会软化和产生塑性,如酚醛树脂塑料(PF)、有机硅树脂塑料(SI)、玻璃纤维增强塑料(GRP)等。

塑料与传统的装饰材料相比具有质轻、绝缘、耐腐、耐磨、绝热、原料来源丰富、加工成型方便、装饰性好等优点。但塑料也有其不足之处,如弹性模量小、刚度差、易老化、易燃、变形大和成本高等缺点。

2)塑料装饰板材

塑料装饰板材是以树脂为浸渍材料或以树脂为基材,采用热压、延压、注射等生产工艺制成的具有装饰功能的普通或异形断面的板材。常见装饰板材见表5-10。

表 5-10　常见装饰板材的特性及应用

名称	特性	适用范围
铝塑板	重量轻、坚固耐久、耐候性好、装饰性好	建筑物幕墙、室内外墙面、柱面和顶面的饰面处理
硬质 PVC 板	平板:色泽鲜艳、不变形、易清洗、防水、耐腐蚀。 波形板:色泽多样、水密性好。 异形板:隔热、隔声性能好,防潮,表面光滑,易清洗,装饰性好	平板:室内装饰、家具台面装饰。 波形板:适用于做拱形采光屋面、墙面装饰、建筑屋面防水。 异形板:墙面和潮湿环境中的吊顶
玻璃钢(GRP)板	耐化学腐蚀性好、耐湿、防潮性好	有耐潮湿要求的某些工程部位
三聚氰胺层压板	表面光滑致密,具有较高的耐污性,耐湿,耐擦洗,耐酸、碱、油脂及酒精等溶剂的侵蚀,经久耐用	适用于墙面、柱面、家具、吊顶等饰面工程
聚碳酸酯(PC)采光板	不易变形、抗冲击性好、阻燃性好、耐候性好	用于遮阳棚、大厅采光天幕、游泳池和体育场馆的顶棚、大型建筑和庭院的采光通道等

3）塑料壁纸

塑料壁纸是以纸为基材，以聚氯乙烯塑料为面层，经压延或涂布以及印刷、轧花、发泡等工艺而制成的，通过胶黏剂贴于墙面或顶棚上的饰面材料，如图 5-44 所示。常用塑料壁纸大致可分为三类，即普通壁纸、发泡壁纸和特种壁纸，其中普通壁纸是应用最为广泛的一种壁纸。

图 5-44　塑料壁纸装饰

塑料壁纸具有装饰性好、粘贴方便、易维修保养、具有一定的伸缩性和耐裂度等特点，被广泛用于室内墙面装饰，也可用于顶棚、梁、柱等处的贴面装饰。

4）塑钢门窗

塑钢门窗是以聚氯乙烯树脂为主要原料，加上一定比例的稳定剂、改性剂、填充剂、紫外线吸收剂等助剂，经挤出加工成型材，然后采用切割、焊接的方式制成门窗框扇，配装上橡塑密封条、五金配件等附件而制成，如图 5-45 所示。

图 5-45　塑钢门窗

塑钢门窗具有如下特点：

（1）塑钢门窗具有良好的保温性和隔音性：材料的导热系数较小，且门窗的密封性较好。

（2）塑钢门窗耐冲击。

　　（3）塑钢门窗气密性好：铝塑复合窗各缝隙处均装多道密封毛条或胶条，可充分发挥空调效应，并节约能源。

　　（4）塑钢门窗水密性好：门窗设计有防雨水结构，将雨水完全隔绝于室外，水密性符合国家相关标准。

　　（5）塑钢门窗防火性好：塑钢门窗不自燃、不助燃、离火自熄、安全可靠，符合防火要求。

学中做

　　目前塑料壁纸的应用非常广泛，根据所学知识，试分析其中缘由。

　　答案：塑料壁纸具有装饰性好、粘贴方便、易维修保养、具有一定的伸缩性和耐裂度等特点，因此被广泛用于室内墙面、顶棚等部位的贴面装饰。

三、油漆涂料

1. 装饰涂料

　　涂料是一种可涂刷于建筑物表面，并能形成连续性涂膜的材料，常用于建筑装饰，主要起装饰和保护作用，从而提高主体建筑材料的耐久性。它具有工期短、工效高、自重轻、价格低、维修更新方便等特点。

　　1）涂料的基本知识

　　建筑涂料是一种混合物，通常按照涂料中各个组成部分所发挥的作用，分为主要成膜物质、次要成膜物质、稀释溶剂和助剂四部分。

　　（1）主要成膜物质。

　　主要成膜物质的作用是将其他组分黏结成一个整体，并能牢固地附着在被涂的基层表面，形成坚韧的、连续均匀的保护膜，其主要成分为油料和树脂。油料主要分为干性油（桐油、亚麻油等）、半干性油（豆油、棉籽油等）和不干性油（蓖麻油、椰子油等）。树脂有天然树脂（虫胶、松香、大漆等）、人造树脂（甘油酯、硝化纤维素等）和合成树脂（醇酸树脂、聚丙烯酸酯等）三类。主要成膜物质是构成涂料的基础，决定涂料的基本性质。

　　（2）次要成膜物质。

　　次要成膜物质主要是指涂料中的颜料和填料，其作用是使涂料具有鲜艳的色彩，增加遮盖力，减少收缩，提高抗老化性和耐候性，阻止紫外线的穿透。

　　（3）稀释溶剂。

　　稀释溶剂也称溶剂，是涂料的重要组成部分。涂料所用溶剂有两大类：一类是有机溶剂，如松香水、酒精、汽油、苯、二甲苯、丙酮等；另一类是水。溶剂不仅易挥发，使树脂成膜，而且它能够溶解各种油料、树脂，从而降低涂料的黏度以达到施工的要求。

　　（4）助剂。

　　涂料助剂，又称涂料辅料，是配制涂料的辅助材料，能改进涂料性能，促进涂膜形成。助剂的种类很多，包括催干剂、增韧剂、乳化剂、增稠剂、防霉剂等，其中用量最大的是催干剂和增韧剂。

学中做

　　1.建筑涂料是混合物，按照涂料中各个组成部分所发挥的作用可分为（　　　）。

　　A. 主要成膜物质　　　　　　　　　　B. 次要成膜物质

C. 稀释溶剂   D. 助剂

答案：A、B、C、D

2. 决定涂料的基本性质的是（　　　）。

A. 主要成膜物质   B. 次要成膜物质

C. 稀释溶剂   D. 助剂

答案：A

2）涂料的分类

涂料根据其主要成膜物质的化学组成可分为有机涂料、无机涂料及复合涂料三大类，常用的有机涂料有溶剂型涂料、乳液型涂料、水溶型涂料三种类型。

涂料按建筑上使用部位可分为外墙涂料、内墙涂料、地面涂料、顶棚涂料。

涂料按涂膜的状态特征可分为薄质涂料、厚质涂料、砂壁涂料及凹凸花纹涂料等。

涂料按建筑物的使用功能可分为装饰涂料、防水涂料、防腐涂料、防火涂料等。

3）常用的建筑装饰涂料

（1）外墙涂料。

外墙涂料的主要功能是装饰和保护建筑物的外墙面，使建筑物外貌整洁美观，从而达到美化城市环境的目的，如图 5-46 所示。建筑外墙涂料的主要品种及应用见表 5-11。

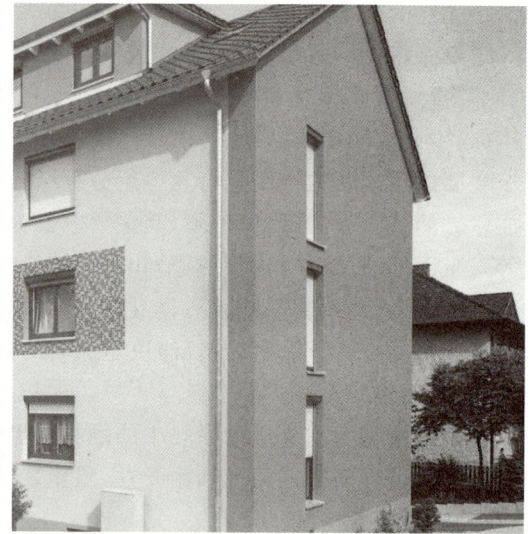

图 5-46　外墙涂料

表 5-11　常见外墙涂料特点及应用

名称	特点	应用
聚氨酯系外墙涂料	1. 具有近似橡胶弹性的性质，对基层的裂缝有很好的适应性； 2. 具有极好的耐水、耐碱、耐酸等性能； 3. 一般为双组分或多组分涂料，施工时需按规定比例现场调配	适用于混凝土或水泥砂浆面层外墙装饰工程

续表

名称	特点	应用
丙烯酸系外墙涂料	1. 涂料无刺激性气味,耐候性良好; 2. 耐碱性好,且对墙面有较好的渗透作用,涂膜坚韧、附着力强; 3. 使用不受限制,即使是在零摄氏度以下的严寒季节,也能干燥成膜; 4. 施工方便,可刷、可滚、可喷	用于民用、工业建筑内外装饰,也适用于钢结构、木结构的装饰防护
无机外墙涂料	1. 耐水、耐酸、耐碱、耐冻融、耐老化、耐擦洗,涂膜细腻,颜色均匀明快,装饰效果好; 2. 涂膜致密坚硬,可以打磨抛光,且涂膜不产生静电,不易吸尘,耐污染性好,遮盖力强,对基层渗透力强,附着力好; 3. 以水为分散介质,施工方便、安全,易涂刷,也可滚涂、喷涂等	适用于民用与工业建筑外墙和内墙装饰工程

(2)内墙涂料。

内墙涂料的主要功能是装饰及保护内墙墙面及顶棚,使其美观,达到良好的装饰效果,如图 5-47 所示。常用的内墙装饰涂料见表 5-12。

图 5-47 内墙涂料

表 5-12 常见内墙装饰涂料特点及应用

名称	特点	应用
聚醋酸乙烯乳胶内墙涂料	无味、无毒、不燃、施工方便、装饰效果好	适用于装饰要求较高的内墙装饰工程
乙丙乳胶漆	外观细腻、耐水性好、不易褪色	适用于中高档建筑物的内墙装饰
苯丙-环氧乳液涂料	具有良好的耐水、防潮、耐温等	适用于厨房、卫生间等内墙的装饰

续表

名称	特点	应用
溶剂型内墙涂料	耐久性好、易于清洗,但透气性较差	适用于大型厅堂、室内走廊、门厅等部位的装饰
多彩内墙涂料	色泽多样、明亮,装饰效果好,耐久性好,耐磨性好	适用于建筑物的内墙、顶棚装饰

(3)地面涂料。

地面涂料的主要功能是装饰与保护室内地面,使地面清洁美观,与其他装饰材料一同创造优雅的室内环境,如图 5-48 所示。常用地面装饰涂料见表 5-13。

图 5-48　地面涂料

表 5-13　常见地面装饰涂料的特点及应用

名称	特点	应用
过氯乙烯水泥地面涂料	干燥快、施工方便、耐水性好、耐磨性好	建筑物室内水泥地面装饰
聚氨酯地面涂料	与水泥、木材、金属、陶瓷等地面的黏结力强,整体性好,弹性变形能力大,耐磨性好,色泽丰富,但施工较复杂	适用于高级住宅、会议室、手术室等地面装饰
聚醋酸乙烯水泥地面涂料	耐磨性好、抗击性好、色泽美观	适用于民用住宅室内地面的装饰,还可用于设备车间、实验室等室内地面装饰
环氧树脂厚质地面涂料	耐磨、与基层材料的黏结力好、耐腐蚀性强、抗老化性好、装饰效果好,但材料的价格较高,原材料有毒	适用于高级住宅、手术室、实验室、公共建筑等地面的装饰

🔆 学中做

涂料的分类方式有哪些?(　　　)

A.根据主要成膜物质的化学组成分　　B.按建筑上使用部位分

C.按涂膜的状态特征分　　　　　D.按建筑涂料的特殊功能分

答案：A、B、C、D

2. 装饰油漆

油漆是涂料的一种，表面有亚光、半亚光和亮光之分。油漆对基材表面具有保护功能，使木制品的防蛀、防水、防腐性能大大提高。油漆的装饰作用也十分明显，它表面光滑亮泽、经久耐用，如图 5-49 所示。但油漆中也含有对人体有害的物质，如甲苯、挥发性有机化合物等。

1）天然漆

天然漆是将树上采集的汁液（图 5-50），经部分脱水后进行过滤，最终获得的黄色黏稠状液体。天然漆具有漆膜坚实、光泽亮丽、耐久耐磨性好及耐油、耐水、耐腐蚀、绝缘、耐热等许多优点，并与基材表面有很好的结合性。

图 5-49　装饰油漆

图 5-50　采集天然漆汁液

天然漆又称大漆，分为生漆和熟漆两种。生漆不用催干剂可直接作为涂料使用，经过加工后制成熟漆。天然漆主要用于木制家具和工艺美术品的加工制作。虽然天然漆在室内装饰设计中用量并不很大，但在一些追求中国古典风格的装饰工程中，天然漆仍然为设计师所推崇。

2）调和漆

调和漆是在干性油中加入颜料、溶剂、催干剂等成分调和制成的一种涂料，是比较常用的一种油漆，适用于钢材、木材等材料表面的保护和装饰。调和漆有质地均匀，黏稠度适中，漆膜耐蚀性好、不易开裂，遮盖力强，耐晒性好、耐久性好，施工方便等优点。在使用时调和漆可根据具体的设计要求添加相应的颜料，以获得多种多样的颜色。

3）清漆

清漆又称树脂漆，是把树脂溶于相应的溶剂之中，再加入适量的催干剂加工制成的。树脂漆分单组分漆和双组分漆。单组分树脂漆由树脂和溶剂组成，双组分树脂漆是在单组分树脂漆的基础上添加固化剂等辅料制成的。常用的树脂有醇酸树脂、环氧树脂、聚氨酯树脂、酚醛树脂等。树脂漆通常不添加任何颜料，涂刷于材料表面，以获得透明的光亮薄膜，如图 5-51 所示。树脂漆最大的特点是能清晰显示出基材原有的肌理和纹路，感觉自然、柔和、立体感强，因此被广泛应用在纹理美观的高档木质基材上。

4）瓷漆

瓷漆是在清漆基础上加入无机颜料而制成的，因漆膜光亮、质地坚硬、外观酷似瓷器而得名。其色彩多样、附着力强，广泛适用于室内装修工程和家具的表面处理，也可用于钢材的表面装饰处理。

图 5-51　清漆

🔆 **学中做**

下列说法中正确的是(　　)。

A. 瓷漆因漆膜光亮、质地坚硬、外观酷似瓷器而得名

B. 树脂漆能清晰显示出基材原有的肌理和纹路

C. 调和漆适用于钢材、木材等材料表面的保护和装饰

D. 天然漆主要用于木制家具和工艺美术品的加工制作

答案：A、B、C、D

🚩 **思政小故事**

永不褪色的东方之美——大漆

大漆，又名天然漆、生漆、土漆，泛称中国漆，为一种树漆涂料，由人工从漆树上割取天然漆树液后加工制成，是公认的"涂料之王"。大漆工艺伴随着中华民族悠久而灿烂的辉煌历史，展现出传统文化瑰丽而丰富的艺术风采。从古代的乌纱帽、漆砂砚，到现代的家具、工艺品，大漆工艺在华夏大地上留下了无数璀璨的痕迹。

大漆工艺的历史可以追溯到八千多年前，它贯穿了中华文明的上下五千年，是古代中国文化不可或缺的一部分。早在春秋战国时期，人们就开始利用大漆制作各种生活用品和工艺品。由于大漆具有典雅大气、防水防腐等优越性能，人们对它的喜爱逐渐增加，并在汉唐时期达到了顶峰。

随着时间的推移，大漆工艺不断得到发展和完善，逐渐形成了一种独特的艺术形式。到了明清时期，大漆工艺达到了巅峰，成为宫廷和贵族们珍视的瑰宝。

古人有言，"百里千刀一斤漆"，意为人们需要走百里路在一千棵漆树上划一千刀才能取得一斤漆液，极言漆液产量之低。漆艺师有时也会在漆液中加入一些金、银粉，以增加漆器上图案的灵动性和梦幻感。

漆器制作流程非常烦琐，主要包含制胎、裱布、刮灰、吃漆、髹漆、装饰纹理、推磨抛光等。其中打磨和阴干贯穿于漆器制作的所有步骤，十分考验制作人的耐心。

唐朝历史学家颜师古说："以漆饰物谓之髹"。"髹"字作为漆艺的专有动词，可谓中国漆器制造发展至今漆艺的总体概括。我国漆器工艺在明代《髹饰录》中记录的表现技法就达 497种，如素髹、描金、填漆、螺钿、雕漆、金银平脱、变涂、犀皮，等等。

其实，漆器的精神和我们中国人的精神有很多相通的地方。我们中国人讲礼，漆器非常平易近人；大漆本身看起来好像很软弱，但是等它干了之后，可以变得非常坚强，能够千年不腐（图 5-52 至图 5-54）。

图 5-52　三国吴贵族生活图漆盘

图 5-53　汉代漆器

图 5-54　北魏彩绘人物故事图漆屏风

单元习题

一、填空题

1.陶瓷制品根据烧结情况分为_____、_____、_____三类。

2.木材按树种一般分为针叶树材和阔叶树材两大类,针叶树材在建筑上常用作_____,阔叶树材多用于_____。

3.常用的装饰塑料制品有_____、_____、_____。

4.建筑涂料可分为_____、_____和反应型涂料。

5.装饰材料按材料的化学成分分为_____、_____两类。

二、单项选择题

1.天然装饰材料为(　　　)。

A.人造板、石材　　　　　　　　B.天然石材、木材

C.塑料壁纸、陶瓷　　　　　　　D.人造石材、棉麻织物

2.现代装饰材料的主要发展方向为(　　　)。

A.装饰性和功能性　　　　　　　B.保温隔热和隔音

C.防水、防滑、耐磨性　　　　　D.多品种、多功能、易施工、防火阻燃和环保

3.装饰石材中主要应用的自然石材为(　　　)。

A.大理石、花岗石　　　　　　　B.人造石、岩浆岩

C.石灰岩、火成岩　　　　　　　D.沉积岩、变质岩

4.建筑装饰玻璃品种多样,下列属于安全玻璃的是(　　　)。

A.彩色玻璃　　　B.中空玻璃　　　C.钢化玻璃　　　D.压花玻璃

5.陶质制品可分为精陶和粗陶,下列属于粗陶的是(　　　)。

A.建筑用砖、瓦　　B.紫砂陶壶　　　C.马赛克

三、判断题

1.天然漆又称大漆,分为生漆和熟漆两类。(　　　)

2.陶瓷墙地砖是外墙面砖和地面砖的统称,属炻质或瓷质陶瓷制品。(　　　)

3.不锈钢薄板可用于室内外楼梯扶手、护栏、隔墙、屋面、柱饰面等部位。(　　　)

4.建筑用压型钢型号由压型代号、用途代号与板型特征代号组成。(　　　)

5.木材按加工程度和用途的不同可分为原条、原木和锯材三类。(　　　)

四、简答题

1.建筑装饰材料按使用部位分为哪几类?

2.选择厨房、卫生间用瓷砖主要考虑哪些因素?

3.建筑装饰中常用的人造板材有哪些?

4.涂料按照使用功能分类,可分为哪几类?

5.我们现在大面积应用铝合金门窗有什么优点?

参考答案